重要生态功能区资源环境承载力研究

中国重要生态功能区资源环境承载力评价理论与方法

王红旗 王国强 顾琦玮 王会肖 宋 静 等 著

科学出版社

北 京

内 容 简 介

本书是原国土资源部"生态型地区资源环境承载力评价"项目的研究成果之一。全书可分理论方法篇和实例研究篇。在理论方法篇中，全面系统地分析重要生态功能区资源环境承载力概念的定义与特点，提出把表征生态系统的生态支撑力和衡量经济社会系统的社会经济压力作为判定资源环境承载力的两个层面，并对其相互作用机制和变化规律进行系统剖析，从而构建出重要生态功能区资源环境承载力的综合评价体系。在实例研究篇中，结合类型区的资源环境承载力评价体系，围绕2010年我国重要生态功能区的资源环境承载力现状进行综合分析，包括资源环境承载力体系研究、资源环境承载力评价分析、资源环境承载力区划分析和区划发展对策建议探讨等，为实现我国重要生态功能区生态系统和经济社会系统协调发展提供重要学术参考。

本书适合生态环境相关专业科研人员和高等院校师生及从事生态系统管理或生态建设的各行政主管部门相关人员阅读参考。

审图号：GS(2018)6589 号

图书在版编目（CIP）数据

中国重要生态功能区资源环境承载力评价理论与方法 / 王红旗等著.
—北京：科学出版社，2019.6
（重要生态功能区资源环境承载力研究）

ISBN 978-7-03-061585-5

Ⅰ.①中…　Ⅱ.①王…　Ⅲ.①区域生态环境－环境承载力－环境质量评价－研究－中国　Ⅳ.①X321.2

中国版本图书馆CIP数据核字（2019）第112253号

责任编辑：杨帅英 / 责任校对：何艳萍
责任印制：吴兆东 / 封面设计：图阅社

科 学 出 版 社 出版
北京东黄城根北街 16 号
邮政编码：100717
http://www.sciencep.com

北京凌奇印刷有限责任公司 印刷
科学出版社发行　各地新华书店经销

*

2019年6月第 一 版　开本：787×1092 1/16
2022年3月第二次印刷　印张：17 1/4　插页：4
字数：420 000

定价：150.00元

（如有印装质量问题，我社负责调换）

《重要生态功能区资源环境承载力研究》
系列丛书编写说明

2010 年经国土资源部批准，"全国资源环境承载力调查评价"项目正式启动。而北京师范大学所承担的"重要生态功能区资源环境承载力研究"是该项目子课题。

我国重要生态功能区是维护我国生态系统结构和功能起到关键作用的区域，资源丰富，地域广阔，在我国的经济建设和社会稳定等方面都具有重要的战略地位。同时，由于首要目标是保证生态系统的结构稳定和功能完善，其特殊的自然地理条件是我国极其重要的生态环境屏障。然而，我国人口众多而人均自然资源不足，加之生态环境整体不佳而软实力整体不强，导致资源环境问题日益严重。因此，党的十八大和十八届三中全会把生态文明建设放到前所未有的高度，并作为今后全面深化改革的有机组成部分。但在具体工作中，对生态环境建设应如何具体掌握，生态环境建设与经济社会的矛盾应如何解决，以及全国重要生态功能区的有限生态资源能否在保障国土生态安全的基础上支持社会经济的可持续发展等问题，仍存在着各种不同的看法和做法。为此，北京师范大学决定以"重要生态功能区资源环境承载力研究"为题，以自然地理范畴的全国生态功能区为研究范围，以生态系统的自然资源为中心，以生态环境的保护和建设为重点，以与经济社会可持续发展和促进生态文明建设为目标，开展跨学科的综合性和战略性研究。

在国土资源部有关单位、中国科学院及许多高等院校、科研院所和省级单位等的大力支持下，由生态学、环境学、数学模型、遥感技术等方面多位专家牵头，投入 35 位科研人员，在资源环境承载力评价方面取得良好的科研价值和应用效果。为了更全面、更系统地展示相关研究成果，全面介绍重要生态功能区资源环境承载力体系及其应用，北京师范大学水科学研究院策划出版《重要生态功能区资源环境承载力研究》系列丛书。

丛书包括《中国生态安全格局构建与评价》、《中国重要生态功能区资源环境承载力评价指标研究》和《中国重要生态功能区资源环境承载力评价理论与方法》三本专著。这三本专著从重要生态功能区的资源环境承载力研究的基础理论方面及实际应用方面出发，结合相关的研究成果，力求展示本研究领域最新的研究进展及发展动态。即在系列分析我国生态环境建设和国土生态安全现状的基础上，综合评价生态环境建设对我国国土生态安全的作用和成效，研究建立重要生态功能区资源环境承载力综合评价指标体系，通过资源环境承载力评价识别重要生态功能区的主控因子，分析经济社会发展和生态环境建设对我国国土生态安全的影响，提出保障我国国土生态安全和促进生态文明建设的目标任务、实施方案和措施途径，为全国国土规划编制提供技术支撑和科学依据。并对重要生态功能区资源环境承载力的理论、方法及实际应用进行全面阐述，为完善资源环境承载力体系提供理论基础和实践意义。

参加研究和编撰工作的全体人员，虽然做出了极大努力，但由于各种条件的限制，仍有疏漏之处，请读者批评指正。

2016 年 4 月 19 日

前　　言

目前，人与自然和谐共处问题是人地关系地域系统中最为关注的问题之一。近百年来，在过度沉浸于经济增长这"至善"理念的同时，更忽视甚至无视对自然资源禀赋的认识与发展。随之而来的一系列环境问题及其衍生的社会问题，也威胁着人类未来的生存与发展。尤其是我国重要生态功能区，在维护我国生态系统结构和功能方面起到关键作用。不仅如此，重要生态功能区的重要资源丰富且地域广阔，在我国的经济建设和社会稳定等方面都具有重要的战略地位，也是我国极其重要的生态环境屏障。因此，构建重要生态功能区资源环境承载力评价理论与方法对保障全国重要生态功能区的可持续发展尤为重要。

本书率先提出反映自然生态系统抗扰动的"生态支撑力"概念，确立了在生态文明视野下 E-PSR 重要生态功能区的资源环境承载力概念模型，建立了自然生态系统和经济社会系统的耦合协调性分析模型；分别从不同典型生态系统类型区和全国重要生态功能区两方面，构建资源环境承载力指标体系、理论方法和多维角度地探索生态型地区资源环境承载力评价方法体系；编写生态型地区资源环境承载力评价指南，并在全国范围内进行案例研究与推广，为我国国土规划和资源环境承载力监测预警研究提供技术支撑和科学依据。

本书可分理论方法篇（第 1 章～第 3 章）和实例研究篇（第 4 章～第 6 章）。在理论方法篇中，第 1 章，主要界定和识别重要生态功能区定义和类型，并阐述生态文明与承载力内涵与本质；第 2 章，基于我国生态文明的科学内涵在重要生态功能区构建资源环境承载力概念模型，并采用表征其支撑条件的生态支撑力和衡量其压力作用的社会经济压力来诠释资源环境承载力的系统效应；第 3 章，构建重要生态功能区资源环境承载力研究方法，实现重要生态功能区的资源环境承载力评价测度手段以及耦合协调发展程度的建立。在实例研究篇中，从森林生态系统类型区、草地生态系统类型区、湿地生态系统类型区和复合生态系统类型区开展资源环境承载力评价研究，并将其适用性推广到全国重要生态功能区，为提出保障我国国土生态安全和促进生态文明建设的目标任务、实施方案和措施途径提供技术支撑和科学依据。

参加本书编写的人员有：前言，王红旗；第 1 章，王红旗，顾琦玮，田雅楠，杨会彩，郑燚楠；第 2 章，王红旗，顾琦玮，宋静；第 3 章，王红旗，王国强，顾琦玮，宋静，田雅楠，张亚夫；第 4 章，顾琦玮，张亚夫，阿膺兰，鲁婷婷，刘胜娅；第 5 章，森林类型区：王红旗，张亚夫，草地类型区：王国强，阿膺兰，湿地类型区：王红瑞，鲁婷婷，复合区：王会肖，刘胜娅，叶文；第 6 章，王红旗，顾琦玮，宋静，田雅楠，杨会彩，李晓珂，崔胜玉，叶文，方青青，杨会彩，朱婧文，郑燚楠，李爱华；第 7 章，王红旗，王国强，顾琦玮。其中，王红旗、王国强、顾琦玮负责全书的统稿。

本书在编写的过程中，参考了国内外专家、学者的相关成果，在此表示衷心的感谢！真诚希望读者对本书的不足之处提出修改意见。

2016 年 4 月 19 日

目　　录

第 1 部分
理论方法篇

1 绪 论

为保障我国国土生态安全和促进生态文明建设，本研究系统分析我国国土生态安全现状，并根据此评价结果界定和划分重要生态功能区。在此基础上，构建适用于全国重要生态功能区的资源环境承载力综合评价体系，来预测生态环境建设和经济发展对我国国土生态安全的影响，从而完善资源环境承载力理论体系和提供科学的技术支撑。由于本系列丛书的《中国生态安全格局构建与评价》已对基于生态安全评价的重要生态功能区研究进行详细论述，而这部分是本书所探讨的资源环境承载力理论方法研究的对象。因此，为能与之有效衔接，重要生态功能区研究只在绪论部分进行简单介绍。另外，为了更科学地表征重要生态功能区的生态状况和经济社会发展程度，本章根据重要生态功能区的自然资源禀赋特征对资源环境承载力的研究对象进一步细化，提出生态系统类型区的概念，此内容将在本书绪论部分进行分析。在此基础上，表征全国重要生态功能区综合状况的资源环境承载力是在生态文明视野下所提出的，而资源环境承载力是承载力理论发展的最新趋势。因此，也需要在绪论部分追本溯源地剖析生态文明与承载力的内涵与本质关系。另外特别说明，由于台湾数据缺失，未计算入内。

1.1 保障国土生态安全的重要生态功能区研究

1.1.1 基于生态安全评价的重要生态功能区

生态文明建设是我国今后发展的重要方向、重大领域和重大任务。十八大报告明确指出把生态文明建设放在突出地位，融入经济建设、政治建设、文化建设、社会建设各方面和全过程，努力建设美丽中国，实现中华民族永续发展（谷树忠等，2013）。因此，生态文明建设既是一项复杂的系统工程，又是一个社会深刻变革和调整的过程，其最终目标是促进人与自然的和谐，实现人类的可持续发展（中国科学院可持续发展战略研究组，2013）。

由此可见，可持续发展是社会发展的必然趋势，也是当代生态环境科学研究的热点。可持续发展包含资源环境和社会经济的可持续性，其目标是保证社会具有长期的持续发展能力，确保环境生态的安全和资源基础的稳定，避免社会、经济有较大的波动（Lélé，1991；中国科学院可持续发展研究组，1999；蒋辉和罗国云，2011）。因此，在保障我国生态系统安全和资源稳定的基础上，识别我国重要生态功能并根据其不同的自然资源禀赋，制定出相对应的社会经济发展协调模式，从而实现资源环境、经济和社会的可持续发展。由此可见，生态安全是可持续发展的核心，是建立在维持人类与自然环境平衡的基础上。那么，重要生态功能区的界定也因根据生态安全评价结果来确定。

通常，"生态安全"包含两重含义：一是生态系统自身是否安全，即自身结构是否受到破坏；二是生态系统对于人类是否安全，即生态系统所提供的服务能否满足人类的生存需要（Rogers，1997；肖笃宁等，2002）。该定义恰好说明可通过生态系统服务功能强弱来测度其安全程度。因此，从生态功能重要性出发，研究具有一定生态功能的生态系统的生态安全问题，对重要生态功能区界定起到重要作用。

目前，我国生态系统的重要调节功能主要有水源涵养重要性、生物多样性重要性、土壤保持重要性和防风固沙重要性。因此，依据生态安全评价的各单要素重要性指标评价及《全国生态功能区划》中的生态功能重要区分布，采用属性综合评价系统法（Su et al.，2011）来确定重要生态功能区等级。根据评价等级结果分析（图1-1，彩图附后），全国尺度生态重要性分为5个等级，分别是：极重要、非常重要、重要、比较重要、一般。极重要地区为至少具有两种生态服务功能，并且其中一种功能的单项指标评价等级为极重要；非常重要地区为至少具有一种生态服务功能，且该功能评价等级为极重要；或者具有两种以上服务功能，且至少两种功能单项评价等级为非常重要。将我国生态功能重要区中的水源涵养、水土保持、生物多样性保护和防风固沙生态服务功能的极重要和非常重要地区作为资源环境承载力的研究对象，即重要生态功能区。所划分的23个重要生态功能区占我国国土面积的26.7%。

1.1.2 重要生态功能区的界定

由于将生态安全评价的极重要和非常重要地区视为重要生态功能区，因此可定义为

定义1-1：重要生态功能区（又称为生态型地区）

是指对于维护我国生态系统结构和功能起到关键作用的区域，其首要目标是保证生态系统的结构稳定和功能完善的地区。

1.1.3 重要生态功能区划分依据

虽然中国生态地理区域分布规律包含自南而北的纬向分异、自东而西的经向分异、自低而高的垂直分异、岩性等引起的局地地方性分异和微域分异几个方面。目前，根据不同目的来制定的划分和合并的原则也很多。但是绝大多数划分依据所共同遵循的基本原则如下所述（郑度，2008）。

1.1.3.1 地带性与非地带性相结合的原则

地带性与非地带性是地表自然界最基本的地域分异规律。相互制约和共同作用的地带性因素和非地带性因素导致地表自然界的地域分异性（郑度等，1979）。而生物气候性原则则根据气候在植被、土壤上的反映来观察自然现象的水平地带规律，即广义的地带性规律（郑度等，2008）。因此，所划分的区域应遵循地带性与非地带性相结合原则，在具体划分时先考虑水平地带，后考虑垂直地带。

1.1.3.2 发生同一性与区内特征相对一致性原则

任何生态地域系统都是其自身发生、演化的产物，需从区域的自然历史发展来划分。则发生同一性是指作为整体的最基本和最本质特点的形成与发展历史具有共同性，即与这一生态地理区现代特征形成过程相同。该原则必须与区域特征相对一致性原则相结合，才能弥补区划工作的片面性。区域特征相对一致性是指任一生态地理区，其自然-生态特征

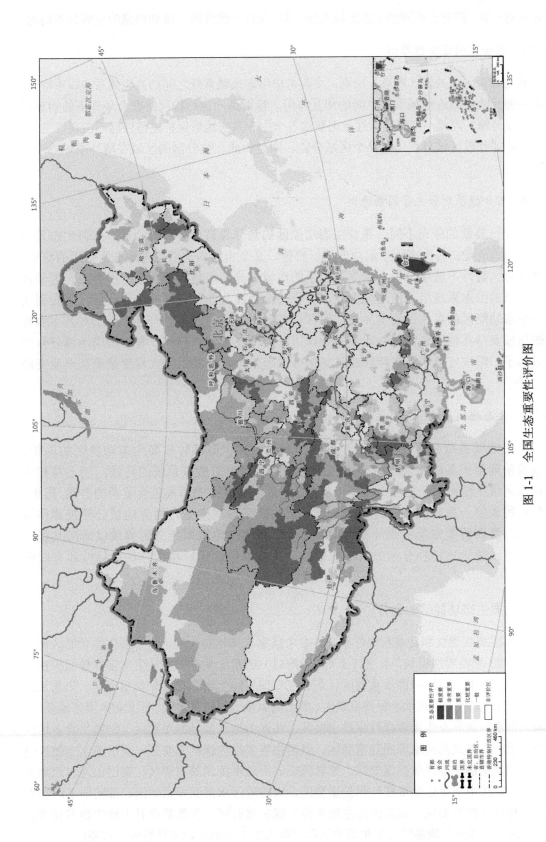

图 1-1　全国生态重要性评价图

必须相对一致。即对于不同的生态地域系统,对其相对一致性的标准和内涵的理解是不同的。

1.1.3.3 区域空间连续性原则

也可称为区域共轭（联系）原则,主要考虑生态地域系统之间的共轭关系和联系特点。共轭主要反映在毗连地域系统之间的相互作用,特别是一定结构网络联合条件下的物理迁移和能量传输。因此,空间连续性原则要求各个生态系统地域保持完整性而不出现"飞地"现象。除非行政区域界线迫使某个区域分割。即便如此,被分割的区域在境外或域外依然是连续的。

1.1.3.4 综合性原则和主导因素原则

与单一要素的分布不同,重要生态功能区的划分具有显著的综合性。任何生态系统地域都应该既是由各生态因子组成的统一整体,又是由区内次级生态地理区组成的整体。因此在分区时,不能仅分析个别生态因子的地域分异,而是应全面分析所有生态因子及由之组成的生态系统组合的地域分异,评价其地带性与非地带性的表现程度,据此确认重要生态功能区的存在并划定界线。而在众多生态因子中,必然有某个因子对其本质特征的形成及与其他区域的差别起着主导作用。因此在划分的时候,着重考虑地域分异的主导因子,即决定体系基本特性或其变化可引起整个系统发生较大程度量变甚至质变的一些因子。

1.1.3.5 生态地域系统与行政区域界线结合

生态地域系统分区在本质上是自然区划的一种,但各种重要生态功能区的保护、建设及治理须由各级相关政府部门实施,适当调整生态地域系统的界线,使之与相应的行政区域界线吻合是完全必要和可能的。行政区划界线的形成包含复杂的自然、历史、社会和民族等一系列因素,而生态地域系统的区划形成则是自然界地域分异规律作用的结果,要求两者完全一致是不切实际的。调整生态地域系统分区界线以适应某级行政区划界线是一种牺牲分区的客观性以换取生态保护、建设和治理的可行性和有效性的举措。

1.1.4 重要生态功能区的划分

依据区域联通性和功能相似性原则并参考国家主体功能区划,将重要生态功能区进一步划分为23个重要性板块,如图1-2（彩图附后）所示：大小兴安岭生物多样性保护重要区、内蒙古东部草地防风固沙重要区、东北三省国界线生物多样性保护重要区、华北水源涵养重要区、太行山山脉水土保持重要区、黄土高原水土保持重要区、西北防风固沙重要区、新疆北部水源涵养及生物多样性保护重要区、祁连山地水源涵养重要区、羌塘生物多样性保护重要区、青藏高原水源涵养重要区、藏南生物多样性保护重要区、川贵滇水土保持重要区、川滇生物多样性保护重要区、豫鄂皖交界山地水源涵养重要区、秦巴山地水源涵养重要区、长江中下游生物多样性保护重要区、南岭地区水源涵养重要区、淮河中下游湿地生物多样性保护重要区、武陵山区生物多样性保护重要区、浙闽赣交界山地生物多样性保护重要区、桂西南生物多样性保护重要区和海南岛中部山地生物多样性保护重要区。

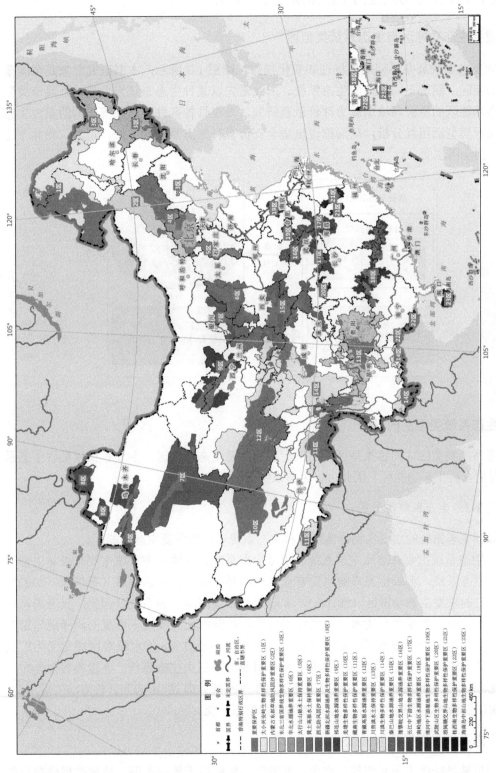

图 1-2　全国重要生态功能区分布图

1.2 基于重要生态功能区的生态系统类型区研究

1.2.1 重要生态功能区与生态系统类型区

不同生态系统具有不同的多样性和变化规律。如图1-3所示，本书研究对象是全国重要生态功能区，涵盖不同类型的生态系统。因此需先以某种生态系统为主导，开展该类型重要生态功能区的资源环境承载力评价示范研究，再在具备多种生态系统类型的重要生态功能区进行模型适用性分析，从而探讨出适合评价多种生态系统的方法。最后，将此方法应用推广到全国层面。

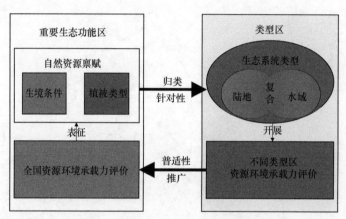

图 1-3　重要生态功能区和类型区关系

1.2.2 生态系统类型区的界定

生态系统类型区（简称类型区）的概念基于重要生态功能区，主要是指以某种生态系统为主导的重要生态功能区，因此可将生态系统类型区定义为

定义1-2：生态系统类型区

具备该生态系统的主要生物群落特征和生态系统功能的重要生态功能区。

我国生态系统主要有陆地生态系统和水域生态系统。陆地生态系统主要有森林生态系统和草地生态系统。水域生态系统主要有淡水生态系统和海洋生态系统（孙儒泳，2002）。根据所界定的重要生态功能区（图1-2），本研究不涉及海洋生态系统。因此，只考虑森林生态系统、草地生态系统和淡水生态系统。另外，我国将天然或人工形成的沼泽地等带有静止或流动水体的成片浅水区，还包括在低潮时水深不超过6m的水域等区域定义为广义的湿地（贾忠华等，2001）。湿地与森林、海洋并称全球三大生态系统，在世界各地分布广泛。因此，本研究可用湿地生态系统来表征淡水生态系统。而且，考虑到评价方法的适用性，还需考虑涵盖森林、草地和淡水生态系统的复合生态系统。

1.2.3 生态系统类型区的划分依据

由于植被是陆地生态系统的生产者，其外貌主要取决于植被类型。植被类型分布与生态系统类型分布相一致（孙儒泳，2002）。所以，在考虑陆地生态系统类型区时，根据植被覆盖类型进行划定。例如，大小兴安岭生物多样性保护重要区的主导植被覆盖类型是以乔木为主体的生物群落，故划定为森林生态系统类型区。然而有的重要生态功能区因覆盖面积广泛，涵盖两种类型生态系统。例如，东北三省国界线生物多样性保护重要区的南部地区是以森林为主导的长白山，而北部地区是以湿地为主导的三江平原。因此，此时需要根据 2010 年的植被覆盖类型占地面积比例来决定。再如表 1-1 所示，本研究所解译的 2010 年土地利用类型可分为森林、灌木林、草地、湿地和水域等。由于灌木林与针叶林、阔叶林、竹林一同构成我国森林四大类型，因此将灌木林归并为森林资源。同样，本书所研究的湿地为广义湿地，即包含湿地与水域。故森林和草地生态系统类型区根据植被类型的占地面积比来判断，湿地生态系统类型区根据水域占地面积比来判断。即占地面积高达 50% 以上，就为该自然资源主导的生态系统类型区。例如，森林资源占地面积达 50% 以上，则为森林生态系统类型区。而复合区属于森林资源、草地资源和湿地资源均不占 50% 以上的地区。

表 1-1　23 个重要生态功能区的 2010 年土地利用类型面积比

区号	名称	面积 /km²	比例 /%	类型	区号	名称	面积 /km²	比例 /%	类型
1	草地	33 990.20	10.43	森林	4	草地	18 790.42	18.86	复合
	灌木林	2 528.34	0.78			灌木林	20 163.14	20.23	
	旱地	35 304.71	10.83			旱地	36 733.93	36.86	
	荒漠	4.00	0.00			荒漠	86.41	0.09	
	聚居地	1 428.90	0.44			聚居地	942.60	0.95	
	裸露地	595.99	0.18			裸露地	2 343.45	2.35	
	森林	214 418.40	65.77			森林	20 096.79	20.17	
	湿地	33 696.59	10.34			湿地	53.70	0.05	
	水域	4 037.11	1.24			水域	437.52	0.44	
	总计	326 004.25				总计	99 647.97		
2	草地	102 344.75	53.29	草地	5	草地	3 575.69	8.34	复合
	灌木林	3 458.44	1.80			灌木林	13 068.96	30.50	
	旱地	40 859.05	21.27			旱地	18 779.98	43.82	
	荒漠	94.59	0.05			荒漠	6.21	0.01	
	聚居地	1 073.71	0.56			聚居地	688.16	1.61	
	裸露地	3 883.76	2.02			裸露地	96.60	0.23	
	森林	34 268.83	17.84			森林	6 470.82	15.10	
	湿地	2 433.04	1.27			湿地	5.33	0.01	
	水域	3 654.17	1.90			水域	163.87	0.38	
	总计	192 070.34				总计	42 855.62		
3	草地	256.63	0.13	森林	6	草地	77 640.03	49.25	草地
	灌木林	709.58	0.36			灌木林	12 506.80	7.93	
	旱地	50 535.93	25.75			旱地	46 144.53	29.27	
	聚居地	2 139.86	1.09			荒漠	9 963.87	6.32	
	裸露地	305.69	0.16			聚居地	712.69	0.45	
	森林	112 845.82	57.51			裸露地	5 572.25	3.53	
	湿地	6 074.68	3.10			森林	4 990.16	3.17	
	水域	23 356.72	11.90			湿地	1.00	0.00	
	总计	196 224.92				水域	125.13	0.08	

区号	名称	面积 /km²	比例 /%	类型	区号	名称	面积 /km²	比例 /%	类型
6	总计	157 656.47		草地		草地	44 806.51	22.25	
7	草地	48 266.87	14.11	复合		灌木林	29 822.71	14.81	
	灌木林	4 194.86	1.23			旱地	1 539.69	0.76	
	旱地	11 564.03	3.38			荒漠	19 175.11	9.52	
	荒漠	78 177.27	22.86		11	聚居地	13.00	0.01	森林
	聚居地	790.55	0.23			裸露地	26 260.08	13.04	
	裸露地	193 732.77	56.65			森林	78 715.23	39.08	
	森林	431.00	0.13			湿地	219.91	0.11	
	湿地	1 335.92	0.39			水域	848.50	0.42	
	水域	3 465.69	1.01			总计	201 400.75		
	总计	341 958.96				草地	246 998.68	50.81	
8	草地	80 918.66	53.76	草地		灌木林	18 648.88	3.84	
	灌木林	3 168.31	2.10			旱地	749.64	0.15	
	旱地	22 093.42	14.68			荒漠	65 040.63	13.38	
	荒漠	22 853.12	15.18		12	聚居地	441.40	0.09	草地
	聚居地	1 125.79	0.75			裸露地	114 428.61	23.54	
	裸露地	13 251.14	8.80			森林	9 881.96	2.03	
	森林	5 660.93	3.76			湿地	20 902.93	4.30	
	湿地	691.23	0.46			水域	8 988.10	1.85	
	水域	758.75	0.50			总计	486 080.83		
	总计	150 521.35				草地	7 202.71	3.26	
9	草地	31 465.29	27.42	复合		灌木林	61 137.38	27.70	
	灌木林	9 107.36	7.94			旱地	45 148.69	20.46	
	旱地	11 866.28	10.34			荒漠	1 579.52	0.72	
	荒漠	17 622.80	15.36		13	聚居地	1 205.47	0.55	森林
	聚居地	306.50	0.27			裸露地	65.00	0.03	
	裸露地	40 181.87	35.02			森林	94 741.55	42.93	
	森林	2 211.73	1.93			水域	9 619.44	4.36	
	湿地	1 812.92	1.58			总计	220 699.76		
	水域	173.08	0.15			草地	56 597.85	17.67	
	总计	114 747.82				灌木林	65 732.34	20.52	
10	草地	202 459.87	43.59	草地		旱地	31 288.85	9.77	
	灌木林	3 947.71	0.85			荒漠	3 519.20	1.10	
	旱地	52.27	0.01		14	聚居地	356.02	0.11	森林
	荒漠	203 712.79	43.86			裸露地	14 712.78	4.59	
	聚居地	26.00	0.01			森林	145 035.22	45.27	
	裸露地	29 860.69	6.43			湿地	897.08	0.28	
	森林	145.68	0.03			水域	2 208.30	0.69	
	湿地	3 310.16	0.71			总计	320 347.64		
	水域	20 897.16	4.50		15	草地	3 206.24	1.77	森林
	总计	464 412.34				灌木林	36 707.74	20.26	

区号	名称	面积 /km²	比例 /%	类型	区号	名称	面积 /km²	比例 /%	类型
15	旱地	36 148.65	19.96	森林	19	旱地	4 878.25	20.59	湿地
	荒漠	519.90	0.29			聚居地	1 638.02	6.91	
	聚居地	636.49	0.35			裸露地	21.93	0.09	
	裸露地	228.51	0.13			森林	145.61	0.61	
	森林	96 262.16	53.14			湿地	190.24	0.80	
	湿地	2.00	0.00			水域	16 471.34	69.51	
	水域	7 430.42	4.10			总计	23 695.09		
	总计	181 142.12			20	草地	238.14	2.46	森林
16	草地	1 871.20	3.48	复合		灌木林	3 726.57	38.42	
	灌木林	6 566.26	12.21			旱地	150.64	1.55	
	旱地	14 084.92	26.18			聚居地	53.46	0.55	
	荒漠	75.53	0.14			森林	4 945.40	50.98	
	聚居地	509.02	0.95			水域	585.77	6.04	
	裸露地	55.59	0.10			总计	9 700.00		
	森林	18 612.34	34.60		21	草地	48.10	0.20	森林
	湿地	145.55	0.27			灌木林	211.00	0.88	
	水域	11 879.07	22.08			旱地	98.33	0.41	
	总计	53 799.48				聚居地	146.94	0.62	
17	草地	667.74	0.96	湿地		裸露地	2.00	0.01	
	灌木林	1 392.75	1.99			森林	20 282.50	84.92	
	旱地	9 575.11	13.70			水域	3 095.94	12.96	
	荒漠	24.00	0.03			总计	23 884.80		
	聚居地	2 166.35	3.10		22	草地	3.52	0.02	森林
	裸露地	63.62	0.09			灌木林	3 014.70	17.04	
	森林	14 017.59	20.05			旱地	2 573.77	14.54	
	湿地	2 075.20	2.97			聚居地	62.35	0.35	
	水域	39 922.04	57.11			森林	11 607.71	65.59	
	总计	69 904.42				湿地	2.01	0.01	
18	草地	363.46	0.35	森林		水域	432.74	2.45	
	灌木林	3 459.96	3.33			总计	17 696.80		
	旱地	6 190.26	5.97		23	草地	2.00	0.01	森林
	荒漠	23.49	0.02			灌木林	161.64	1.00	
	聚居地	737.59	0.71			旱地	3 928.94	24.22	
	裸露地	54.51	0.05			聚居地	133.59	0.82	
	森林	79 751.32	76.86			裸露地	8.00	0.05	
	水域	13 178.57	12.70			森林	9 543.29	58.83	
	总计	103 759.16				水域	2 445.49	15.07	
19	草地	88.10	0.37	湿地		总计	16 222.95		
	灌木林	261.60	1.10						

1.2.4 生态系统类型区的划分

1.2.4.1 森林生态系统类型区

森林生态系统是植被类型主要以乔木为主体的生物群落及其生境环境所组成的生态系统（孙儒泳，2002）。而本研究中，界定森林重要生态功能区是以森林生态系统为主导的重要生态功能区。我国森林主要分布在东北的大、小兴安岭和长白山，西南的川西、川南、云南大部、藏东南，东南、华南低山丘陵区以及西北的秦岭、天山、阿尔泰山、祁连山、青海东南部等区域。本研究森林生态系统类型区具体如表 1-2 所示。

表 1-2　森林生态系统类型区

生态型地区区号	森林生态系统类型区名称	区域方位
1	大小兴安岭生物多样性保护重要区	东北地区 - 大小兴安岭
3	东北三省国界线生物多样性保护重要区	东北地区 - 长白山
11	藏南生物多样性保护重要区	西南地区 - 藏东南
13	川贵滇水土保持重要区	西南地区
14	川滇生物多样性保护重要区	西南地区 - 川西、滇西北
15	秦巴山地水源涵养重要区	中部地区
18	南岭地区水源涵养重要区	南方地区 - 南岭山系
20	武陵山区生物多样性保护重要区	南方地区 - 武夷山系
21	浙闽赣交界山地生物多样性保护重要区	东南地区
22	桂西南生物多样性保护重要区	西南地区
23	海南岛中部山地生物多样性保护重要区	东南地区

1.2.4.2 草地生态系统类型区

草地生态系统是指在中纬度地带大陆性半湿润和半干旱气候条件下，由多年生耐旱、耐低温、以禾草占优势植物群落的总称，是指以多年生草本植物为主要生产者的陆地生态系统（包玉梅，2009）。我国草地主要分布在北方干旱和半干旱的高原和山地以及青藏高原区。主要的草地有锡林郭勒草地、呼伦贝尔草地，以及伊犁草地等。本研究草地生态系统类型区如表 1-3 所示。

表 1-3　草地生态系统类型区

生态型地区区号	草地生态系统类型区名称	区域方位
2	内蒙古东部草地防风固沙重要区	内蒙古牧畜地带
6	黄土高原水土保持重要区	北方地区
8	新疆北部水源涵养及生物多样性保护重要区	新疆牧畜地带
10	羌塘生物多样性保护重要区	西藏牧畜地带
12	青藏高原水源涵养重要区	青海牧畜地带

1.2.4.3 湿地生态系统类型区

湿地生态系统属于水域生态系统，其生物群落由水生和陆生种类组成，具有较高的生物多样性（Cherry，2012；牛振国等，2012）。湿地包括多种类型，可以将其分为河流湿地、湖泊湿地、内陆沼泽湿地、滨海湿地和人工湿地（牛振国等，2012）。本研究湿地生态系统类型区如表 1-4 所示。

表 1-4　湿地生态系统类型区

重要生态功能区区号	湿地生态系统类型区名称	区域方位
17	长江中下游生物多样性保护重要区	东南地区
19	淮河中下游湿地生物多样性保护重要区	东南地区

1.2.4.4　复合生态系统类型区

复合生态系统类型区是以复合生态系统为主导的重要生态功能区，复合生态系统是社会 - 经济 - 自然复合生态系统的有机体。人类是主体，环境部分包括人的栖息劳作环境（包括地理环境、生物环境、构筑设施环境）、区域生态环境（包括原材料供给的源、产品和废弃物消纳的汇及缓冲调节的库）及社会文化环境（包括体制、组织、文化、技术等），它们与人类的生存和发展休戚相关，具有生产、生活、供给、接纳、控制和缓冲功能，构成错综复杂的生态关系。本研究复合生态系统类型区如表 1-5 所示。

表 1-5　复合生态系统类型区

生态型地区区号	复合生态系统类型区名称	区域方位
4	华北水源涵养重要区	北方地区
5	太行山山脉水土保持重要区	北方地区
7	西北防风固沙重要区	西北地区
9	祁连山地水源涵养重要区	西北地区
16	豫鄂皖交界山地水源涵养重要区	中部地区

1.3　生态文明与承载力的内涵与本质

1.3.1　生态文明的科学内涵

对于"生态文明"的理解可以分别从"生态"和"文明"两方面来理解。"生态"是指生物群落的生存状态，以及生物群落间和与生境间环环相扣的关系（孙儒泳，2002）；"文明"是指人类在认识世界和改造世界的过程中逐步形成的思想观念及不断进化的人类本性的具体体现（谷树忠等，2013）。那么，生态文明是"生态"与"文明"的有机结合又如何理解呢？沈国明（2005）认为生态文明是人类在生产生活实践中，协调人与自然生态环境和社会生态环境的关系，正确处理整个生态关系问题方面的积极成果，包括精神成果和物化成果，实现生态系统的良性运行，人类自身得到进步和改善，人类社会得到全面、协调、可持续发展；潘岳（2006）则认为生态文明是指人类遵循人、自然、社会和谐发展这一客观规律而取得的物质与精神成果的总和；俞可平（2005）认为生态文明就是人类在改造自然以造福自身的过程中为实现人与自然之间的和谐所作的全部努力和所取得的全部成果，它表征着人与自然相互关系的进步状态。由此可见，生态文明既包含人类保护自然环境和生态安全的意识、法律、制度、政策，也包括维护生态平衡和可持续发展的科学技术、组织机构和实际行动（中国科学院可持续发展战略研究组，2013）。也可以理解为经济社会发展应与生态发展相协调一致，经济社会发展应以自然生态系统的承载力为基础。

1.3.2 承载力研究进展

1.3.2.1 承载力概念的形成与发展

"承载力"这词最早是指地基的强度对建筑物负重能力（毛汉英和余丹林，2001）。生态学最早将来源于工程地质领域的"承载力"概念转引到本学科领域（Dhondt，1988），即Malthus（1798）首次在《人口原理》著作中预言"人口规模受环境的制约，指出粮食会以线性增长而人口呈指数增长。人口增长若超越食物供应，会导致人均占有食物的减少"。比利时学者Verhulst（1838）则提出Logistic方程来描述Malthus的预言，为承载力研究提供理论基础。该方程可用数学公式表示为

$$\frac{\mathrm{d}N}{\mathrm{d}t} = rN\frac{(K-N)}{K} \tag{1-1}$$

式中，N为种群个体总数；t为时间；r为种群增长潜力指数；K为环境最大容纳量。其方程所描绘的逻辑斯蒂增长曲线如图1-4所示。

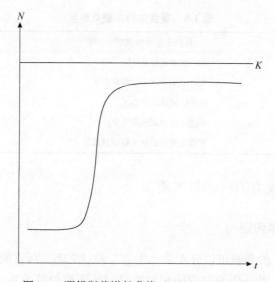

图 1-4　逻辑斯蒂增长曲线（Verhulst，1838）

此方程对承载力的发展有着深远的影响，学者Odum（1959）将方程中常数K表征为承载力。在此基础上，Park Robert和Burgess（1921）明确提出承载力（carrying capacity）概念，即"某一特定环境条件下某种个体存在数目上的最高极限"。即指某一特定空间或区域内，生态系统对生活于其中的种群可承载数量。

由于资源短缺和环境污染会引起草地退化、水土流失、荒漠化和生物多样性丧失等生态破坏问题。人们开始思考资源消耗与供给能力、环境污染和生态退化与人类可持续发展等问题。根据不同侧重点，承载力的发展主要有：①生态承载力；②资源承载力；③环境承载力和④资源环境承载力，如表1-6所示。

表 1-6 承载力概念的演化与发展

名称	出现背景	承载力意义
生态承载力	生态学发展	杨智贤等（1986）：生态系统的客观属性，是其承受外部扰动的能力，也是系统结构与功能优劣的反映 王家骥等（2000）；刘东霞等（2007）：自然体系调节能力的客观反映 高吉喜（1999）：生态系统的自我维持、自我调节能力 杨志峰和隋欣（2005）：强调社会经济对其影响，提出"在一定社会经济条件下，自然生态系统维持其服务功能和自身健康的潜在能力"（韩磊，2008）
资源承载力	资源紧缺	"绝对"资源承载力：只以自然资源为研究对象，表征在某一区域该资源对人口的基本生存和发展的支撑能力，如土地资源承载力（陈念平，1989） "相对"资源承载力：将自然资源和经济资源作为主要的承载资源，以参照区域的人均资源的拥有量或消费量、研究区域的资源存量为对比标准，计算出研究区域的自然资源和经济资源的承载能力（李泽红等，2008）
环境承载力	环境污染	广义：是指某一区域环境对人口增长和经济发展的承载力，是指在一定时期、一定状态或条件下，一定的环境系统所能承受的生物和人文系统正常运行的最大支持阈值（康红梅和徐苏宁，2012） 狭义：即为环境容量。环境容量是指环境系统对外界其他系统污染的最大允许承受量或负荷量（余春祥，2004）
资源环境承载力	资源承载力环境承载力	某区域在一定的时期内，在确保资源合理开发利用和生态环境良性循环的条件下，资源环境能够承载经济社会总量的能力（秦成等，2011）

1.3.2.2 承载力研究方法进展

近年来承载力的研究逐渐从传统的生态学应用到环境、经济和社会等交叉领域，研究内容从微观种群繁衍到宏观发展规划。因此，对于承载力的量化，国内外提出了许多直观的、较易操作的定量评价方法及模式，如表 1-7 所示。

表 1-7 承载力研究方法进展

研究方法	简介	优点	缺点
模型预估法	主成分分析法（Pearson，1901；Fu et al.，2009）、系统动力学（张文文，2006；王俭等，2009；Kang and Xu，2012）、灰色系统理论法（邓聚龙，1987；Tseng，2010）、物元分析法（蔡文，1983；Liu et al.，2008）等	客观性强，计算简便。可综合考虑定性和定量指标，并进行动态预测	筛选指标因忽略有价值信息导致无可信解释，且不能反映指标状态与最优状态间差距；对数据时间序列要求高，不确定性大
生态足迹法	对于特定区域内一定时间中社会经济发展所消耗的自然资源和所排放的废弃物而言，能支撑这些资源和容纳这些废弃物所需要占用的生态生产性土地面积（孟岩，2009；Gu et al.，2015）	侧重生态属性，方法简易，结果简单明了	理论性较强，时间跨度小，在预测趋势法方面较弱
状态空间法	通过数学上的消元进行降维，方程的个数不随着评价系统中层数的增加而增加（樊杰，2007）。通过选择状态变量构建起三维状态空间，即通过资源环境承载力标准面来判断承载状况（毛汉英和余丹林，2001；Tang et al.，2014）	未知量个数较少，使复杂问题简单化，能直观地表征区域承载状况	对数学模型要求较高

1.3.2.3 承载力研究存在的问题

承载力的提出和演化已经经历了 200 多年时间，耗散结构理论（邬建国，1991）、盖娅假说（陈海滨和唐海萍，2014）、生态灾变理论和生态系统复杂性理论等一系列最前沿的理论研究成果已经逐渐融入到承载力的研究之中（毛汉英和余丹林，2001），但是其中的理论和方法还只是处于孵化阶段。换句话说，对于承载力，包括生态、环境、资源承载力的研究，仍然有许多值得商榷和值得改进的地方。具体而言，当前承载力的研究存在如下的问题和值得进步的地方。

目前，关于承载力研究还尚未形成公认的理论方法体系，缺乏能够同时描述承载力客观性、区域性及动态性的科学、系统的指标体系和综合评价模型。承载力评价是一种多层次、多目标的评价系统，这个系统体现出经济系统、资源系统和社会系统等多元系统的有机统一。目前而言，对于这个复杂系统的评价模型和评价方法体系的建设尚未完备。虽然存在承载力的概念、研究对象和研究内容，但是能够很好地将区域环境系统和区域社会经济活动的方向、规模相结合的环境承载力理论体系的研究鲜有报道（王俭等，2005）。尤其是承载力指标体系的研究，能准确反映人口、资源、环境和社会的多方面的内部特征及相互关系。对于指标的选取和应用并未达成共识，指标本身也具有数量繁多、分类不够明确的不足。对于不同评价方法的优劣和应用范围的争议也屡见不鲜。虽然现在已经形成了一系列成熟的承载力评价方法，也初步厘清了每种方法的优缺点和应用范围，但是对于特定问题，仍存在评价方法的多解性，对于不同方法评价的合理性和准确性争论也不会停歇。随着人类社会经济活动与环境之间的矛盾日益突出，需要来自于诸如社会学领域、经济学领域的更多学者投入到环境承载力的研究中，如若充分发挥多学科交叉的研究优势，发展和改进承载力理论，简化承载力评价的指标体系，优化和固化承载力评价方法，必能够促进完善承载力的理论体系。

鉴于承载力是一个难以证明的、规范性的、客观性和主观性相统一的概念，依赖于研究或管理目标、外界技术及人类活动输入等因素的条件性极限，所以承载力的研究具有较大的模糊性和不确定性（姜文超，2004）。虽然目前国内外的学者对于承载力的研究拟定了许多不同的方案，但是在量化的过程中，当前的承载力定量计算方式大都基于人口（生物）、环境及其关系的假设，采用线性方法求解，缺乏坚实的机制基础，因此很难反映真实的现实情况，即使是系统动力学的非线性方法，也不能有效刻画人与环境之间的相互作用关系，加之承载力概念本身具有很大的动态变化性和不确定性，更增加了量化的难度（姜文超，2004）。因此，量化结果的可信度及其对政策和管理的作用显著降低。但是，由于各种环境问题的现实存在，人们仍需要这样的一个工具来对自然资源或环境的规划与管理施加控制。即使是采用其他替代性概念，人与环境、生物与环境之间相互作用关系的模糊性和动态性实质依然存在。资源的有限性和越来越严重的环境问题始终是制约经济发展的关键因素。因此，应该着力于解决上述问题或困难，尤其应加强对概念的探讨和量化方法的研究，探寻资源约束与经济发展最根本的规律问题，关心其具体应用条件和政策或管理的要求，最终求得经济与资源环境的和谐可持续发展（钟世坚，2013）。

对承载力的应用性研究需要发展。在已有研究技术基础上，得益于现代的计算机技术、人工智能技术、遥感（RS）技术、全球定位技术（GPS）和地理信息系统（GIS）技术等的飞速发展，承载力在定量化研究的基础上向数字化、空间可视化方向发展，这都将促使承载力量化的精度和分辨率向更高的水平发展。然而，承载力是衡量人类社会经济活动与环境是否协调的重要指标，承载力的研究成果最终应当应用于指导人类社会经济活动（唐剑武和叶文虎，1998）。目前有关环境、资源、生态承载力研究虽然很多，但是能够真正将承载力研究成果用于指导人类社会经济活动的实例还很有限，多数的承载力研究仅集中在评价的层面，而只有建立在这一基础上的承载力的研究才更有现实意义，因此对于承载力的应用性研究应该引起足够的重视。

由此可见，目前所研究的资源承载力是基础，环境承载力是关键和核心，生态承载力是综合。只有保障足够资源才能支撑人类基本生存和发展。在其生存和繁衍过程中，社会活动所衍生的环境污染也会制约人类发展前景。通常情况下，资源禀赋和环境污染程度存在着相辅相成的关系。如果污染超过环境本身的自净能力，那么所消耗的资源很难得以恢复；如果资源禀赋缺乏，那么所能承受的环境污染容量也会相对较低。因此，分别只考虑资源承载力或者环境承载力，会造成过度发展或者过剩发展等问题。生态承载力虽综合考虑资源子系统、环境子系统和社会子系统三者的共同作用，也仅体现在生态系统的支撑层面，在人类生产和生活方面还有待研究。另外，没有着重体现生态系统功能完善性和结构完整性的缘故，在实现与社会经济发展有机耦合方面还需要进一步探讨。

1.3.3 生态文明与承载力关系分析

生态文明既要考虑满足人们合理的消费需求，又要考虑人们需求的生态系统承受能力和社会经济技术条件的限制。因此，生态文明建设可以视为经济、技术、生态、文化、制度构成的多维空间中，通过政府行动、企业行为和公众行为的自我调整和良性互动，引导和促进自然-社会-经济复合系统沿着一定的边界约束通道实现正向演化的积极干预过程(中国科学院可持续发展战略研究组，2013)。而这种约束来自人类活动场所的生态系统，表征这种约束力的承载力也是有限的，本质上又是动态的，是由自然限制和人类关于经济社会的选择共同来决定的。人类可借助科学技术使其增大却要牺牲生态服务功能。所以，承载力的提高是有限的，这取决于系统自身的更新或废弃物的安全吸收能力。也就是说，取决于资源有效利用效率和环境质量的保障程度（陈劭锋，2003）。因此，以"资源-环境-社会-经济"复合系统为研究对象的资源环境承载力能科学地反映生态文明建设状况。在一定程度上，也能着重体现生态系统功能完善性和结构完整性，能实现与社会经济发展的有机耦合。

2 重要生态功能区资源环境承载力基本理论探索

2.1 生态文明视野下资源环境承载力的基本概念与特点

2.1.1 生态文明视野下的资源环境承载力诠释

2012 年 11 月，中国共产党第十八次代表大会作出"大力推进生态文明建设"的战略决策。我国提出的生态文明建设要求以人类社会与自然生态环境平等、共同、持续发展为宗旨的文明发展，要求以自然资源环境为对象创造和享受社会财富的同时，促进自然资源环境的循环、更新、稳定、持续发展，形成共生、包容、协调、统一的人地关系（崔胜玉等，2015）。因此在研究重要生态功能区资源环境承载力问题时不能单独研究资源、环境本身，应该把资源、环境与社会、经济结合起来，并视为一个系统即"资源 - 环境 - 社会 - 经济"复合系统进行研究（秦成等，2011）。表征这个复杂系统不仅需要开展资源环境承载力的量和度的研究，更要注重人地两个系统耦合协调发展的研究。所以在生态文明视野下区域资源环境承载力可看作自然生态系统与经济社会系统的相互影响、相互作用的"合力"。不仅对生态系统自身承载状况的表征，更应注重判断人类社会与生态系统协调与否。

2.1.2 重要生态功能区资源环境承载力的概念

如图 2-1 所示，经济社会系统和生态系统通过资源子系统和环境子系统介质发生相互作用。对于生态系统而言，通过物质循环和能量流动作用，形成区域内资源禀赋和环境状况，支撑人类繁衍和文明传承。因为资源量和环境质量的改变，影响区域内生态格局和气候变化，从而改变生态系统的稳定状况和生态功能的服务情况。对于经济社会系统而言，资源子系统为经济社会子系统供给生产生活资料，从而保障经济社会系统的稳定运行和发展；环境子系统为社会活动提供可容纳的空间场所。社会经济对资源子系统和环境子系统具有调节作用，相对于介质层来说存在资源消耗和环境污染的压力，人类需要投入资金、科技和教育来改善资源环境状况。

又因为本研究对象为重要生态功能区，根据定义 1-1 可知，我国 26.7% 的极重要和非常重要生态功能区被视为我国生态系统结构和功能起到关键作用的区域。所以必须在保证生态系统的结构稳定和功能完善的地区的前提下，才能进行社会经济发展。目前热点关注的可持续发展也是探索一条如何平衡资源环境保护和社会经济发展间矛盾的方法。那么，重要生态功能区可持续发展的必要性决定本研究所界定的资源环境承载力为

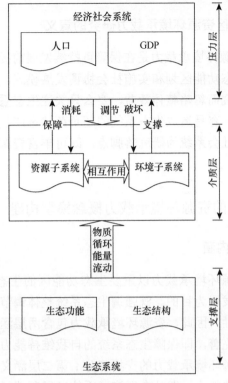

图 2-1　资源环境承载力图解

定义 2-1：重要生态功能区资源环境承载力

是指在一定时期内，某一区域在保证生态系统结构稳定和功能完善的前提下，资源环境系统所能维持的人类社会经济发展趋势的能力。

2.1.3　重要生态功能区资源环境承载力的特征

2.1.3.1　资源环境承载力是客观存在的

由于在生态系统稳定状态下，生态系统的结构和功能是一定的，所产生的资源禀赋和环境容量也是固定的。而本研究所探讨的资源环境承载力是从生态系统出发，落脚于经济社会系统。因此生态系统的固有功能特征具备客观存在性。

2.1.3.2　资源环境承载力是相对量

根据生态平衡可知，不存在生态系统绝对稳定的状态，而是围绕中心位置有自然波动的趋势。该趋势根据人类活动强弱可演变成新状态下的生态稳定性，或更低级或更高级。资源环境承载力因生态系统的相对稳定性而成为相对量。

2.1.3.3　资源环境承载力存在尺度效应

生态系统在景观、区域、地区及生物圈等不同层次面上表现不同水平，因此资源环境承载力也会出现不同层次水平的相对量，即尺度效应。

2.1.4　开展重要生态功能区资源环境承载力研究的意义

重要生态功能区的资源环境承载力是在保障可持续发展前提下提出的。开展资源环境承载力研究有利于实现生态功能区划和实施社会协调发展模式。由于过去承载力研究要么只注重资源环境的要素研究而忽略整体效益，要么只关注生态系统的承载能力而忽略社会经济的最优化发展。因而，容易造成生态系统的超负荷状态或超盈余状态。所以以生态系统为研究出发点，以经济社会系统为研究落脚点，既可丰富资源环境承载力理论探索，又可充实可持续发展理论。

2.2　基于生态文明建设的资源环境承载力概念模型构建

2.2.1　资源环境承载力的内涵

由定义 2-1 可知，资源环境承载力以重要生态功能区的生态系统可持续承载为基础，以经济社会系统的可持续发展为目的。既强调生态系统整体调节能力重要性，又注重资源与环境单要素（群）重要性。因此，资源环境承载力包含两层涵义。第一层涵义是指保障生态系统结构稳定和功能完善，即保障生态系统的自我维持能力和自我调节能力来支撑经济社会系统的发展，为资源环境承载力的支撑部分；第二层涵义是指资源环境系统所能维持的人类社会经济发展趋势能力。即社会经济子系统发展所消耗的资源和所破坏的环境所带来的压力，为资源环境承载力的压力部分。在生态系统中，人类系统是实现生态系统的可持续发展关键因素。因为生态系统的发展方向是受到人类调控而资源环境的供求关系是受到人类支配。所以重要生态功能区的可持续发展需要人类合理调控与支配，从而构建社会协调发展模式以达到最优化发展目的。

2.2.2　资源环境承载力概念模型的构建

由生态文明的人与自然协调发展理念可形成生态文明建设概念模型（中国科学院可持续发展战略研究组，2013），如图 2-2 所示。生态文明建设可视为在经济、社会和生态的多维空间中，通过自我调整和良性互动的自校作用，引导和促进自然 - 社会 - 经济复杂系统沿着一定的边界约束"通道"实现正向演化的积极干预过程。由此可见，资源环境承载力是描述复杂系统轨迹的状态值，其边界约束来自生态系统承受外部扰动的能力，而经济社会系统可干预复杂系统的演化方向。若干预过程超过边界约束，则会出现非自校的模式，那么系统轨迹就会偏离可持续性通道。相当于复杂系统受着生态系统的"向心力"和经济社会系统的"离心力"来运动。这与资源环境承载力的内涵相符合，可看作自然生态系统与经济社会系统相互影响和相互作用的"合力"（图 2-3）。

因此本研究不仅是对人地系统自身承载状况的标准，更应注重判断人类社会与生态系统协调与否。故构建在生态文明视野下的 E-PSR（ecocivilization-pressure-state-respone）概念模型来阐述说明资源环境承载力。如图 2-3 所示，在生态文明（E）视野下，将资源环境承载力评价划分为两个子系统，即表征生态系统的生态支撑力（S）和反映经济社会系统的社会经济压力（P）。生态系统内部的自然驱动、生态结构和生态功能描述生态系统的物质

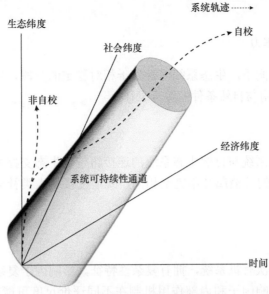

图 2-2　生态文明建设的概念模型

根据《2013 年中国可持续发展战略报告》的资料修改

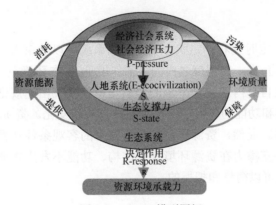

图 2-3　E-PSR 模型图解

循环和能量流动，起到资源环境承载力的支撑作用（R）；社会经济方面作为生态系统的外部干扰，其资源能源消耗和环境污染对生态系统健康产生压力，发挥资源环境承载力的压力作用（R）。支撑作用和压力作用所产生的决定作用对资源环境承载力产生最终影响，影响自然 - 社会 - 经济复杂系统是否能在可持续性通道运动。

2.3　资源环境承载力概念模型的诠释

2.3.1　资源环境承载力的支撑条件——生态支撑力

　　人类文明发展及科学技术进步的同时，人类通过直接和间接的方式实施着对生态系统的改造与影响，而生态系统则通过自身的调节作用接受着这些干扰。为了解决目前综合评价研究难于将生态系统与经济社会系统进行综合测算的问题，本研究提出生态支撑力概念，见定义 2-2 所示。

定义 2-2: 生态支撑力

在一定的时间及空间下，生态系统演替处于相对稳定的阶段，生态系统能够承受外部扰动的能力，是人类作用与自然条件的综合表征。

2.3.1.1 生态支撑力特征

作为人类经济社会系统与自然生态系统的连接纽带，生态支撑力既具有生态系统的某些特点，又与生态系统的其他属性不完全相同，既适度接受人类社会的人为改造，又不可随心所欲。

1. 复杂性

生态支撑力是多层次有机系统，拥有复杂性特征。影响因子复杂多样，相互作用关系具有一定模糊性，其影响因子和内部作用机制在不同评价尺度可能会表现出较强差异性。生态支撑力的复杂性使其系统具有自组织特性，具有系统自身的调节能力和抗干扰能力及自我演化发展的能力。

2. 客观性

生态支撑力是在一定时期和一定状态下，生态系统用以约束人类活动的客观存在自然属性。对于某一区域而言，在一定限度之内的外部作用下，生态环境在与外界交换物质、能量、信息的过程中，可通过自身内部各子系统的协调作用使系统由无规则状态转化为宏观有序的状态，保持着其结构和功能的相对稳定，不会发生质的变化。资源环境的这种本质属性，是其具有承载力的根源。显然，资源环境本身所固有的客观条件从根本上决定了生态支撑力的大小。因而，生态支撑力在资源环境系统结构、功能不发生本质变化的前提下，其质和量是客观存在的，是可以衡量和把握的。

3. 有限性

在一定时期及地域范围内、一定自然条件和社会经济发展规模条件下、一定环境系统结构和功能条件下，由于资源的有限性和环境抗干扰能力及恢复能力的有限性，资源环境系统对其人口、社会、经济及各项活动所提供的最大容纳限度和最大支撑阈值是有限的，即容载力是有限的。尤其是区域的社会经济发展规模、能力和环境系统的功能是决定区域环境容载力大小的主要因素（李新琪和海热提·涂尔逊，2000）。

4. 动态性

生态支撑力的动态性主要是资源环境系统结构、功能发生变化引起的。资源环境系统结构、功能的变化，一方面因资源环境系统自身演变引起，另一方面与人类工程经济活动对资源环境大规模的开发、利用和改造有关，其承载力的变化更是显而易见的。虽然变化结果是客观的，但是人类活动方式可以影响生态系统的变化趋势和变化强度。

5. 主观能动性

生态支撑力的可变性在很大程度上是可以由人类活动加以控制。人类因希望获取更多的生态服务功能，导致生态支撑力体现一定主观性。人类在掌握生态系统演变规律和人类活动 - 资源环境相互作用机制的基础上，根据生产和生活的实际需要，可以对生态环境进行有目的开发、利用和改造，寻求资源环境限制因子并降低其限制强度。

上述分析表明：生态支撑力是生态系统的客观属性，但又是可以调控的。因而，人类可以通过理性且合理行为，有针对性地提高生态支撑力，为人类社会的可持续发展提供适宜资源环境，可以通过生态支撑力系统的复杂性分析明确生态支撑力的内部作用机制，从而为其评价及对策制定提供理论基础。

2.3.1.2　生态支撑力内涵

由定义 2-2 可知，生态系统在其结构和功能完善的前提下，通过提供生态服务功能来维持人类社会经济的发展，因此保障生态服务功能正常是评价生态支撑力的最直接目标。生态支撑力是资源环境承载力的基础和前提，是资源环境承载力的重要组成部分。

生态支撑力的评价对象是人为干扰下的生态系统，这一生态系统通过自然和人为的双重作用而形成特定的结构，并通过特定结构为人类提供特定的生态服务功能，生态服务功能主要包括供给功能、调节功能、支持功能和文化功能（王斌等，2010；徐跃，2014）。不同的生态系统结构所能提供的生态服务功能不同，所考虑的侧重点也不同，如森林生态系统能够为人类提供大量的涵养水源、固碳养分循环和净化空气等（鲁绍伟，2006），而沙漠生态系统则偏重于维持生物多样性（周志强等，2011），因此生态支撑力可通过对生态系统结构因子的综合评价来反映生态系统的能力。

2.3.1.3　生态支撑力判定方法

生态支撑力在资源环境承载力中主要反映生态系统能支撑人类活动与自然条件综合作用所引起的外部扰动能力。它是保障社会经济可持续发展的支持条件。因此，生态支撑力含有生态系统的属性，也呈现出生态系统的生境条件、物质循环和能量流动的特点。为了更客观地反映出当地生态系统状况，可将生态支撑力准则层分别设定成自然驱动因子、生态结构因子和生态功能因子。即分别从生态系统的属性、结构和功能三方面来全面描述，具体计算方法将在第 3 章中介绍。

2.3.2　资源环境承载力的压力作用——社会经济压力

根据资源环境承载力内涵可知，对生态环境造成压力主要分为两大部分：一方面是对资源能源的消耗；另一方面是生态环境对排放污染物的容纳能力。以上二者都不可避免地受限于社会经济的发展水平及人们生活模式的影响。为此，社会经济压力可定义为

定义 2-3：社会经济压力

是在一定时间及空间下，社会经济发展过程中产生的资源消耗对生态破坏的压力和污染物排放对环境污染压力的总和。

2.3.2.1 社会经济压力特征

社会经济压力特征主要从以下三方面考虑（宋静，2014）。第一，区域性：社会经济压力的大小与强弱需要在一定区域范围内度量，这是由特定区域的环境状态与条件决定；第二，相对性：社会经济压力通常被认为需要控制在资源环境承载力的极限阈值范围之内。但资源环境承载力的极限值并不固定，会随着区域、时间、社会经济发展水平、科技水平不断改变；第三，经济相关性：人类活动的方向、强度、规模可以用来作为衡量生态环境压力的度量尺度和表征手段，因此需要充分考虑到社会经济发展水平。

2.3.2.2 社会经济压力内涵

由定义 2-3 可知，社会经济压力可以概括为两个方面：一是资源能源的消耗；二是环境污染的排放。社会经济压力大小与资源需求量和资源能源质量密切相关，可通过科技进步，提高使用效率得到改善。例如，区域本底的资源能源储备丰富和供给能力大，并不代表相应的社会经济压力小，也无法表明能维持高速的社会经济发展速度。而所能容纳的污染物数量实际上与环境压力大小呈正比例关系。人类社会的技术水平和生活方式会对污染排放量产生直接影响，从而影响社会经济压力的大小。

2.3.2.3 社会经济压力判定方法

目前，社会经济压力评价方法有供需平衡法（Brown and Ulgiati，1997；Bartelmus，1999）、指标体系法（Amitsis，1997）和系统模型法（Senge and Forrester，1980）等。这些方法虽对研究经济发展与生态环境相互之间关系起到积极作用。但选取的案例和研究方法不同，使得或在结果表达的直观性，或在计算过程的简单性，均存在或多或少的不足。在此基础上，所提出的社会经济压力指数法，该方法不仅能直观地反映社会经济发展对生态系统产生的压力大小、压力构成特点及压力变化趋势，且被认为具有较强的综合性和实用性。但是由于不同研究区域在社会经济发展及产业结构特征方面存在差异，而原模型在指标选取及权重确定方面过于单一，且没有充分考虑区域本地承载力因素，本研究对该方法进行了相应改进，具体将在第 3 章说明介绍。

2.3.3 资源环境承载力的系统效应与意义

资源环境承载力强调以生态系统和经济社会系统为研究对象，注重系统的整体效应。系统内任何单因素的变化，都会影响到其他因素的变化，影响到系统的整体结构与功能。经济社会系统的变化可直接影响到生态系统的变化，反之亦然。

例如，雷强和郭白滢（2013）在中国经济增长、能源消耗与城市化关系的研究中，表明能源消费和城市化与经济增长之间存在协整关系且具有长期均衡关系，能源消耗总量和城市化与经济增长存在着正相关关系。根据研究结果，我们绘制资源消耗对重要生态功能区资源环境承载力的正负影响示意图（图 2-4）来说明系统效应。资源消耗的增加，促进重要生态功能区的城市化率提高和经济增长。与此同时，城市化率的提高带动就业率的增长和生产规模的扩大及技术研发的改进等，从而提高人口承载量，形成良性循环。不仅如此，经济增长还会引起严重的环境污染，导致环境容量降低而限制人口承载量。而污染的环境

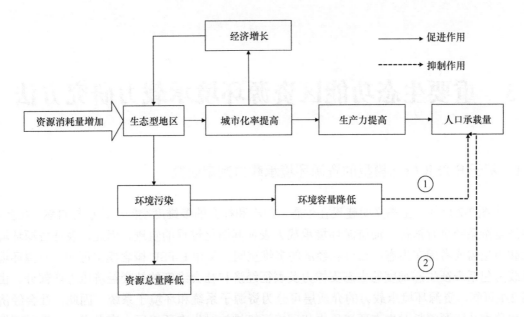

① 环境容量的有限性对生态型地区人口承载量产生直接限制作用；

② 环境污染导致资源总量降低，从而因资源短缺直接影响城市人口承载量。

图2-4 资源消耗对重要生态功能区资源环境承载力的正负影响图示

反过来会对资源总量产生不利影响，会引发资源短缺直接影响城市人口承载量，形成恶性循环。由此可见，通过资源消耗量增加手段提高人口承载量，但环境污染在某种程度上又直接和间接地限制人口承载量，因此实际上降低生态系统的可持续发展能力。由这个实例可说明资源环境承载力的系统效应，资源消耗可引发生态平衡的破坏。因为资源分配在稳定的生态系统中比例是恒定的，打破这种比例关系就会降低生态支撑力，丧失社会经济发展所需的生态服务功能而降低人口承载量。所以生态系统中各因素间存在相互作用。资源消耗势必会影响到环境质量，二者的变化不仅会对生态支撑力产生影响，还会作用于社会经济压力，这就是系统的整体效应所引起的变化。资源环境承载力的研究必须从系统的整体效应来开展，否则会顾此失彼。

3 重要生态功能区资源环境承载力研究方法

3.1 基于 E-PSR 概念模型的资源环境承载力判定研究

由图 2-2 可知，生态文明建设在生态、经济和社会的多维度空间中，引导自然 - 社会 - 经济复杂系统进行演化，而资源环境承载力表征其演化过程的轨迹。因此，表征资源环境承载力也需要考虑在生态、社会和经济的多维空间。又由 E-PSR 概念模型可知，资源环境承载力包括表征生态维度的生态支撑力及表征经济和社会维度的社会经济压力两部分。由图 2-1 可知，资源环境承载力的介质层可分为资源子系统和环境子系统。因此，社会经济压力分别从资源消耗对生态环境压力和环境污染排放对生态环境压力来考虑。由于需要探讨整个系统的整体效应，状态空间法作为定量描述系统状态的一种有效方法，不仅可以切合实际地描述生态、经济和社会的多维度空间，还可通过表达系统各因素状态向量的多维状态空间轴来定量描述和测度区域资源环境承载力及其状态。

图 3-1 表示的三维状态空间包括重要生态功能区资源环境承载体的生态支撑力、环境污染排放对生态环境压力和资源消耗对生态环境压力 3 个轴。状态空间的不同承载状态点（如图 3-1 中的 A 点、B 点和 C 点）分别表征在一定时间段内不同承载状态值。根据状态空间法的原理可知，C 点所在的曲面 OCX_{max} 为最为理想状态下的资源环境承载力承受面。任何低于该曲面（如 A 点）可描述为在特定的资源环境配置下，社会经济压力

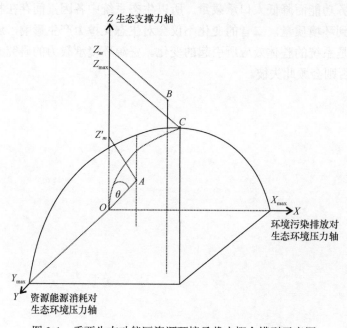

图 3-1 重要生态功能区资源环境承载力概念模型示意图

强度低于生态支撑力的支撑力度。而任何高于该曲面（如 B 点）可说明社会经济活动强度超过这时段的资源环境组合下的资源环境承载力。由此可见，采用状态空间法分别从生态支撑力、资源消耗对环境压力和环境污染排放对环境压力三方面进行资源环境综合承载力评价具有可行性。

在考虑系统整体效应的同时，还需研究不同单因素对资源环境承载力的影响。所以，在某一特定时段内，根据实际情况在不同向量轴选取 n 个能较好反映重要生态功能区系统状态的指标，来定量表征资源环境承载力的实际承载状态 RECS（the actual state of resources and environmental carrying capacity）。

定义 3-1：

资源环境承载力的实际承载状态 RECS 取决于生态支撑力、资源消耗对环境压力和环境污染排放对环境压力 3 个矢量的共同作用。假设 3 个矢量大小分别由 X_i，Y_j 和 Z_r 的指标集和各自权重值 w_{1i}，w_{2j} 和 w_{3r}（i=1，2，3，…，n；j=1，2，3，…，n；r=1，2，3，…，n）来表征，则该资源环境承载力的实际承载状态 RECS 可用数学式表达为

$$\text{RECS} = R(\sum_{i=1}^{n} w_{1i} \times X_i, \sum_{j=1}^{n} w_{2j} \times Y_j, \sum_{r=1}^{n} w_{3r} \times Z_r) \tag{3-1}$$

式中，$\sum_{i=1}^{n} w_{1i} \times X_i$ 对应生态支撑力对资源环境承载力的贡献量 ESCI；$\sum_{j=1}^{n} w_{2j} \times Y_j$ 对应资源消耗对资源环境承载力的贡献量 RECI；$\sum_{r=1}^{n} w_{3r} \times Z_r$ 对应环境污染排放对资源环境承载力的贡献量 EPI。

3.1.1 资源环境承载力承载指数 RECSI

因为生态支撑力表征生态系统状况，而生态系统又是 E-PSR 概念模型的边界约束条件。在经济社会系统的干预下，生态系统会产生相应的自校行为。由此可见，从数学意义来说，生态支撑力相当于多维状态空间的因变量；从物理意义来说，需保障生态系统健康才能发展经济社会。因此以生态支撑力为 Z 轴、资源消耗对环境压力为 Y 轴和环境污染排放对环境压力为 X 轴构建资源环境承载力的三维状态空间。在此空间内，采用三维状态空间法将指标集进行综合运算，则第 g 中资源环境配置下的 RECS_g 可通过资源环境承载力承载指数 RECSI_g 来表征：

$$\text{RECS}_g = \text{RECSI}_g = \frac{|\text{REC}_g|}{|\text{REC}_{Sg}|} \tag{3-2}$$

式中，$|\text{REC}_g|$ 代表区域在第 g 种资源环境配置下资源环境承载力现状值（g=1，2，3，…，n），即在状态空间中点 REC_g 到坐标原点的加权距离；$|\text{REC}_{Sg}|$ 代表第 g 种资源环境配置下资源环境承载力的单位向量值。若 $\text{RECSI}_g > 1$，则说明在第 g 种资源环境配置下重要生态功能区处于超载状态；若 $\text{RECSI}_g \approx 1$，则在第 g 种资源环境配置下重要生态功能区处于均衡状态；若 $\text{RECSI}_g < 1$，则重要生态功能区处于盈余状态。

3.1.1.1 资源环境承载力的单位向量值 $|\text{REC}_{Sg}|$

$|\text{REC}_{Sg}|$ 通过不同向量的权重加权处理，可得到单位向量的模型：

$$\left|\mathrm{REC}_{Sg}\right| = \sqrt{\sum_{i=1}^{n} w_{1ig}^2 + \sum_{j=1}^{n} w_{2jg}^2 + \sum_{r=1}^{n} w_{3rg}^2} \tag{3-3}$$

式中，w_{1ig} 代表在第 g 种重要生态功能区中生态支撑力向量的第 i 个指标的权重，$i=1$，2，…，n；w_{2jg} 代表在第 g 种重要生态功能区中资源消耗对生态环境压力向量的第 j 个指标的权重，$j=1$，2，…，n；w_{3rg} 代表在第 g 种重要生态功能区中环境污染排放对生态环境压力向量的第 r 个指标的权重，$r=1$，2，…，n。

3.1.1.2 资源环境承载力现状值 $|\mathrm{REC}_g|$

$|\mathrm{REC}_g|$ 所表征的资源环境承载力现状值到坐标原点的加权距离计算如式（3-4）所示：

$$|\mathrm{REC}_g| = \sqrt{\left[\left(\sum_{i=1}^{n} W_{1ig} + \sum_{j=1}^{n} W_{2jg} + \sum_{r=1}^{n} W_{3rg} \right) \times \left(\mathrm{REC}_g(\mathrm{opr}) \mathrm{RECC}_g \right) \right]^2} \tag{3-4}$$

式中，向量 RECC_g 代表第 g 种重要生态功能区处于资源环境的适宜配置下的资源环境承载力适宜称量值。所谓适宜称量值指的是在某一特定时段内，遵循可持续发展前提下，不同向量成本型指标（负向指标，数值越小越好的指标）或效益型指标（正向指标，数值越大越好的指标）分别取该区域资源环境本底值或最大容量值的 70% 或者 30%，以保障在生态系统的约束边界内而不发生生态环境恶化的境况。相较于传统状态空间法理想值的取值方法（成本型指标取至大值或效益型指标取至小值）（宋艳春和余敦，2014），适宜称量值的取值依据不仅保证单因素指标不超过所指定的限制范围外，还考虑重要生态功能区资源环境承载力整体效应需在适宜范围内。例如，当一个国家或地区的水资源开发利用率超过30% 时，则可能引起生态环境恶化（王洪波，2013）。因此，在分析社会经济压力的水资源消耗指标对生态环境压力时，以 30% 作为对该地区生态环境最大压力值。另外，由于重要生态功能区是通过生态安全评价筛选出的极重要和非常重要地区，相较于其他地区更以保障完善的生态系统结构和正常的生态服务功能为首要目标，本研究根据短板理论来综合各指标的限制范围，形成重要生态功能区的适宜称量值。

opr 代表向量的运算符、运算方法或过程，可表征现状状态值和适宜称量值的位置关系，即反映区域承载状态（宋艳春和余敦，2014）。在向量运算时需特别注意，由于初始指标均来自于不同系统而产生不同量纲和量级，需要进行指标无量纲化。本研究采用极差标准化分别对效益指标和成本指标进行处理，详细介绍见 3.2 节。另外，效益指标存在与承载情况判断公式不相适宜的地方。一般指标超出适宜称量值则属于超载状态，但生态支撑力的效益指标超出适宜称量值时，会出现生态系统朝着更高级或者更好状态方向演替。因此，按原始值进行承载状态判断，会出现失效作用。本研究通过采用倒数函数对相应指标进行转换后，再用于承载状态判断。其他不存在此现象的指标除了量纲归一化处理后不需要再采用换算过程。

3.1.2 生态支撑力指数 ESC

由定义 2-2 可知，生态支撑力分别从生态系统的属性、结构和功能三方面来全面描述，即分别从生态系统的自然驱动、生态系统的结构特征和生态系统的功能状况来决定生态系统的特征状况。生态系统的自然驱动力，即在自然环境中，生态系统维持生态平衡时所需要的动力。生态系统的结构特征，反映生态系统内各要素相互联系、相互作用的方式（尚玉昌，2002）。生态系统的功能状况，即生态系统维护人类基本生存利益与服务人类正常发展条件。因此生态支撑力可表达为

$$\text{ESC} = \sum_{i=1}^{n} S_i \times W_{1i} \tag{3-5}$$

式中，S_i 为生态系统特征因子，分别代表自然驱动、生态结构和生态功能三要素；W_{1i} 为因子 i 相对应的权重值，$n=3$。

由于自然驱动、生态结构和生态功能三要素偏向于客观性，还包含若干个要素信息，本研究采用客观性强的熵权法来确定权重值。熵权法是一种综合考虑各指标的信息量大小来确定权重的客观数学方法。不仅能准确反映生态支撑力评价指标所含的信息量，还可解决重要生态功能区生态支撑力各指标信息量大和量化难的问题（贾艳红等，2006）。下面以熵权法来阐述生态支撑力指数的权重计算方法，基本步骤如下所述。

假设评价对象研究区包括 n 个县，反映其生态支撑力的评价指标有 m 个，分别为 I_i（$i=1$，…，m），再由各县各评价指标统计值可设其矩阵 [式（3-6）]。其中，r'_{ij} 是第 j 个县在第 i 个指标上的统计值；

$$R' = (r'_{ij})_{m \times n} \tag{3-6}$$

式中，$i=1$，…，m；$j=1$，…，n；r'_{ij} 是第 j 个县在第 i 个指标上的得分。对 R' 进行标准化，消除指标间不同单位、不同度量的影响，以便得到各指标的标准化得分矩阵（贾艳红等，2007）。标准化方法一般有直线型、折线型和曲线型等。考虑标准化后的数据 r_{ij} 受 r'_{ij} 的影响，采用极值法对原始数据进行标准化。再设标准化后的矩阵：

$$R = (r_{ij})_{m \times n} \tag{3-7}$$

将原始数据矩阵式（3-6）标准化后得出矩阵为式（3-7），则具体的标准化公式为

$$r_{ij} = \frac{r'_{ij} - \min_j r'_{ij}}{\max_j r'_{ij} - \min_j r'_{ij}} \times 10 \tag{3-8}$$

其中，经式（3-8）指标标准化后，其值越大越好；

$$r_{ij} = \frac{\max_j r'_{ij} - r'_{ij}}{\max_j r'_{ij} - \min_j r'_{ij}} \times 10 \tag{3-9}$$

其中，经式（3-9）指标标准化后，其值越小越好。

对原始数据进行标准化后就可计算各指标的信息熵。第 i 个指标的熵可定义为

$$H_i = -k \sum_{j=1}^{n} f_{ij} \ln f_{ij} \tag{3-10}$$

式中，$i=1$，…，m；$j=1$，…，n；

f_{ij} 可定义为式（3-11）；k 可定义为式（3-12）：

$$f_{ij} = \frac{r_{ij}}{\sum_{j=1}^{n} r_{ij}} \tag{3-11}$$

$$k = \frac{1}{\ln n} \tag{3-12}$$

当 $f_{ij}=0$，$f_{ij}\ln f_{ij}=0$ 时，在指标熵值确定后，可根据式（3-13）来确定第 i 个指标的熵权 W_{1i}：

$$W_{1i} = \frac{1 - H_i}{m - \sum\limits_{i=1}^{m} H_i} \tag{3-13}$$

式中，$i=1$，$\cdots$，m。因此将权重值代入式（3-5）中。

3.1.3 社会经济压力指数 SEPI

社会经济压力指数 SEPI 法是一种较新的能直观地反映社会经济发展对生态系统产生的压力及压力变化趋势的方法（宋静等，2014）。该方法设计社会经济压力指数（SEPI）作为度量区域经济发展对生态系统压力的大小，并分别由资源能源消耗分指数（RECI）和环境污染分指数（EPI）进行表征。由于不同研究区域存在社会经济发展及产业结构特征方面的差异性，采用客观性强和信息量大的熵权法来确定权重值（宋静等，2014）。

因此，社会经济压力综合指数 SEPI 取值范围在［0，1］，资源能源消耗压力指数 RECI 和环境污染压力指数 EPI 取值越大，则社会经济压力综合指数 SEPI 取值越大。社会经济压力 SEPI 可表达为式（3-14）：

$$\text{SEPI} = \text{RECI} \times 0.5 + \text{EPI} \times 0.5 \tag{3-14}$$

在本研究中，认为 RECI 和 EPI 对 SEPI 所作的贡献相等，因此权重值均取为 0.5。资源能源消耗分指数 RECI 和环境污染分指数 EPI 可分别表示为

$$\text{RECI} = \sum_{j=1}^{n} \text{RECI}_j \times W_{2j} \tag{3-15}$$

$$\text{EPI} = \sum_{r=1}^{n} \text{EPI}_r \times W_{3r} \tag{3-16}$$

式（3-15）和式（3-16）中，RECI_j 和 W_{2j} 分别表示第 j 个资源能源消耗指标的指数值和权重；EPI_r 和 W_{3r} 分别表示第 r 个环境污染压力指标的指数值和权重。其中，权重值采用熵权法来计算，具体计算见式（3-6）～式（3-13）。

3.2 资源环境承载力综合评价方法

3.2.1 评价思路与原则

3.2.1.1 评价思路

由定义 2-1 可知，重要生态功能区资源环境承载力将人类社会活动对生存环境造成的压力考虑在内，又涵盖了生态环境状态的变化趋势和人们为了改善环境的恶化而采取的行动，即采取减少、预防和缓解自然环境不理想变化的措施。因此，采用 E-PSR 模型来构建指标。

根据 E-PSR 模型理念，采用目标分层次评价法进一步细化重要生态功能区资源环境承载力指标体系。资源环境承载力的第一层涵义分别从生态系统和经济社会系统出发，生态系统的生态支撑力是资源环境承载力的支撑条件，反映生态系统的特征状况，可看作资源环境承载力的状态指标，即可作为资源环境承载力评价的目标之一；经济社会系统的社会经济压力是资源环境承载力的压力作用，反映人类活动对生态系统的作用现状，可看作资源环境承载力的压力指标，也可作为资源环境承载力的目标之二。资源环境承载力的第二

层涵义从生态支撑力和社会经济压力出发。因此根据 E-PSR 中的概念，生态支撑力由形成生态系统基本条件的自然驱动因子、描述生态系统结构的结构因子和表征生态系统功能状况的功能因子来表征，可看作生态支撑力的准则层，即资源环境承载力的准则层之一；由图 2-1 可知，人类活动的作用介质分别是资源子系统和环境子系统。资源的持续供给和环境的持续容纳分别是社会经济压力的保障条件和制约条件。因此，资源能源消耗和环境污染排放是社会经济压力的评价准则，成为资源环境承载力的准则层之二。资源环境承载力的实际承载状态是由生态支撑力、资源消耗对环境压力和环境污染排放对环境压力 3 个矢量的不同指标共同作用来表征的，因此第三层涵义可以作为资源环境承载力的指标层。

3.2.1.2 评价原则

由于生态系统和经济社会系统的复杂性，因此资源环境承载力评价指标首先要体现系统的复杂性，包括层次性和尺度适宜性。其次要体现资源环境系统特征，具体选取原则包括 5 个方面。

1. 科学性与尺度适宜性原则

评价指标应与研究区域的实际情况相符合，且能科学反映出重要生态功能区资源环境承载力现状特征。指标选取要根据不同尺度特征进行选取，在特定尺度上要呈现规律性。

2. 相对完备性原则

评价指标体系所选的指标作为一个有机整体，应能全面地反映和测度重要生态功能区资源环境承载力的各方面，既有反映资源、环境、人口、经济、社会等各系统发展的指标，又有反映以上各系统相互协调的指标。

3. 简洁性与相对独立性原则

所选评价指标既要力求少而精，评价方法尽可能简单；又要尽量避免重复的指标间信息量，选择独立性强、代表性好的主要指标，从而增加评价的准确性和科学性。

4. 可行性与定量化原则

资源环境承载力因受多种因素的限制和制约，尤其是社会经济压力指标，指标数据的获取度则是决定评价成功的关键所在。在选取指标时以数据获取的难易程度为准则，并且以定量化数据优先。

5. 层次性原则

由于评判对象是一个复杂的巨系统，可以把它分解为若干子系统，子系统又可分解为若干单元。资源环境承载力体系通常由多层次构成，越往上，指标越综合；越往下，指标越具体。

根据生态系统的资源禀赋及经济社会系统的发展状态构建原则确定资源环境承载力的指标体系框架。

3.2.2 评价流程

评价流程如图 3-2 所示，包括以下 3 个评价流程。

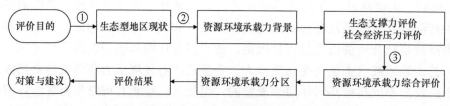

图 3-2 重要生态功能区资源环境承载力评价流程

3.2.2.1 重要生态功能区现状调查

包括生态系统和经济社会系统调查，采用地质勘查、遥感解译和统计数据收集等方法。

3.2.2.2 资源环境承载力背景值评估

在对重要生态功能区现状值了解的基础上，利用各指标的评价方法，分别对资源环境承载力的背景值作出正确评估。

3.2.2.3 资源环境承载力综合评价

在生态支撑力评价和社会经济压力评价基础上，对区域资源环境承载力现状综合分析评价，并根据评价结果得出资源环境承载力分区图。

3.2.3 评价指标体系构建

3.2.3.1 指标构建思路

由于我国主要存在陆地生态系统和水域生态系统。相对于重要生态功能区来说，陆地生态系统主要有森林生态系统、草地生态系统和复合型生态系统；而水域生态系统主要以湿地生态系统存在。因此，本研究基于 23 个重要生态功能区，根据评价区的土地利用类型所占比例，依据 E-PSR 模型和评价原则分别对森林生态系统、草地生态系统、湿地生态系统和复合生态系统进行指标构建。再根据生态系统共性特征，筛选出适用于全国尺度的指标。

3.2.3.2 指标体系构成

1. 目标层

将资源环境承载力分为生态支撑力（T_1）和社会经济压力（T_2）两个分目标层作为评价指标，主要目的是衡量生态系统承受外部扰动的能力及经济社会系统的发展潜力和制约条件。因此，分目标层以生态支撑力和社会经济压力作为评价指标具有可行性。

2. 准则层

根据分目标的不同，可分为生态支撑力准则层和社会经济压力准则层。

1）生态支撑力准则层

生态支撑力具备生态系统的属性，故生态支撑力具有生态系统的生境条件、物质循环和能量流动所呈现出的特点。生态支撑力主要反映生态系统的特征状况，包含自然驱动力准则层（S_1）、生态结构准则层（S_2）和生态功能准则层（S_3）。即分别从生态系统的属性、结构和功能三方面来全面描述。

如图 3-3 所示，自然驱动力相当于生态系统的内力，主要维持生物群落的生存力、适应性和繁衍力。根据研究表明，生境所提供的生态因子按性质可分为气候因子（如温度、水分和光照等）、土壤因子（如土壤结构和土壤成分等）和地形因子（如海拔）。生态系统结构特征是生态系统的基础属性，可分别从生态系统的空间结构、生物量和景观格局三类属性来衡量生态支撑力。生态系统功能状况可间接反映生态系统稳定性，而能量流动和物质循环是生态系统的两大基本功能，主要体现生物群落对生境的作用能力，分别从生态群落对生态系统的生产力及对生态系统的水圈、大气圈和岩石圈的调节能力来衡量生态支撑力。

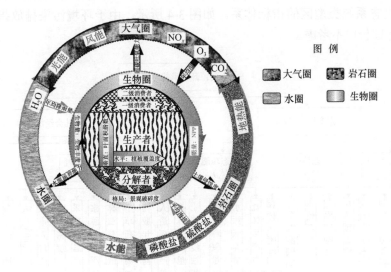

图 3-3　生态支撑力指标层示意图

2）社会经济压力准则层

社会经济压力主要反映生态系统在人类社会活动作用下的资源供给能力和环境污染的容纳能力。主要包含资源能源消耗准则层（S_4）和环境污染排放准则层（S_5）。

从重要生态功能区的资源消耗来看，可分为自然资源消耗和社会资源占用。自然资源是指自然环境中与人类社会发展有关的、能被利用来产生使用价值并影响劳动生产率的自然要素，通常包括矿物、土地、水、气候与生物资源等。与自然资源相对应的社会资源，如人口密度，是重要生态功能区社会经济发展必不可少的生产要素。从重要生态功能区的能源消耗来看，目前国家和省一级的有关资料中所统计的能源类型一般包括煤炭、焦炭、原油、汽油、炼油、柴油、燃料油、天然气及电力等。

从重要生态功能区的环境污染排放来看，衡量工业废水的污染物指标通常包括化学含氧量、石油类、氰化物、砷、汞、铅、镉、六价铬等；废气主要包括粉尘、一氧化碳、二氧化碳和硫化氢等污染物；固体废弃物是相对废水、废气而言的，是指人们在从事生产和生活时所扬弃的各种固体物件和泥状物质，包括有机和无机废弃物、固体废弃物和泥状废弃物、放射性废弃物等。从评价目的及指标体系选择的代表性和可操作性来看，只需分别从农业、居民生活和工业3个方面的3类污染物排放的综合数量来衡量即可。

3. 指标层

根据准则层各指标的特性和资源环境承载力的意义，分别从生态支撑力准则层和社会经济压力准则层两方面选取。

1）类型区尺度指标

（1）森林生态系统类型区。

森林生态系统类型区是以森林生态系统为主导的重要生态功能区，能够保持水土和涵养水源等（鲁绍伟，2006）。不仅在结构上反映森林生态系统特有特征，如森林郁闭度。还需在功能上反映森林生态系统所具有的水源涵养量和土壤抗侵蚀性等。由于森林生态系统不断为人类提供各种林产品和动物、植物性的副产品，依照此思路，经过反复分析筛选，可得到森林生态系统类型区的指标体系，如图3-4所示。由于环境污染排放指标相关数据缺失，在实际评价中不考虑。

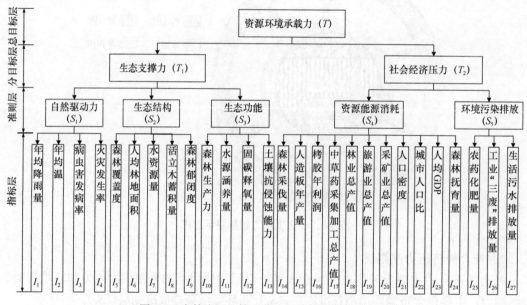

图 3-4 森林资源环境承载力评价指标体系构成图

（2）草地生态系统类型区。

草地生态系统类型区是以草地生态系统为主导的重要生态功能区，不仅是重要的畜牧业生产基地，而且是更重要的生态屏障。因此，需针对草地生态系统类型区的特征、生态功能及初步的生态问题，遴选出能反映生态系统特征及其健康状态的指标。例如，草地生态系统易发生沙漠化，故需考虑沙地面积比例（Geist and Lambin，2004）。又如草地具有提供 NPP 和碳蓄积与碳汇等方面的生态功能，因此在生态功能方面着重探讨。在资源消耗压力方面综合比较水资源、耕地资源、林业资源和草地资源承载压力指数，最终确定草地地区为草地资源消耗为主，主要包括耕地、草地载畜量的压力等指标；在人口压力方面选取人口密度、城镇化指数为指标；环境破坏选取化肥施用量为指标。具体的社会经济压力指标体系构建如图3-5所示。

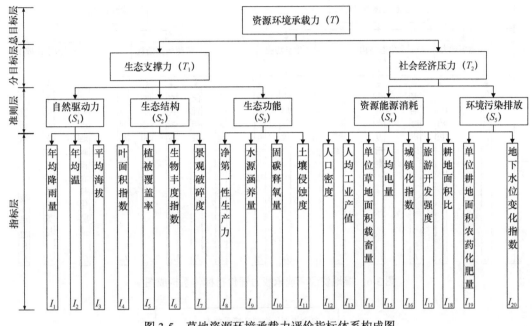

图 3-5　草地资源环境承载力评价指标体系构成图

（3）湿地生态系统类型区。

湿地生态系统类型区是以湿地生态系统为主导的重要生态功能区。湿地生态系统属于水域生态系统。在水分和整个物质循环中起重要作用，不仅有涵养水源和调节气候的功能，还具有丰富的生物多样性和较高的生产力。因此，湿地生态系统的指标构建需要考虑水分循环的作用，如水域面积比、水资源更新率和水体纳污能力等。由此可见，结合湿地生态系统的服务功能，经过反复分析筛选，将湿地资源环境承载力指标体系分为生态支撑力指标和社会经济压力指标两个亚层。两大指标下又分为亚类指标，各亚类指标又可分为具体的初始指标，如图3-6所示。

（4）复合型生态系统类型区。

复合型生态系统类型区是以复合生态系统为主导的重要生态功能区，复合生态系统是社会 - 经济 - 自然复合生态系统。其中，人类是主体，环境部分包括人的栖息劳作环境（包括地理环境、生物环境、构筑设施环境）、区域生态环境（包括原材料供给的源、产品和废弃物消纳的汇及缓冲调节的库）及社会文化环境（包括体制、组织、文化、技术等），它们与人类的生存和发展休戚相关，具有生产、生活、供给、接纳、控制和缓冲功能，构成错综复杂的生态关系。

复合型生态系统类型区资源环境承载力评价指标体系应当与复合生态系统的结构相一致，能反映多种生态系统共同构成的复合生态系统，具有一定的层次性。其中，森林、草地、农田是复合型生态系统类型区最重要的3种生态系统类型，也是受人类影响最大的3种生态系统类型，因此，复合型生态系统类型区资源环境承载力评价主要是针对以上3种生态系统类型，如图3-7所示。

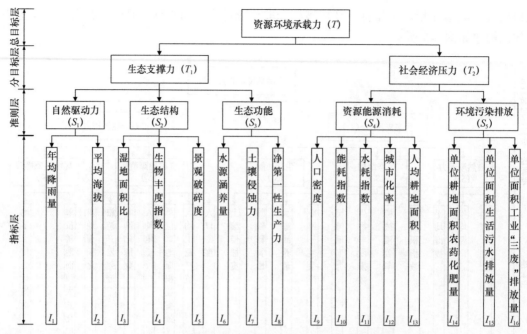

图 3-6　湿地资源环境承载力评价指标体系构成图

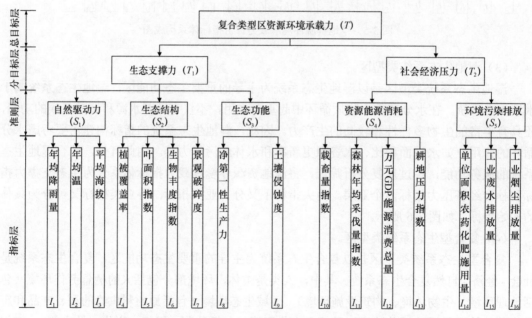

图 3-7　复合型生态系统类型区资源环境承载力评价指标体系构成图

2）全国尺度指标

将复合类型区资源环境承载力评价指标体系应用到全国尺度，具体组成如图 3-8 所示。

（1）生态支撑力指标层：

$S_1 = \{I_1, I_2, I_3\} = \{$ 年平均降雨量，年均温，平均海拔 $\}$

$S_2 = \{I_4, I_5, I_6, I_7\} = \{$ 植被覆盖率，叶面积指数，生物丰度指数，景观破碎度 $\}$

$S_3 = \{I_8, I_9, I_{10}, I_{11}\} = \{$ 净第一性生产力，水源涵养量，固碳释氧量，土壤侵蚀度 $\}$

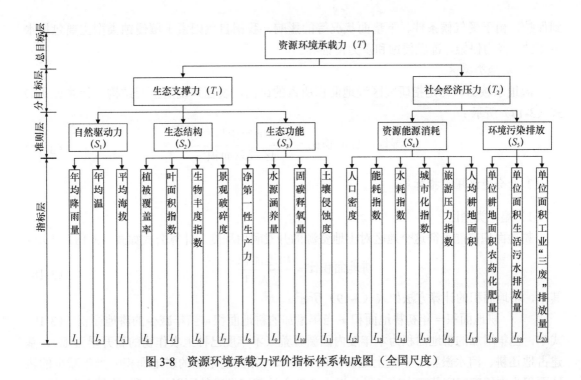

图 3-8　资源环境承载力评价指标体系构成图（全国尺度）

（2）社会经济压力指标层：

S_4={I_{12}, …, I_{17}}={ 人口密度，能耗指数，水耗指数，城市化指数，旅游指数，人均耕地面积 }

S_5={I_{18}, I_{19}, I_{20}}={ 单位耕地面积农药化肥量，单位面积生活污水排放量，单位面积"三废"排放量 }

3.2.3.3　类型区尺度部分指标释义与计算方法研究

类型区尺度部分指标释义与计算方法主要阐述各类型区中特有的指标，相同指标释义与计算方法详见全国尺度指标释义与计算方法。

1. 生态支撑力指标层

1）森林类型区

（1）森林覆盖度。

一个国家或地区森林面积占土地面积的比例。在计算植被覆盖率时，森林面积包括郁闭度 0.2 以上的乔木林地面积和竹林地面积（李崇贵和蔡体久，2006）。植被覆盖率是反映森林资源丰富程度和生态平衡状况的重要指标。

（2）森林郁闭度。

森林中乔木树冠遮蔽地面的程度，它是反映林分密度的指标，是林地树冠垂直投影面积与林地面积之比，以十分数表示，完全覆盖地面为 1，简单说，郁闭度就是指林冠覆盖面积与地表面积的比例（李崇贵和蔡体久，2006）。

（3）土壤抗蚀性。

森林通过减少土壤侵蚀、减轻泥沙沉积和保持土壤肥力等过程使生态系统内的土壤得到保护，由于受气候条件、下垫面状况等的影响，我国自然因素土壤侵蚀类型主要包括水力侵蚀、风力侵蚀、冻融侵蚀和重力侵蚀等。

2）湿地类型区

湿地水域面积比是指研究区湿地面积所占的比例，表征系统的空间结构。计算公式如式（3-17）所示：

$$湿地水域面积比 = \frac{水源地等水域面积}{区域总面积} \tag{3-17}$$

2. 社会经济压力指标层

1）湿地类型区

耕地面积比能表征这个地区对土地资源的开发利用程度。计算公式如式（3-18）所示：

$$耕地面积比 = \frac{耕地面积}{总人口} \tag{3-18}$$

其中，耕地面积的计算方法如式（3-19）所示：

$$耕地面积 = 年初耕地面积 + 当年增加的耕地面积 - 当年减少的耕地面积 \tag{3-19}$$

式中，当年增加的耕地面积为本年度内因新开荒（本年度已种上农作物的新开垦荒地）、基建占地还耕、河水淤积、平整土地和治山、治水等原因而增加的耕地面积；当年减少的耕地面积为本年度国家基建占地（经县以上政府主管部门批准的因兴修水利，修筑公路、铁路、民航机场，修建工矿企业，建筑机关学校用房实际占用的耕地）、乡村集体基建占地（乡村新建或扩建乡村企业、兴修水利工程、修筑公路及建筑办公室和生产设施，如晒场、畜棚、猪圈等基本建设而实际占用的耕地）、农民个人建房占地、退耕造林、退耕改牧面积，以及因自然灾害废弃而实际减少的耕地面积。

2）复合类型区

耕地压力指数属于资源容纳能力指标，它反映了生态系统为人类提供食物、维持人类生存的能力，过高的耕地压力指数将威胁区域的粮食安全（刘庄，2004）。计算公式如式（3-20）所示：

$$S_{\min} = \beta \frac{G_r}{p \times q \times k} \tag{3-20}$$

式中，$S_{\min}$ 为最小人均耕地面积；G_r 为人均食物需求量；β 为食物自给率；p 为食物单产；q 为食物播种面积占总面积的比例；k 为复种指数。

3.2.3.4 全国尺度指标释义与计算方法研究

1. 生态支撑力指标层

生态支撑力指标层释义如表 3-1~ 表 3-3 所示，部分计算方法如下所示。

1）景观破碎度

景观破碎度采用面积加权平均斑块分维数法来进行表征，公式如式（3-21）所示：

$$S_i = \sum_1^i n_i / A_i \tag{3-21}$$

式中，S 为景观破碎度；i 为景观类型；n 为景观斑块个数（个）；A 为景观斑块面积（hm²）。

景观破碎度指数取值在0~1，0表示无破碎化，1表示完全破碎化（王丽婧等，2010）。

表3-1 生态支撑力自然驱动因子准则层指标释义

准则层	指标层	指标层描述	数据来源
自然驱动因子	年均降雨量	是衡量一个地区降雨多少的数据。其值可反映生态系统潜在生产力力值	气候统计数据
	年均温	由某一地区测出的当年每日平均温度的总和除以当年天数所得出。其值可直接影响植被的光合作用效率，故可反映生态系统潜在生产力值	气候统计数据
	平均海拔	以高程基准面为起点所测定的平均地面或空中高度。该指标可反映一个地区地势状况和气象情况，对当地植被作物的生长及土壤保持起到重要作用	DEM

表3-2 生态支撑力生态结构因子准则层指标释义

准则层	指标层	指标层描述	数据来源
生态结构因子	景观破碎度	是指景观被自然因素与人为因素所切割破碎化程度，即景观生态格局由连续变化结构向斑块镶嵌体变化过程的一种度量	土地利用类型数据及Fragstate软件
	植被覆盖率	是指在生长区域地面内所有植被（乔、灌、草和农作物）的冠层、枝叶的垂直投影面积所占统计区域面积的比例，是一个描述区域生态环境质量的重要性指标	土地利用类型数据和NDVI
	生物丰度指数	衡量被评价区域内生物多样性的丰贫程度。其状况可决定着生态系统的面貌，是反映生态环境质量最本质的特征之一	土地利用类型数据
	叶面积指数	单位土地面积上植物叶片总表面积占土地总表面积的比率。作为生态系统的重要结构参数之一，叶面积指数是用来反映植物叶面数量、冠层结构变化、植物群落生命活力及其环境效应	实测与遥感数据

表3-3 生态支撑力生态功能因子准则层指标释义

准则层	指标层	指标层描述	数据来源
生态功能因子	NPP	绿色植物在单位时间和单位面积上所能累积的有机干物质，包括植物的枝、叶和根等生产量及植物枯落部分的数量。因为NPP主要反映植物群落在自然环境条件下的生产能力，所以是评价生态系统结构和功能协调性的重要指标	温度，降水
	水源涵养量	生态系统的重要功能之一。例如，森林生态系统可通过乔木层、灌草层、凋落物层和土壤层来阻滞降水、涵蓄水源，从而起到调节地表径流、保持水土的作用	面积由遥感影像提取或土地利用类型计算，气象数据，（总降水量P-总蒸发量E）由Grace遥感数据
	固碳释氧量	是指植被生态系统通过光合作用和呼吸作用来吸收大气中的CO_2和释放O_2的能力。通过维持大气中的CO_2和O_2动态平衡，达到减缓温室效应的作用	NPP，土地利用类型数据
	土壤侵蚀度	是指土壤层中土壤物质在外动力作用下发生分离和搬运过程中所流失的程度，即土壤侵蚀发展相对阶段或相对强度的差异。其中，土壤侵蚀强度是指单位面积和单位时间内土壤的流失量	土壤类型，土地利用类型，坡度

2）植被覆盖率

植被覆盖率的计算，通常是根据NDVI采用像元二分法进行计算，即利用NDVI与植被覆盖率建立像元二分模型，来估算出区域的植被覆盖率（Sun et al.，1998），公式如式（3-22）所示。

$$f_v = \frac{\mathrm{NDVI} - \mathrm{NDVI}_0}{\mathrm{NDVI}_v - \mathrm{NDVI}_0} \tag{3-22}$$

式中，NDVI 的计算公式如式（3-23）所示：

$$NVDI=（\rho_2-\rho_1）/（\rho_1+\rho_2）\tag{3-23}$$

式中，ρ_1、ρ_2 分别为第一、第二通道的反照率。在式（3-22）中，f_v 为像元的植被覆盖率（%）；$NDVI_v$ 和 $NDVI_0$ 分别为植被覆盖部分和非植被覆盖部分的 NVDI 值。

3）生物丰度指数

生物丰度指数根据中国环境监测总站下发的《生态环境质量评价技术规定》文件进行计算。由表 3-4 生物丰度指数分权重值可确定出计算方法，其表达式如式（3-24）所示：

生物丰度指数 $=A_{bio}\times$（0.35× 林地面积 +0.21× 草地面积 +0.28× 水域湿地面积 +0.11×

耕地面积 +0.04× 建设用地面积 +0.01× 未利用土地面积）/ 区域面积　　（3-24）

式中，A_{bio} 为生物丰度指数的归一化系数，计算公式如式（3-25）所示：

$$A_{bio}=100/A_{max}\tag{3-25}$$

式中，A_{max} 为某指数归一化处理前最大值，中间值 =（0.5× 森林面积 +0.3× 水域湿地面积 +0.15× 草地面积 +0.05× 其他面积）/ 区域面积，$A_{bio}=100/$ 生物丰度指数中间值最大值。

表 3-4　生物丰度指数分权重

生物丰度指数	林地				草地			水域湿地				耕地		建筑用地		未利用地			
权重	0.35				0.21			0.28				0.11		0.04		0.01			
结构类型	有林地	灌木林地	疏林地和其他林地	高覆盖度草地	中覆盖度草地	低覆盖度草地	河流	湖泊湖库	滩涂湿地	水田	旱地	城镇建设用地	农村居民点	其他建设用地	沙地	盐碱地	裸土地	裸岩石砾
分权重	0.6	0.25	0.15	0.6	0.3	0.1	0.1	0.3	0.6	0.4	0.3	0.3	0.4	0.3	0.2	0.3	0.3	0.2

4）叶面积指数（LAI）

叶面积指数是将土地覆盖 / 利用类型面积数据按照式（3-26）进行处理，计算方法如下所示：

$$L_s=\sum_{i=1}^{n}w_iL_i\tag{3-26}$$

式中，L_s 为所给定区域的 LAI 值总和（m^2/m^2）；L_i 为表 3-4 所确定的第 i 类生物群落 / 土地覆盖类型的平均 LAI 值（m^2/m^2），如表 3-5 所示；w_i 为在给定区域内第 i 类生物群落和土地覆盖类型的面积比。

表 3-5　生物群落 / 土地覆盖类型的平均 LAI 值　　　　　（单位：m^2/m^2）

生物群落 / 土地覆盖	耕地	园林	林地	草地	湿地	水域	建设用地	其他用地
平均 LAI 值	3.0	3.0	5.0	2.0	6.5	0	0.5	1.0

5）NPP

NPP 采用 Miami 模型（Alexandrov et al.，1999）来计算。该模型是 Lieth（1975）利用世界五大洲约 50 个地点可靠的自然植被 NPP 的实测资料和与之相匹配的年均温（t，℃）及年均降雨量（r，mm）资料，根据最小二乘法建立的。计算方法如式（3-27）和式（3-28）

所示：

$$NPP_t=3000/（1+e^{1.315-0.119t}）\qquad(3-27)$$

$$NPP_r=3000/（1-e^{-0.000\,664r}）\qquad(3-28)$$

式（3-27）和式（3-28）中，NPP_t 和 NPP_r 分别根据年均温及年均降雨量求得。根据 Liebig 最小因子定律，选择由温度和降雨所计算出的 NPP 中的较低者即为某地的自然植被的 NPP [g/（m²·a）]。

6）水源涵养量

水源涵养量采用水量平衡法来计算。其方法是将给定区域的生态系统视为一个"黑箱"。以"黑箱"水量的输入和输出为研究对象，按照水量平衡法的思路，将该"黑箱"的总年均降雨量和总蒸散量以及其他消耗的差值作为水源涵养量。计算方法如式（3-29）所示：

$$Q=S×（P-E）=\theta×P×S\qquad(3-29)$$

式中，Q 为水源涵养总量（m³/a）；S 为给定区域面积（km²）；P 为该地区年均降雨量（mm/a）；E 为年平均蒸发量（mm/a）；θ 为径流系数。

7）固碳释氧量

植被光合作用固定的二氧化碳和释放的氧气的量，可以通过干物质的净初级生产力来推算固定二氧化碳的量，计算方法如式（3-30）所示：

$$MC=M×S×X×1.62\qquad(3-30)$$

式中，MC 为 CO_2 年固定量（kg）；M 为某类型植物单位面积产草量 [kg/（a·km²）]；S 为某类型植物的面积（km²）；X 为草地的固碳系数（整株植物生物量/地上生物量）。

8）土壤侵蚀度

借助 ModelBuilder 软件平台，将土壤侵蚀危险性分级栅格数据创建出土壤侵蚀度模型，并执行模型得出结果，模型如图 3-9 所示。

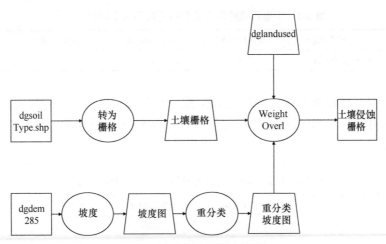

图 3-9　土壤侵蚀构建模型

2. 社会经济压力指标层

社会经济压力指标分别从资源能源消耗指标和环境污染排放指标来进行诠释，如表 3-6 所示。由于社会经济方面数据缺失，有些指标需要通过原始数据的二次计算才能获得。

表 3-6 社会经济压力指标释义（全国尺度）

指标	意义	计算方法	单位
人口密度	人口对资源环境压力指标	统计年鉴	万人 /km²
能耗指数	能源消耗关系指标	能源总量 / 区域总面积	万 t/km²
水耗指数	水资源消耗压力关系指标	用水总量 / 区域总面积	万 t/km²
城市化指数	社会经济发展程度指标	（非农人口 / 总人口）/ 区域面积	×10⁻⁵ 万人 /（万人·km²）
旅游压力指数	旅游压力指标	旅游景点数 / 区域面积	个 /km²
人均耕地面积	资源容纳能力指标	耕地面积 / 总人口	km²/ 万人
单位耕地面积农药化肥量	农业产生污染状态指标	农肥总量 / 耕地面积	t/km²
单位面积生活污水排放量	生活污染排放指标	生活污水总量 / 区域总面积	t/km²
单位面积工业"三废"排放量	工业废气排放量	工业"三废"总量 / 区域面积	t/km²
	工业废水排放量		
	工业固体废弃物排放量		

3.2.4 综合评价研究

根据资源环境承载力计算结果和评价指标体系，分别从生态支撑力指数、社会经济压力指数和资源环境承载力承载指数来综合评价研究区的资源环境承载情况。后续的资源环境承载力区划以资源环境承载力承载指数评价为主，生态支撑力指数和社会经济压力指数的评价结果是对其评价进行补充说明。

3.2.4.1 分目标层评价

由式（3-5）可计算出生态支撑力指数。生态支撑力可反映生态系统的稳定情况，分值越高表示生态系统的稳定性越强。根据生态支撑力值，可划分为 5 级，如表 3-7 所示。

表 3-7 生态系统稳定程度分级评价表（全国尺度）

级别	≤ 0.182	0.183~0.254	0.255~0.320	0.321~0.381	≥ 0.382
评价级别	极不稳定	不稳定	较稳定	中稳定	极稳定

由式（3-14）可计算出社会经济压力指数。社会经济压力可以反映对生态系统的压力情况，分值越高表示生态系统的稳定性越强。根据社会经济压力值，可划分为 5 级，如表 3-8 所示。

表 3-8 社会经济发展程度分级评价表（全国尺度）

级别	≤ 0.023	0.024~0.047	0.048~0.088	0.089~0.196	≥ 0.197
评价级别	弱压	低压	高压	强压	极强压

3.2.4.2 总目标层评价

由式（3-2）可计算出资源环境承载力承载指数。通过不同资源环境承载力指数值，可判断出生态系统的稳定程度和经济社会系统的发展程度。当资源环境承载力指数分值越大，表示负载量越大。根据负载量值，可划分为 5 级，如表 3-9 所示。

表 3-9 资源环境承载力承载指数分级评价表（全国尺度）

级别	≤ 0.55	0.56~0.90	0.91~1.05	1.06~1.60	≥ 1.61
评价级别	超高负荷盈余	高负荷盈余	较高负荷盈余	均衡	超载

3.2.5 分层次评价意义

分层次评价主要为了使评价更准确和更有针对性，其中生态支撑力指数和社会经济压力指数的评价结果是对资源环境承载力承载指数评价补充。例如，存在 A 和 B 两个研究区，两区域的资源环境承载力指数均处于超高负荷盈余区。其中 A 区为极不稳定弱压超高负荷盈余区，B 区为极稳定低压超高负荷盈余区。因此 A 区较 B 区对外界的抵抗和恢复能力较低，因此对 A 区采取偏向保护手段的政策方针。若 A 区为沙漠中的绿洲，资源环境承载力极高，但生态系统的支撑力极差。生态系统一旦退化，恢复极为困难。

3.3 典型类型区的耦合协调发展分析研究

在全球化大背景趋势下，随着重要生态功能区社会经济的持续发展，要不断调整发展政策，在不断突出以环境与发展的主题，确立生态建设为主题的发展战略以实现跨越式发展的同时，更要发掘生态系统的多功能性，不仅能为国民经济发展提供大量的生态产品，更能担负起改善和维护生态环境的重任，经济和生态建设并重发展，以及经济发展的好坏直接关系着生态建设能否适应当前经济的发展，也能直接影响到其生态、社会和经济效益的综合协调发展。重要生态功能区资源环境承载力联结了生态系统和经济社会系统，使生态环境与社会经济的协调有了宏观准则。本研究以典型生态系统类型区为研究对象，继续通过对人类活动与生态系统之间的耦合关系，探讨生态系统和区域人口社会经济的相互作用及在发展中的和谐程度，为区域可持续发展提供参考。

3.3.1 耦合系统模型界定

耦合系统模型是以生态环境和社会经济为基础生态经济系统，是由生态环境和社会经济耦合而成（贾士靖等，2008）。从技术和经济角度来说，生态经济系统的耦合机制可以分为生态系统内部的自然耦合机制和经济社会系统内部的能动耦合机制，并且在物质与能量交换过程中贯穿始终。可表达为

$$HAECS=\{S_1,\ S_2,\ \ldots,\ S_m,\ Rel,\ O,\ Rst,\ T,\ L\},\ m \geq 2,\ S_i=\{E_i,\ C,\ F_i\} \quad (3-31)$$

式中，S_i 为第 i 个子系统；E_i，C，F_i 为子系统 S_i 的要素、结构和功能；Rel 为系统耦合集合；Rst 为约束集；O 为目标集；T，L 分别为时间、空间变量；m 为子系统个数。

3.3.2 耦合系统模型与资源环境承载力之间的关系

"协调耦合度"和"承载力"是两个不相同的概念。"协调耦合度"是衡量系统内部各参量之间相互作用程度的指标，通过体现各个要素之间的协调耦合程度来决定系统趋势，对系统时间尺度上的变化起决定作用；而"承载力"指的是系统所能承受的外部的最大负荷。

资源环境承载力体现研究区总的"状态"，即研究区内生态系统的承载能力；而耦合协调度则是体现系统内部各参量之间的相互关系，表现的是人地关系的好坏程度。

资源环境承载力强调的是生态系统对外部的承载能力，突出反映自然环境子系统对社会经济子系统向良性发展的支撑能力，因此在对承载力进行评价之后，为了深度挖掘出产生这种现象的原因，我们必须就人地关系之间的协调耦合程度进行探讨。"承载力"对应的是整个生态系统的"稳定"，而"协调耦合度"对应的是各个子系统的协调耦合发展，稳定是协调发展的基础，协调发展是稳定保障，只有在各个子系统之间关系协调前提下，才能满足区域生态系统的稳定。

研究区生态系统特点决定系统的协调耦合程度，人地系统耦合对资源环境承载力会产生重要的影响，系统耦合能通过调整各个子系统内部因素的"大小"来对资源环境力承载产生影响，对资源环境承载力的驱动机制进行分析。

3.3.3 典型生态系统类型区耦合系统模型的构建

典型生态系统类型区人地系统耦合模型构建的最终目的是实现研究区生态系统的协调耦合发展，是指典型生态系统类型区中各个子系统内部的要素互相作用形成的具有一定有序性、比例关系、排列方式和结构形式的综合运行状态。在这个耦合系统中，生态系统是经济社会系统的客观物质基础，是由以重要生态功能区为主的自然要素构成的自然体，同时还包括生态环境，经济社会系统是由各种社会经济要素构成的综合体，在这里主要包括产业结构、人类生活水平和社会文化等。

根据耦合系统定义，设 x_1, x_2, $\cdots$, x_m 为描述自然系统的 m 个指标；y_1, y_2, $\cdots$, y_n 为描述人类系统的 n 个指标，则构建综合生态环境效益函数和综合社会经济效益函数：

$$f(x) = \sum_{i=1}^{m} a_i x_i', \quad g(y) = \sum_{i=1}^{n} b_i y_i' \tag{3-32}$$

式中，a_i、b_i 为待定系数；x_i 为第 i 个自然系统的指标；y_i 为第 j 个人类系统的指标。

3.3.4 耦合系统模型的评价方法研究

对森林型地区的协调耦合评价采用协调发展模型来度量生态环境系统和经济社会系统之间的耦合协调状况，其主要步骤如下所述。

3.3.4.1 指标标准化

$$x_i' = \begin{cases} x_i / \lambda_{\max} & \text{当指标}x_i\text{越大越好时} \\ \lambda_{\max} / x_i & \text{当指标}x_i\text{越小越好时} \end{cases} \tag{3-33}$$

式中，$\lambda_{\max}$ 为指标 x_i 的理想值。

3.3.4.2 计算离差

依照前述对协调耦合概念的认识和分析，用离差系数表示为

$$C_v = \frac{S}{1/2\left[f(x) + g(y)\right]} = \sqrt{2 \times \left\{1 - \frac{f(x) \times g(y)}{\left[\frac{f(x) + g(y)}{2}\right]^2}\right\}} \tag{3-34}$$

$$C = \left\{ \frac{f(x) \times g(y)}{\left[\dfrac{f(x) + g(y)}{2} \right]^2} \right\}^k \tag{3-35}$$

而使 C_v 越小越好的充要条件是：

$$C' = \frac{f(x) \times g(y)}{\left[\dfrac{f(x) + g(y)}{2} \right]^2} \tag{3-36}$$

越大越好。

3.3.4.3　计算协调度

$$C = \left\{ \frac{f(x) \times g(y)}{\left[\dfrac{f(x) + g(y)}{2} \right]^2} \right\}^k \tag{3-37}$$

式中，C 为协调度；k 为调节系数，且 $k \geqslant 2$。

3.3.4.4　计算协调发展度

根据前述对耦合协调发展的定义，将度量资源环境与社会经济协调发展水平高低的定量指标称为协调发展度，其表达式为

$$D = \sqrt{C \times T} \tag{3-38}$$
$$T = \alpha f(x) + \beta g(y) \tag{3-39}$$

式中，D 为协调发展度；C 为协调度；T 为生态环境与社会经济的整体效益；α、β 为待定系数，本节认为森林型地区的资源环境保护与社会经济发展同等重要，故 α、β 的取值相同，均设为 0.5。

3.3.5　协调发展度评价标准

协调发展度评价标准见表 3-10 所示。

表 3-10　协调发展度评价标准

类型	第一层次		第二层次	第三层次
	D	类型	$f(x)$ 与 $g(y)$ 关系	类型
协调发展类			$f(x) > g(y)$	优质协调发展类经济滞后型
	0.90~1.00	优质协调发展	$f(x) = g(y)$	优质协调发展类环境经济同步
			$f(x) < g(y)$	优质协调发展类环境滞后型
			$f(x) > g(y)$	良好协调发展类经济滞后型
	0.80~0.89	良好协调发展	$f(x) = g(y)$	良好协调发展类环境经济同步
			$f(x) < g(y)$	良好协调发展类环境滞后型

类型	第一层次		第二层次	第三层次
	D	类型	$f(x)$ 与 $g(y)$ 关系	类型
协调发展类	0.70~0.79	中级协调发展	$f(x) > g(y)$	中级协调发展类经济滞后型
			$f(x) = g(y)$	中级协调发展类环境经济同步
			$f(x) < g(y)$	中级协调发展类环境滞后型
	0.60~0.69	初级协调发展	$f(x) > g(y)$	初级协调发展类经济滞后型
			$f(x) = g(y)$	初级协调发展类环境经济同步
			$f(x) < g(y)$	初级协调发展类环境滞后型
过渡类	0.50~0.59	勉强协调发展	$f(x) > g(y)$	勉强协调发展类经济滞后型
			$f(x) = g(y)$	勉强协调发展类环境经济同步
			$f(x) < g(y)$	勉强协调发展类环境滞后型
	0.40~0.49	濒临失调衰退	$f(x) > g(y)$	濒临失调衰退类经济损益型
			$f(x) = g(y)$	濒临失调衰退类环境经济同步
			$f(x) < g(y)$	濒临失调衰退类环境损益型
失调衰退型	0.30~0.39	轻度失调衰退	$f(x) > g(y)$	轻度失调衰退类经济损益型
			$f(x) = g(y)$	轻度失调衰退类环境经济共损型
			$f(x) < g(y)$	轻度失调衰退类环境损益型
	0.20~0.29	中度失调衰退	$f(x) > g(y)$	中度失调衰退类经济损益型
			$f(x) = g(y)$	中度失调衰退类环境经济共损型
			$f(x) < g(y)$	中度失调衰退类环境损益型
	0.10~0.19	严重失调衰退	$f(x) > g(y)$	严重失调衰退类经济损益型
			$f(x) = g(y)$	严重失调衰退类环境经济共损型
			$f(x) < g(y)$	严重失调衰退类环境损益型
	0.00~0.09	极度失调衰退	$f(x) > g(y)$	极度失调衰退类经济损益型
			$f(x) = g(y)$	极度失调衰退类环境经济共损型
			$f(x) < g(y)$	极度失调衰退类环境损益型

3.4 基于资源环境承载力的全国区划研究

3.4.1 区划依据与原则

资源环境承载力区划在分析研究区域资源环境承载力空间分异规律的基础上，根据生态资源禀赋特征和社会发展情况的差异性和相似性，将区域空间划分为不同资源环境承载力区划的研究过程。

3.4.1.1 区划依据

《全国主体功能区规划》（简称《规划》）；

省级主体功能区划规划；

《中华人民共和国国民经济和社会发展第十一个五年规划纲要》；

《国务院关于编制全国主体功能区规划的意见》（国发〔2007〕21号文件）；

中国陆地生态系统数据库；

全国重要生态功能区资源环境承载力评价结果。

3.4.1.2 区划原则

1. 相似性与差异性原则

自然地理环境的地域差异，形成了生态系统的资源禀赋特异性。社会经济发展和历史演变的地域差异，形成了经济社会系统的产业规模和产业结构的特异性。因此，每个研究单元都有特殊的发生背景、存在价值、优势和威胁及其相互关系，从而导致随区域生态系统和经济社会系统的不同，而在一定区域范围内表现出相互之间的差异性。而空间分布相似的要素会随着尺度的缩小和分辨率的提高而显示出差异性（李岱青，2000）。因此必须保持研究单元区划特征的相对一致性。

2. 等级性原则

等级是一个由若干层次且相互联系的亚系统组成的有序系统。根据等级理论，复杂系统可反映自然界中各生物和非生物学过程的离散性等级系统。而生态系统是典型的复杂适应系统，是多种生态系统服务功能综合体，不存在单一生态系统服务功能生态单元。在较高等级生态系统中所表现的生态系统服务功能不仅体现出自身的整体性和综合性，还反映其区域差异性。经济社会系统和生态系统一样，也是典型的复杂适应系统，也存在系统中的区域差异。因此，资源环境承载力区划必须按区域内部差异，划分具有不同区划特征的次级区域，从而形成能够反映区划要素空间异质性的区域等级系统（蔡佳亮等，2010）。

3. 可持续发展原则

资源环境承载力区划不仅要促进资源的合理利用与开发，还要正确评价人类经济和文化格局在区域内的相似性和差异性，从而增强区域社会经济发展潜力，推进资源环境承载力区划的可持续发展。

3.4.2 基于资源环境承载力的区划发展图谱

如图3-10所示，资源环境承载力区划发展图谱是建立在资源环境承载力指标体系的基础上，具有有向性和分层次性。不仅反映生态系统的支撑能力，还能表征社会经济系统的压力强度。既能综合评价资源环境承载力承载情况，又能根据单指标要素描述各项特征。具体指标筛选过程详见3.2.3小节。

3.4.3 区划方法与步骤

从图3-10可知，基于资源环境承载力区划发展指标体系包含描述性指标和评价性指标两大类。描述性指标是资源环境承载力区划的基础指标，只能反映研究区的自然状况和社会经济水平，不能用于评价资源环境承载力的承载水平。评价性指标是采用资源环境承载力评价模型将基础指标有机整合，用来评价研究单元的资源环境承载情况和社会发展空间。

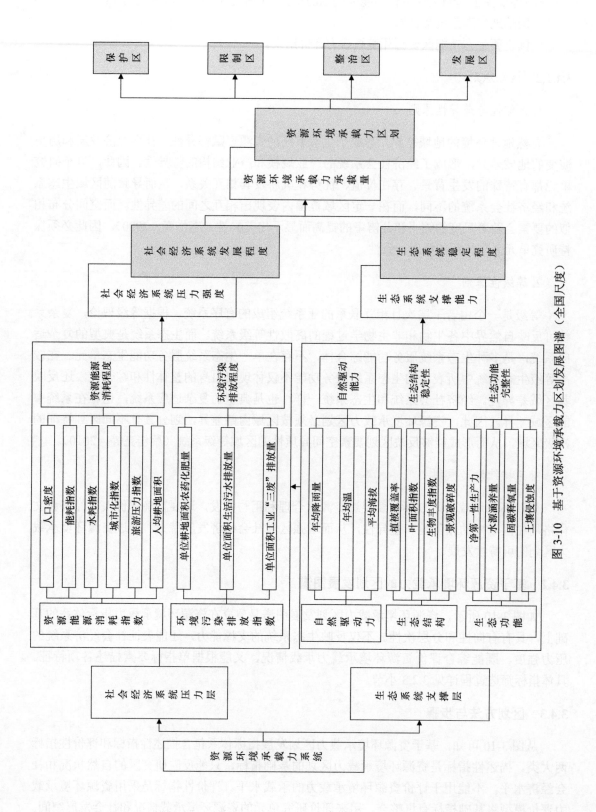

图 3-10 基于资源环境承载力区划发展图谱（全国尺度）

48

由描述指标分析结果可知，研究区存在相似性和差异性。为了更准确地评价资源环境承载力系统的发展情况，采用相似性和差异性、等级性和可持续发展原则，进行研究单元的确定，即资源环境承载力区划。该思路既能保障生态系统的完整性，又迫使经济社会系统健康发展。因此，资源环境承载力区划的两个条件分别是：①经济社会系统压力层和生态系统支撑层同时得以发展；②支撑层稳定程度大于或至少近似于压力层发展速度。

另外，根据《规划》文件，重要生态保护区域主要是自然文化资源保护区，即指有代表性的自然生态系统、珍稀濒危野生动植物物种的，天然集中分布地、有特殊价值的，自然遗迹所在地和文化遗址等点状分布的生态功能区。因此，这些地区是指生态系统重要和关系到较大空间范围生态安全的区域，需要依法设立的各级各类自然文化资源保护区域。本研究根据国家级和省级主体功能区划及中国陆地生态系统数据库，采用 GIS 技术甄选出全国重要生态功能区的重要生态保护区，详见图 1-2 所示。

根据以上分析，资源环境承载力区划采用资源环境承载力综合评价法和 GIS 技术结合的方法来确定。区划步骤大致分为四步，如下所述。

3.4.3.1 资源环境承载力功能区的初步划定

在全国 23 个重要生态功能区中，将资源环境承载力现状值与资源环境承载力的适宜称量值进行衡量，根据衡量结果进行判断和初步区划不同等级资源环境承载力功能区域。若处于超载状态，那么该重要生态功能区为限制发展重要生态功能区（简称为限制区）。若处于均衡状态，那么该重要生态功能区为优化发展重要生态功能区（又可称为整治区）。若处于盈余状态，那么该重要生态功能区为积极发展重要生态功能区（简称为发展区）。

3.4.3.2 资源环境承载力功能区的完善

基于不同区域的资源环境承载能力、现有开发强度和未来发展潜力的原则，将全国资源环境承载力 GIS 图与重要生态保护区域的 GIS 图（图 1-2）进行叠加，可划分出保护区、限制区、整治区和发展区四大重点调控区域。

3.4.3.3 基于典型相关分析法的约束因子确定

首先采用典型相关分析法从生态支撑力指标集和社会经济压力指标集中挖掘出典型成分和降低指标维度。然后在降低指标维度后的典型成分集基础上，用相关分析法确定两组指标集指标之间相关程度，从而进一步确定出限制单因子。为了寻找出社会经济压力指标交互影响与生态支撑力指标的相互关系，用方差分析法分析限制单因子之间的关系。从而最终确定出资源环境承载力的限制因子，反映出生态系统和社会体系两者之间的要素关联程度。

3.4.3.4 资源环境承载力功能区的发展对策建议的提出

在不同功能区内，根据典型相关分析法分析结果，有针对性地提出资源环境承载力功能区发展对策建议。**说明**：由于在《规划》中明确主体功能不等于唯一功能，即明确一定区域的主体功能，及其开发的主体内容和发展的主要任务，并不排斥该区域发挥其他功能（全国主体功能区规划编写组，2015）。本研究依据《规划》所确定的资源环境承载力功能区也应不等于唯一功能，如限制区主体功能是提供生态产品和保障生态系统，但不意味着完全限制发展，也允许适度开发能源和矿产资源，允许发展一些不影响主体功能定位、当地资源环境可承载的产业，允许进行必要的城镇建设。

3.4.4　基于资源环境承载力的区划发展模式研究

保护区又为禁止发展区域，是依法设立的各类自然文化资源保护区域，以及其他禁止进行工业化城镇化开发、需要特殊保护的生态功能区，包括世界遗产[①]、世界地质公园[②]和国家级自然保护区[③]、国家级风景名胜区[④]、国家森林公园[⑤]、国家地质公园等。划分标准是重要生态功能区处于图 1-2 全国重点保护区域分布图的区域。

限制发展重要生态功能区（限制区），划分依据是处于资源环境承载力超载的区域。这些地区关系生态系统的完整性和不适宜大规模高强度工业化城市化开发的区域。根据限制区的功能属性，再划分为重点生态功能限制区和生态经济限制区。重点生态功能限制区是生态系统相对不稳定的超载区，需要在开发中限制进行大规模高强度工业化城市化开发，以保持并提高生态产品的供给能力的重要生态功能区。生态经济限制区是生态系统较为稳定的超载区，具有较强的生态恢复能力。在保护生态的前提下可适度集聚人口和发展适宜产业的地区。

优化发展重要生态功能区（整治区）。划分依据是处于资源环境承载力指数均衡或者接近均衡的区域。这些地区人口较密集、开发强度较高和资源环境问题较突出的重要生态功能区。因此应优化社会经济发展模式，转变经济发展方式和转移产业结构等方式以达到最适度社会经济发展状态。

积极发展重要生态功能区（发展区）。主要依据是处于资源环境承载力盈余的区域。该地区是具有一定经济基础、资源环境承载力较强和发展潜力较大的生态型区域。这些地区应该在资源环境承载力的可承载量范围内，重点进行工业化城镇化等开发。

---

① 世界遗产：是指根据联合国教育、科学及文化组织《保护世界文化和自然遗产公约》，列入《世界遗产名录》的世界文化遗产、自然遗产和自然文化双重遗产。
② 地质公园：以具有特殊地质科学意义，稀有的自然属性、较高的美学观赏价值，具有一定规模和分布范围的地质遗迹景观为主体，并融合其他自然景观与人文景观而构成的一种独特的自然区域。
③ 自然保护：对有代表性的自然生态系统、珍稀濒危野生动植物物种的天然集中分布区、有特殊意义的自然遗迹等保护对象所在的陆地、陆地水体或者海域，依法划出一定面积予以特殊保护和管理的区域。
④ 风景名胜：风景名胜资源集中，自然环境优美，具有一定规模和游览条件，经省级以上人民政府审定命名、划定范围，供人们游览、观赏、休闲和进行科学文化活动的地域。
⑤ 森林公园：森林景观优美，自然景观和人文景物集中，具有一定规模，可供人们游览、休息或进行科学、文化、教育活动的场所。

第 2 部分
实例研究篇

第2部分

实例研究篇

4 基本研究思路与研究内容概述

4.1 基本研究思路

本研究主要利用重要生态功能区资源环境承载力基本理论对典型生态系统类型区进行资源环境承载力评价研究，并对 2010 年全国重要生态功能区的可持续发展状况进行分析评价。因此依据全国重要生态功能区的历史背景和现状分析，对全国重要生态功能区的资源环境承载力状况进行分析评价，并依据此提出全国重要生态功能区可持续发展模式与对策。

4.2 研究技术路线

为保障我国国土生态安全和促进生态文明建设，本部分根据 E-PSR 模型分别从表征资源环境承载力支撑条件的生态系统和衡量资源环境承载力的压力作用的经济社会系统两维度来评价我国重要生态功能区的资源环境承载力现状。在生态系统约束层面，考虑维持稳定的驱动机制、保持完整的生态结构和体现健康的生态功能这 3 种方式。在经济社会系统干预层面，主要针对人类活动对资源能源和环境质量的响应。如果人类干预程度超过生态系统的自校能力，那么会导致资源环境承载力朝着非自校方向演化，经济社会发展也将出现停滞甚至衰竭。因此，保障生态系统和经济社会系统间协调性，是制定重要生态功能区可持续发展战略的充分条件，如图 4-1 所示。

首先，根据研究对象的特征分析来确定研究范围。以生态系统所反映出的重要性和脆弱性来界定和识别出重要生态功能区。

然后在所确定的重要生态功能区内，分别根据 E-PSR 概念模型筛选出资源环境承载力指标。其中，以表征相对稳定演替的生态系统能够承受外部扰动能力的生态支撑力来反映生态系统现状。以表征经济社会发展过程中所产生资源消耗对生态破坏的压力和污染物排放对环境污染压力的总和来反映人类活动的干预程度。根据指标的可获取性、指示性和可比性等原则，本研究先分别在森林生态系统类型区、草地生态系统类型区、湿地生态系统类型区和复合型生态系统类型区构建适于各自中观尺度系统的生态支撑力指标和社会经济指标数据库，并最终筛选出各自资源环境承载力评价指标体系。再将不同生态系统类型区的资源环境承载力指标体系推广应用到全国重要生态功能区的宏观尺度上，从而验证和校正重要生态功能区的资源环境承载力评价指标体系。

在资源环境承载力评价指标体系基础上，以充分地且科学地体现生态文明建设为原则，采用多维状态空间法进行多层次的资源环境承载力评价。以资源消耗对重要生态功能区压力为 X 轴坐标，以环境污染对重要生态功能区压力为 Y 轴坐标，以生态支撑力为

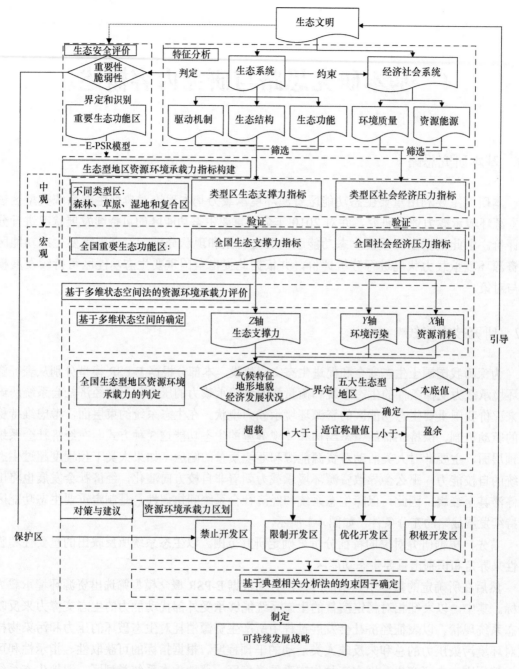

图4-1 重要生态功能区资源环境承载力体系构建的逻辑框图

Z轴坐标,对中国重要生态功能区资源环境承载力进行评价分析。由于各大区的生态系统资源禀赋水平参差不齐,因此需根据气候特征、地形地貌和社会经济状况来划定五大区。在某一特定时段内,遵循可持续发展前提下,不同向量成本型指标(负向指标,数值越小越好的指标)或效益型指标(正向指标,数值越大越好的指标)分别取该区域资源环境本底值或最大容量值的70%或者30%,以保障生态环境不会发生恶化。即社会经济压力不超过生态系统的抗扰动能力,则重要生态功能区资源环境承载力即为盈余。反之,则为超载。

最后，根据重要生态功能区资源环境承载力评价结果和重要生态保护区域进行资源环境承载力功能区划，并在不同区划分区内进行基于典型相关分析法的约束因子确定。以此为依据，来制定可持续发展战略，从而引导和促进生态文明建设。

5 典型生态系统类型区资源环境承载力现状分析

5.1 四大典型生态系统类型区的选取

5.1.1 典型森林生态系统类型区

中国保存最大的原始森林区是内蒙古大兴安岭，有乌玛、奇乾、永安山 3 个未开发的原始林区，总面积有 94.6 万 hm^2，林业用地面积 92.4 万 hm^2。而且，大兴安岭是我国目前连片面积最大的国有林区，经营面积达 8.35 万 km^2，是我国东北"粮仓"和华北平原的天然屏障，对维护东北亚地区的生态平衡具有重要意义。近年来，大兴安岭林区通过实施五大生态环境建设保护工程，使森林资源实现快速持续恢复性增长，目前已成为全国面积最大的国家级生态功能示范区。因此，选择大兴安岭森林区作为典型森林生态系统类型区具有重要研究意义。

5.1.2 典型草地生态系统类型区

呼伦贝尔草地位于大兴安岭以西，由呼伦湖和贝尔湖而得名。地势东高西低，海拔在 650~700m，总面积约 9.3 万 km^2。呼伦贝尔草地是中国当今保存完好的草地，水草丰美，有碱草、针茅、苜蓿、冰草等 120 多种营养丰富的牧草，有"牧草王国"之称，并且是世界著名的天然牧场，总面积约 10 万 km^2，天然草场面积占 80%，是世界著名的三大草地之一。其地域辽阔，风光绚丽。草地上，水草丰茂，河流纵横，大小湖泊，星罗棋布。3000 多条纵横交错的河流，500 多个星罗棋布的湖泊，一直延伸至松涛激荡的大兴安岭。因此，选择呼伦贝尔草地作为典型草地生态系统具有重要科研价值。

5.1.3 典型湿地生态系统类型区

湖泊具有调蓄洪水、保持生物多样性等生态价值和调节气候、供水（蓄水）、水产业、航运等经济价值。湖泊湿地植物在维持该地区自然生态平衡、调节区域气候、河川径流和蓄水分洪等方面起着重要的作用。湖泊湿地动物在湿地生态系统中占据各自的生态位，发挥各自的功能和作用，维持着生态的平衡，成为湿地景观的重要组成部分（崔丽娟，2004）。因此，本研究选取湖泊湿地作为典型湿地生态系统类型区。

在我国湖泊湿地中，洞庭湖与鄱阳湖，坐落在黄金水道长江中游的南岸，曾先后为我国第一大淡水湖。两大湖区均是调蓄长江洪水的主要湖泊，均有"鱼米之乡"的美誉。洞庭湖位于中国湖南省东北部，是湘江、资江、沅江、澧水四水交汇区，是长江中游重要吞吐湖泊，为我国第二大淡水湖。洞庭湖区内湖泊、河道纵横，洲滩广泛发育，水草广布，具有典型的湿地特征。洞庭湖区包括东洞庭湖国家级自然保护区、西洞庭湖国家城市湿地公园、南洞庭湖国际湿地自然生态保护区,其周边地区是我国的湿地保护和恢复重点区域(蒋卫国等,2009)。洞庭湖平原区为湖南农业主产区,以种植粮食、棉花为主,也是中国主要淡水养殖区之一,耕地面积约占湖南全省的1/6,居住人口约占湖南全省的1/9。而鄱阳湖承纳赣江、抚河、信江、饶河、修水五河及环湖区来水和长江湖口来水,经湖口转泄入长江。鄱阳湖是湿地生物多样性最丰富的地区之一,聚集了许多世界珍稀濒危物种,鱼类有122种、软体动物有56种、植物有200多种(朱琳等,2004),并保存了一定数目,是保存生物多样性的重要地方。因此,选择洞庭湖和鄱阳湖作为典型湿地生态研究区具有很高的研究价值。

5.1.4 典型复合生态系统类型区

祁连山地处甘肃、青海两省交界处,是山地储水供水的中心,保障着河西5市及下游地区群众的生活用水及工农业生产用水。祁连山水源涵养林区是河西生态系统的主体,是绿洲的依托和屏障。山地森林植被以其特有的生物储水与调节功能,一方面捍卫着高山"冰源水库"的安全;另一方面使山区降水、地下水和冰雪融水汇成径流,通过发源于祁连山地的石羊河、黑河、疏勒河三大水系的56条内陆河,源源不断地为河西地区及下游绿洲农田灌溉、城市生活与工业发展供应生命水72亿 m³。正是祁连山水源涵养林的涵源吐放和源源不断地补给,才使处在干旱半干旱区的河西地区成为"塞上江南",失去祁连山水源涵养林,河西绿洲及其文明将不复存在,西部地区生态环境将更为脆弱和恶化。而受立地水热条件影响和自然、历史干扰,多世代演替林型共存,分布在祁连山3个垂直气候带,主要有干性灌丛林、青海云杉林、祁连圆柏林、湿性灌丛林4种类型,组成简单、结构单一,呈现高寒半干旱、半湿润气候特点。由于祁连山涵养林的生态重要性和简单组成且单一结构,易对复合生态系统类型区资源环境承载力评价体系开展研究和验证。因此选择祁连山作为典型复合生态系统类型区具有很高的研究意义。

5.2 研究区概况

5.2.1 典型森林生态系统类型区

5.2.1.1 自然资源禀赋状况

1. 地理位置

大兴安岭地区位于内蒙古东北部、黑龙江西北部,在 47°~52.5°N,119.5°~125.5°E。岭西侧为呼伦贝尔草地,东侧为松嫩平原,地形复杂,地貌多样。大兴安岭地区南北共长1400km,有嫩江与辽河两大水系从中穿过,它们的存在是东北三省及东北各工业区赖以生存和发展的基础,如图 5-1 所示。大兴安岭森林区物种丰富,对人类社会的发展起到了重要的作用。森林通过光照、温度、湿度等生态因子及改善与净化大气质量,创造了一个巨大的自然环境系统。大兴安岭地区的生态经济价值巨大,有数据表明,该地区的森林环境效益超过了 1000 亿元;同时,由于该地区本身的自然环境现状所导致其土层贫瘠,树木生产缓慢,一旦破坏,不可复制,保护这片森林意义重大。

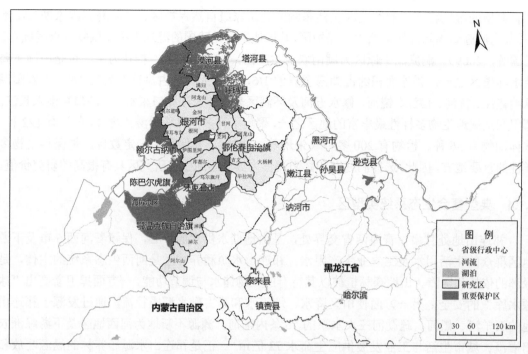

图 5-1　典型森林生态系统类型区位置图

2. 地形地貌

呼伦贝尔市大兴安岭地区的地貌主要分为山地和丘陵两种类型。林区北部以断块状-褶皱中低山为主,是我国高纬度地区,属于常年冻土区;林区中南部属于剥蚀低山、火成岩中山、褶皱低山。

1)山地

呼伦贝尔市大兴安岭地区呈北低南高、东低西高地貌,山势总体比较平缓,15°以内的缓坡占 80% 以上。如图 5-2 所示,主山脉呈明显的不对称性,东侧较陡,西侧与内蒙古高原毗邻处的海拔为 600~700m,东侧与松嫩平原交界处的海拔为 200m,这表明呼伦贝尔市大兴安岭地区高出内蒙古高原仅 400~500m,而高出松嫩平原则达 800~1000m。

2)丘陵

呼伦贝尔市大兴安岭地区丘陵介于森林山地与松嫩平原向山地发展区域。东侧多波状丘陵,主要呈东北-西南延伸。如图 5-2 所示,丘陵区海拔高在 400m 以下,相对高差较小,为 100~200m。丘陵顶部广阔而平坦,坡度为 5°~20°。阴坡有森林生长,属于阔叶次生林,主要树种有蒙古栎、黑桦、山杨和白桦等。阳坡草本、灌木植被密布,主要有杂草类和榛子等。

3)河谷

呼伦贝尔市大兴安岭地区,河谷宽广开阔而浅平,呈"V"形,河流多弯曲。越接近河流上源,河谷越窄,在河流的下游地区,河谷广阔平坦。

3. 气候特征

大兴安岭地区属于温带大陆性季风气候区,由于其处于欧亚大陆的高纬度地带,同时受到大兴安岭山地的阻隔,因此导致该地区东部和西部的气候存在着显著的差异。大兴安

图 5-2　典型森林生态系统类型区平均海拔图

岭东部雨量较大，气温较高，属于半湿润气候；相对而言，大兴安岭西部地区则较为寒冷湿润，属于半湿润草地气候。冬季时，在大陆气团的控制下，大兴安岭森林区气候干燥寒冷；而夏季时，则降水集中，气候温热潮湿。同时该地区冬季寒冷而漫长，相对而言，夏季湿热而短暂，春天干燥多风，秋天常会出现霜冻温度骤降现象。如图 5-3 所示，林区雨量线大体与大兴安岭山体平行，受地形和季风活动影响，年均降雨量由岭东到山地到岭西递减。1996 年以来，林区年均降雨量 372.2mm，年平均蒸发量 1122.6mm，平均相对湿度 63.9，湿润度为 1。

如图 5-4 所示，内蒙古大兴安岭地区的气温，自 1996 年以来，年平均气温为 −0.1℃，年平均最高温度 6.4℃，年平均最低温度 −6.5℃。年平均气温较过去有所上升。林区最冷月平均气温：山地为 −31~24℃，岭东为 −22~18℃，岭西为 −28~22℃，林区大部分地区极端最低气温在 −40℃以下。根河、图里河气温最低。林区最热平均气温：山地为 16~18℃，岭东为 20~21℃，岭西为 18~21℃。极端最高气温可达 37℃以上。

4. 水文特征

呼伦贝尔市大兴安岭地区河流密布，分为两大水系。以大兴安岭山脉为界，岭东的河流流入嫩江，称为嫩江水系；岭西的河流流入额尔古纳河，称为额尔古纳水系。林区境内有大小河流 7146 条，总长度为 34 928km。林区有长 30km 以上河流 135 条，总长 9443km。境内最长的河流为诺敏河，其次是激流河；林区河网发达、溪流众多，但缺乏形成湖泊的自然条件，因而湖泊甚少。林区共有湖泊 226 个，总水面面积仅 2655.5hm^2。10hm^2 以上的湖泊仅 46 个，其中 100hm^2 以上的有 5 个，且都是由于火山活动形成的。最大的湖泊是毕拉河林业局的达尔斌湖，面积 352hm^2，其次是阿尔山林业局的松叶湖，

图 5-3　典型森林生态系统类型区年均降雨量空间分布图

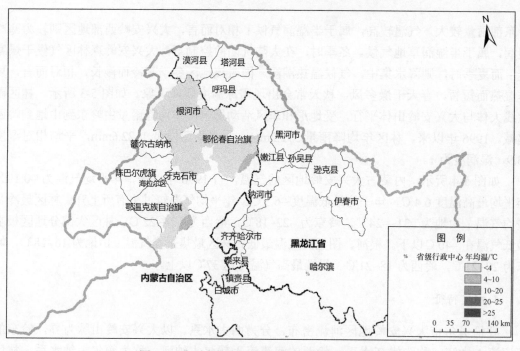

图 5-4　典型森林生态系统类型区年均温分布图

面积 314hm²，另外 3 个 100hm² 以上的湖泊均在阿尔山境内（商晓东，2009）。山地、丘陵区含水岩层为中生代火山岩和海西期花岗岩的原生裂隙，有利于地下水富集。基岩裂隙含水带厚度 20~150m，埋藏深度 0~30m，在局部构造破碎带和裂隙带形成下降泉，溢出地表。

5. 土壤植被

内蒙古大兴安岭地区地带性土壤自北向南水平分布，主要可分为棕色针叶林土、黑土、暗棕色森林土、灰色森林土、黑钙土。在河谷、河阶地及平缓洼地分布着非地带性土壤草甸土和沼泽土。林区土壤的垂直分布不太明显，北部棕色针叶林土主要分布在海拔800~1500m，灰色森林土分布在海拔900~1200m，暗棕壤分布在海拔800m以下，黑钙土分布在海拔750m以下，草甸土分布于谷地和阶地，而沼泽土和泥炭土分布于河谷及低洼处。南部棕色针叶林土分布在900~1700m，灰色森林土分布于900~1200m，暗棕壤分布于海拔500~900m，草甸土、沼泽土分布于海拔900m以下，黑钙土多分布于海拔800m以下，如图5-5所示。

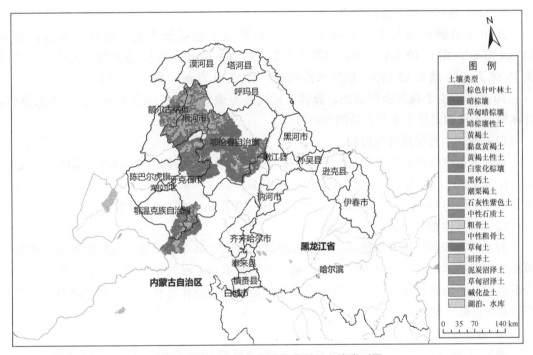

图 5-5　典型森林生态系统类型区土壤类型图

呼伦贝尔市大兴安岭地区植被在区划上属于欧亚针叶林区，是欧亚针叶林沿着山地向南延伸的一部分，具有典型的寒温型针叶林带特征。由于地形及海拔的变化，林区植被的垂直分布呈现一定的规律性。以林区奥克里堆山为例：海拔在1350m以上为偃松矮曲林带，海拔在800~1350m为针叶林或针阔混交林带，海拔在800m以下为针叶疏林、灌丛沼泽、草本沼泽。林区植被水平分布受经度及地形影响，呈现一定的规律。自北向南分布规律是：针叶林带—针阔混交林带—阔叶林带逐渐过渡。自西向东分布规律是：森林草地带—阔叶林带—针阔混交林带—针叶林带—针阔混交林带—山地夏绿阔叶林带（陈海燕等，2013）。

6. 森林资源分析

1）各类森林、林木蓄积

2010年年末林管局生态系统功能区活立木蓄积为76 749.31万 m³。在活立木蓄积中，有林地蓄积为 72 461.74 万 m³，占活立木总蓄积量的 94.4%；疏林地蓄积为 155.7 万 m³，占活立木总蓄积量的 0.2%；散生木蓄积为 4131.64 万 m³，占活立木总蓄积量的 5.3%。在有林地蓄积中，防护林蓄积 41 484.33 万 m³，占有林地蓄积的 57.3%；特种用途林蓄积 12 420.8 万 m³，占 17.1%；用材林蓄积 18 556.61 万 m³，占 25.6%。各类森林、林木蓄积量统计，如表 5-1 所示。

表 5-1　典型森林生态系统类型区各类森林蓄积量统计表　　（单位：万 m³）

项目	活立木蓄积	有林地	疏林	四旁树	防护林	特用林	用材林	散生木
林管局	76 749.31	72 461.7	155.7	0.23	41 484.3	12 420.8	18 556.6	4 131.6

2）各类森林、林木蓄积变化

2010 年资源档案数据与 2000 年相比，林管局生态系统功能区活立木总蓄积增加 7453.4 万 m³，增长 10.76%。有林地蓄积增加 8656.62 万 m³，增长 13.57%；疏林地蓄积增加 16.86 万 m³，增长 12.14%；散生木蓄积减少 1220.18 万 m³，降低了 22.8%。

10 年间，由于森林面积增加、森林质量提高等诸多因素的综合影响，活立木总蓄积、有林地、疏林地及散生木蓄积呈增长趋势。

（1）活立木蓄积量持续增加。

活立木蓄积增加的主要原因，一是有林地面积的增加，导致活立木蓄积的增加。二是森林培育力度加大，林木生长速度加快，林木生长量提高。林木平均总生长量为 2004.91 万 m³，与上一个复查期 1809.81 万 m³ 相比，增长了 195.10 万 m³，增幅为 10.78%。

（2）有林地蓄积增加。

乔木林蓄积年均净增率比活立木蓄积净增率高出 0.84 个百分点，其原因同活立木蓄积增加的原因基本相同。同时说明了复查期内在林业重点工程的带动下，森林资源管理工作的不断加强和森林采伐消耗的不断下降。尤其是生态公益林的有效保护和快速增长，使乔木林蓄积量稳步增长。

3）森林质量情况

使用 2008 年全国第七次森林资源连续清查结果与 1998 年相比较，如表 5-2 所示。

表 5-2　研究区 1998~2008 年森林资源清查情况表

种类	蓄积量 /（m³/hm²）			株数 /（株 /hm²）			平均郁闭度			平均胸径 /cm		
	1998 年	2008 年	差	1998 年	2008 年	差	1998 年	2008 年	差	1998 年	2008 年	差
合计	88.55	93.04	4.49	1002	1204	202	0.6	0.61	0.01	13.1	12.6	-0.5
天然	90.32	93.79	3.47	1014	1201	187	0.6	0.61	0.01	13.1	12.6	-0.5
人工	29.19	63.3	34.11	611	1308	697	0.5	0.66	0.16	11	10.5	-0.5

（1）有林地单位面积蓄积量变化。

有林地平均每公顷蓄积量增加 4.49 亿 m³/hm²，由 88.55m³/hm² 增加到 93.04m³/hm²，其中，天然林由 90.32m³/hm² 增加到 93.39m³/hm²，人工林由 29.19m³/hm² 增加到 63.3m³/hm²。

（2）有林地单位面积株数变化。

有林地平均每公顷株数增加 202 株，由 1002 株 /hm^2 增加到 1204 株 /hm^2。其中，天然林由 1014 株 /hm^2 增加到 1201 株 /hm^2，人工林由 611 株 /hm^2 增加到 1308 株 /hm^2。

（3）有林地平均郁闭度变化。

有林地平均郁闭度变化幅度小，只增加了 0.01。

（4）平均胸径变化。

有林地平均胸径有所下降，由 1998 年的 13.1cm 降至 12.6cm。

5.2.1.2　社会经济发展状况

大兴安岭林区第一产业由内蒙古大兴安岭森工集团经营管理。从 2006 年的数据中可以看出大兴安岭林区的第一产业主要包括：林木的培育和种植、木材采伐、经济林产品的种植与采集、花卉的种植等亚产业类型，共有 21 家林木的培育和种植企业，第一产业产值为189 620 万元；第二产业主要包括木材加工及木质品制造、木家具制造、林产化学产品制造、非木质林产品加工制造等亚产业类型，2006 年总产值为 151 292 万元；第三产业主要是指依托森林、自然保护区、森林动植物及其他森林类型景区等景观资源（张英，2008），以满足人们休闲需求为目的的林业旅游和休闲服务。内蒙古大兴安岭林区第三产业的开发利用相对滞后，没有形成相应规模，产业的产值量最小，仅为 929 万元。2006 年三产产值情况如表 5-3 所示。

表 5-3　2006 年内蒙古大兴安岭林区产业结构一览表

产业	亚产业	总产值 / 万元	比例 /%
第一产业	林木的培育和种植	38 212	11.18
	木材采伐	142 449	41.67
	经济林产品的种植与采集	8 874	2.60
	花卉的种植	5	0.00
	陆生野生动物繁育与利用	80	0.02
	小计	189 620	55.47
第二产业	木材加工及木质品制造	100 970	29.54
	木家具制造	2 371	0.69
	木浆造纸	43 387	12.69
	林产化学产品制造	1 443	0.42
	非木质林产品加工制造业	3 121	0.91
	小计	151 292	44.26
第三产业	林业旅游与休闲服务	929	0.27
	小计	929	0.27
	合计	341 841	100

从长时间序列来看，2000~2005 年，大兴安岭林区充分利用林间林下资源，大力发展非林非木产业。到 2005 年，多种经营人员已达到 11 万人，产业值由 1999 年的 11.9 亿元

提高到 27.2 亿元，2006~2010 年，林区的非林非木的绿色特色产业处于发展中的集合、剥离、改制阶段，体制、机制、人员的管理均有新变化。特别是林区在天然林资源保护工程以后，促进了新兴、替代和接续产业的发展。2010 年全部林业产值完成 459 943 万元，其中，第一产业产值完成 233 177 万元，由于受木材售价增高的影响，同比增长 11.2%；第二产业产值完成 97 342 万元，同比增长 64.2%；第三产业产值完成 129 424 万元，同比增长 77.5%。

　　总体而言，在 2000~2010 年 10 年间，林区的产业结构已经发生了巨大的变化（表 5-3），林产工业形成了以锯材、人造板、木制品加工和制浆、造纸五大类产品为主的格局，其他生态接续产业的发展也由原来的体制单一化、项目单一化和项目多点化向管理体制多元化、项目集中化和追求利润最大化方向发展，通过优化组合林区各类生产要素，打造立体化、多元化、完整的绿色生态产业体系。

5.2.2　典型草地生态系统类型区

5.2.2.1　自然资源禀赋状况

　　内蒙古典型草地生态类型区位于内蒙古高原东部，地处 38°44′~50°22′N，115°49′~120°42′E（图 5-6），总面积 19.4 万 km^2，其中重点生态保护区域面积为 9.7 万 km^2。该地区主要生态功能为防风固沙重要生态功能区和水源涵养重要生态功能区。包括内蒙古自治区 14 个旗县，从北至南依次是新巴尔虎右旗、新巴尔虎左旗、科尔沁右翼前旗、突泉县、科

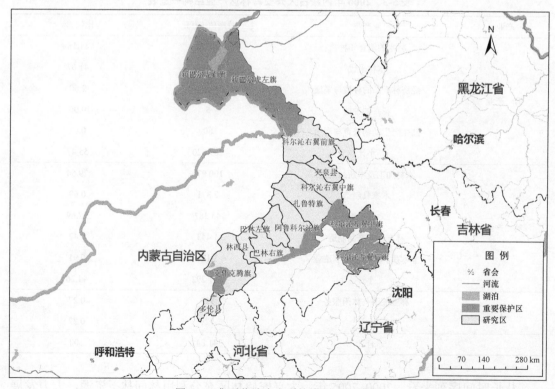

图 5-6　典型草地生态系统类型区位置图

尔沁右翼中旗、扎鲁特旗、科尔沁左翼中旗、科尔沁左翼后旗、阿鲁科尔沁旗、巴林左旗、巴林右旗、克什克腾旗以及多伦县。

1. 地形地貌

内蒙古东部草地防风固沙重要区具有复杂多样形态，以山地和丘陵地貌为主，北部与浑善达克沙地相望，东临科尔沁沙地，是三北防护林重要组成部分。其地形以高原为主，高原从东北向西南延伸3000km，地势由南向北、由西向东缓缓倾斜（包苏雅拉图，2008）。如图5-7所示，一般地区海拔1000~1500m。研究区主要包括呼伦贝尔市西部，兴安盟大部分及科尔沁区和赤峰市的部分区域。呼伦贝尔高原又称为巴尔虎高原，位于大兴安岭西侧，为山地和丘陵所环抱。东与东南部地势较高，为中低山丘陵地带，海拔多在700m以上。中部为波状起伏的呼伦贝尔（海拉尔）台地高平原，位于中低山丘陵地带（李旭光等，2010）。兴安盟属中低丘陵地区，大兴安岭山脉以从西到东的走向纵贯兴安盟西部。地貌形态可分为4个类型：中山地带、低山地带、丘陵地带和平原地带。中山地带处在兴安盟的西北部。低山和丘陵地带占据了全盟的大部地区。通辽市地处松辽平原西端，属于蒙古高原递降到低山丘陵和倾斜冲积平原地带。北部山区属于大兴安岭余脉，海拔为1000~1400m。地势由西向东逐渐倾斜，海拔由320m降至120m。南部和西部属于辽西山地北缘，海拔400~600m。赤峰位于内蒙古东南部，东北地区西端，是蒙古高原向辽河平原的过渡带（宋玉祥等，1997）。因此，研究区总体地势由北向南、由东向西逐渐降低。

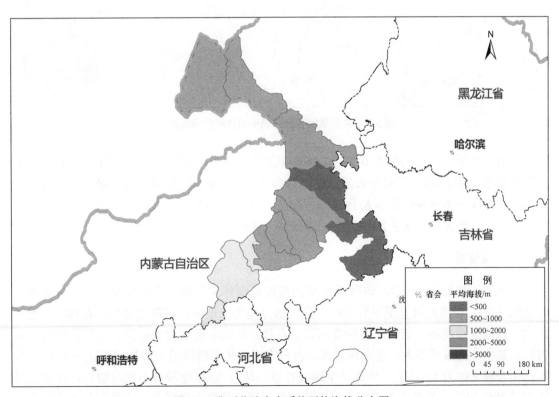

图5-7 典型草地生态系统平均海拔分布图

65

2. 气候特征

该区以温带大陆性季风气候为主。有年均降雨量少而不匀、风大、寒暑变化剧烈的特点。如图 5-8 所示，总特点是春季气温骤升，多大风天气，夏季短促而炎热，降水集中，秋季气温剧降，霜冻往往早来，冬季漫长严寒，多寒潮天气。全年太阳辐射量从东北向西南递增，年均降雨量由东北向西南递减（张宏斌，2007）。

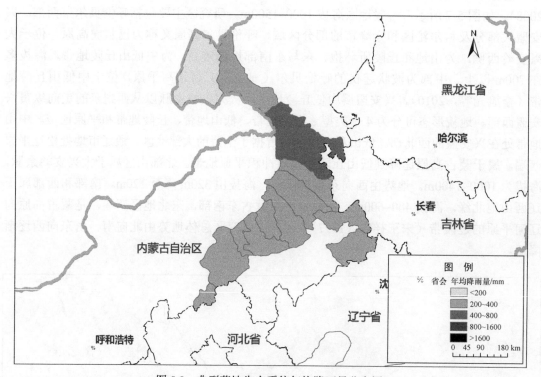

图 5-8　典型草地生态系统年均降雨量分布图

如图 5-9 所示，年均温为 0~8℃，气温年差平均在 34~36℃，日差平均为 6~12℃。年均降雨量不足 400mm。蒸发量大部分地区都高于 1200mm。区域内日照充足，光能资源非常丰富，大部分年日照时数都大于 2700 小时。全年大风日数平均在 10~40 天，70% 发生在春季。沙暴日数大部分地区为 5~20 天（张宏斌，2007）。

3. 土壤植被

如表 5-4 和表 5-5 所示，该区域主要的植被是森林和草地，大部分地区植被覆盖率只有 20% 左右，一些地区甚至不到 10%，且大部分均为人造林，退耕还林使得森林面积得以扩大。该地区植物种类繁多，树种资源有上百种。林区主要植物为松桦、山杨、柞树和山杏等。其中山杏规模很大，是全国重要山杏核产区。扎鲁特旗的山杏林面积达 200 万 hm²，年产山杏核 250 万 kg 以上，号称"全国山杏第一林"。而草地覆盖率相对较高，许多地区达到了 60% 以上。但是由于干旱、过度放牧等原因，草地退化严重，覆盖面积在不断地减小。另外，该地区野生植物资源种类繁多，在山坡谷涧和草地深处生长着许多珍贵的植物，

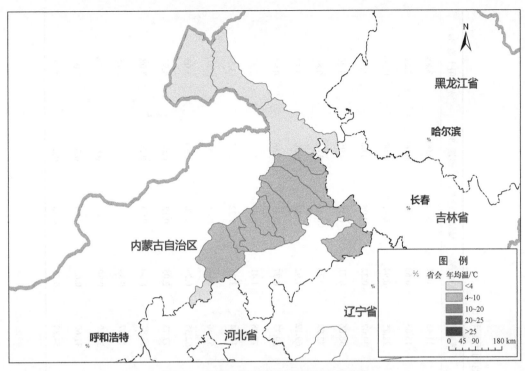

图 5-9　典型草地生态系统年均温分布图

可食用的有木耳、蘑菇、黄花、蕨菜等；中草药材有麻黄、防风、干草、柴胡、桔梗赤芍、党参等 200 多种，现已利用的有 50 余种。

4.生态问题

1）草地退化，土地沙化

该区历史上大部分地区属于森林草地地带。在漫长的岁月里，成为我国北方许多少数民族发源地，保持着较好的原生态状态（国家林业局，2009）。但是随着自然气候的变化，干旱半干旱加剧，使该区的自然生态系统具有很大的脆弱性。又由于近代以来不合理的开发利用，开荒占草地的规模越来越大，森林草地日渐减少，水土流失严重，生态环境出现了严重衰退的趋势（赵东升和吴绍洪，2013）。生态变迁主要表现为沙漠化的发展和草地的退化，其成因主要是人类活动导致生态衰退。受传统农牧业思想影响，开荒造田、垦草种粮呈加重态势，草场超载严重，土地生产力下降，生态恶化趋势没有发生逆转。过度开垦和掠夺式地强度利用土地，引起大面积的水土流失和风蚀沙化。此外，人为活动致使鼠类天敌迅速减少，鼠害严重也造成草地的退化。以巴林右旗为例，1976~2000 年 25 年间，草地退化面积达 1.89 万 km²，占原有草地面积的 3.55%。呼伦贝尔草地草场总面积 8.39 万 km²，可利用草场面积 7.07 万 km²。在 20 世纪 80 年代以前，呼伦贝尔草地是我国保护相对完好的一块天然草地，被誉为"绿色净土"和"北国碧玉"（樊东亮，2009）。由于自然因素，草地自身生态条件十分脆弱，特别是近十年来连续干旱和超载放牧，致使草地生态系统遭受严重破坏，草地退化沙化的速度、程度和范围在不断加大，生态恶化趋势堪忧。退化草场面积达到 3.55 万 km²，沙化面积 8763km²，目前每年仍以 1%~2% 的速度在继续退化。草地退

表5-4 2000年研究区各个县土地利用面积比

县域名称	编号	水田 /%	旱地 /%	有林地 /%	灌木林 /%	疏林地 /%	草地 /%	水域 /%	城镇用地 /%	沙漠 /%	未利用土地 /%
张北县	130722	0.00	80.40	1.26	0.83	0.17	11.43	1.81	0.21	0.00	3.88
康保县	130723	0.00	79.33	1.00	0.37	0.03	15.63	0.60	0.37	0.00	2.68
沽源县	130724	0.00	61.46	0.97	2.15	0.30	22.75	0.94	0.21	0.00	11.23
尚义县	130725	0.00	60.33	2.06	8.21	3.07	24.02	0.32	0.08	0.00	1.90
阿鲁科尔沁旗	150421	0.11	15.09	0.61	14.16	0.88	58.86	0.71	0.35	4.96	4.26
巴林左旗	150422	0.00	29.57	6.39	18.16	0.96	42.92	0.26	0.43	0.44	0.86
巴林右旗	150423	0.00	8.96	1.74	6.17	0.89	69.12	1.92	1.24	6.50	3.47
林西县	150424	0.00	24.24	1.46	7.74	2.11	59.73	0.77	0.45	2.58	0.92
克什克腾旗	150425	0.00	6.60	5.51	2.32	1.20	77.98	1.41	0.04	2.61	2.33
科尔沁左翼中旗	150521	0.09	43.11	1.35	0.09	0.88	36.24	1.27	1.22	2.17	13.56
科尔沁左翼后旗	150522	0.74	22.06	0.76	0.83	0.29	53.50	1.56	0.61	9.58	10.07
扎鲁特旗	150526	0.10	13.64	6.71	8.20	1.48	62.35	0.24	0.70	1.50	5.08
新巴尔虎左旗	150726	0.00	2.08	3.25	1.32	3.73	77.73	2.05	0.12	0.81	8.92
新巴尔虎右旗	150727	0.00	0.33	0.01	3.81	0.13	83.82	8.50	0.06	0.29	3.08
科尔沁右翼前旗	152221	0.44	13.47	27.75	5.97	3.07	47.47	0.33	0.35	0.00	1.15
科尔沁右翼中旗	152222	0.74	17.69	3.46	6.86	0.16	55.59	0.30	1.03	0.82	13.34
突泉县	152224	0.47	47.15	4.21	13.15	0.07	31.60	0.62	0.60	0.07	2.06
多伦县	152531	0.00	28.05	0.06	2.22	0.11	54.88	0.55	0.36	9.02	4.74

表 5-5 2010 年研究区各个县土地利用面积比

县域名称	编号	水田 /%	旱地 /%	有林地 /%	灌木林 /%	疏林地 /%	草地 /%	水域 /%	城镇用地 /%	沙漠 /%	未利用土地 /%
张北县	130722	0.93	4.70	24.62	0.21	1.29	0.00	67.51	0.55	0.00	0.19
康保县	130723	0.48	0.00	20.13	0.20	0.37	0.00	78.34	0.31	0.00	0.17
沽源县	130724	2.55	13.79	21.31	2.63	0.64	0.00	58.32	0.32	0.00	0.43
尚义县	130725	1.91	5.84	36.21	0.28	0.57	0.00	51.87	0.16	0.00	3.16
阿鲁科尔沁旗	150421	9.92	1.84	70.11	0.19	0.17	0.01	15.42	0.33	0.00	2.02
巴林左旗	150422	21.46	0.80	54.52	0.00	0.12	0.00	21.92	0.81	0.00	0.37
巴林右旗	150423	9.70	6.45	68.65	0.03	1.60	0.00	10.07	0.67	0.00	2.82
林西县	150424	15.15	0.84	55.42	0.00	0.40	0.00	26.98	0.62	0.00	0.60
克什克腾旗	150425	19.40	0.72	68.71	0.85	1.26	0.00	6.36	0.17	0.09	2.43
科尔沁左翼中旗	150521	3.10	0.16	15.60	0.93	0.12	4.34	68.70	0.82	0.02	6.22
科尔沁左翼后旗	150522	7.33	0.01	43.76	0.10	0.29	2.20	37.87	0.36	0.49	7.58
扎鲁特旗	150526	17.08	5.47	27.35	0.44	0.13	0.02	47.60	0.49	0.00	1.42
新巴尔虎左旗	150726	4.41	0.01	85.53	5.25	1.06	0.00	2.02	0.10	0.10	1.54
新巴尔虎右旗	150727	0.14	0.00	89.74	1.58	7.38	0.00	0.08	0.15	0.00	0.93
科尔沁右翼前旗	152221	62.98	1.40	24.35	1.83	0.29	0.66	7.98	0.51	0.00	0.00
科尔沁右翼中旗	152222	16.73	0.03	53.19	0.80	0.35	0.35	22.44	2.04	0.00	4.07
突泉县	152224	79.13	0.00	7.65	0.47	0.38	0.51	8.07	3.79	0.00	0.00
多伦县	152531	0.36	4.67	67.06	0.06	0.39	0.00	25.83	0.47	0.00	1.17

化导致其调节气候、涵养水源、防风固沙的功能下降，并导致某些稀有或敏感物种的消失。

2）湿地退化

由于过度放牧，很多湿地实际载畜量为理论载畜量的数倍，草地退化、荒漠化日趋严重；气候干旱使得河水水量小，而且干旱周期在加长；该区域矿产丰富，已探明的有煤矿和数种金属矿，开采矿产，抽干地下水，使得地下水位降低。这些因素都导致湿地的缩减和破坏，使湿地生态功能、社会效益得不到正常发挥，抵御自然灾害能力丧失。湿地萎缩，生物多样性遭到不同程度破坏，丰水周期远不能恢复枯水周期所造成的破坏损失，这也是致使湿地萎缩、生态环境逐渐恶化的主要原因之一。

5.2.2.2 社会经济发展状况

内蒙古是我国重要的农业和工业基地。其中农业在国民经济中占有很大的比例，农业经济增长较第二、第三产业增长得慢，并且基础还不稳固，抵御自然灾害的能力还较弱。如表 5-6 所示，工业生产是内蒙古的支柱产业，它依托丰富的矿产资源，实现了飞速发展，规模在不断扩大，经济效益明显提高。有色金属、煤炭、石油等为工业带来了巨大的经济效益。与此同时，服务业在经济中的比例也越来越高，而且保持着较快的增长趋势。然而，虽然经济发展速度较快，但经济总量还不大；城乡居民收入水平偏低，收入差距进一步扩大，城乡居民增收难度较大；对自然资源和环境依赖性很高。

表 5-6　内蒙古产业结构随时间变化的变化趋势

指标	1952 年	1978 年	2000 年
多国标准结构人均 GDP/ 美元	140	900	2100
第一产业 /%	57.81	26.6	6
第二产业 /%	25	25.1	39
第三产业 /%	17.19	48.3	55
内蒙古人均 GDP/ 元	173	317	5872
第一产业 /%	71.1	32.7	25
第二产业 /%	11.3	45.4	39.7
第三产业 /%	17.6	21.9	35.3
内蒙古与多国标准的偏差			
第一产业 /%	13.29	6.1	19
第二产业 /%	−13.7	20.3	0.7
第三产业 /%	0.41	−26.4	−19.7

如表 5-6 所示，一是从 1952 年到 2000 年内蒙古第一产业的比例下降了 46.1%，第二产业和第三产业的比例分别上升了 28.4% 和 17.7%，这是符合产业结构演变规律的。二是1952 年内蒙古产业结构同人均 140 美元的多国标准结构相比，第一产业的比例比多国标准的比例高出了 13.29%，即在国民经济中第一产业的比例占到了 2/3，而第二产业的比例却低了 13.7%，说明内蒙古的经济水平与标准结构相比还是存在着差异，是典型的以农牧业为主的封闭型经济。随着经济发展和时间的推移，内蒙古产业结构与多国标准结构的差距

拉得更大，表现在 1978 年，内蒙古第一产业的比例与多国标准接近了，但第二产业的比例高了 20.3%，第三产业的比例又低了 26.4%。主要原因是 20 世纪 50 年代以来，标准结构样板国的开放程度不断提高，产业升级外推动力度加大，而内蒙古从 20 世纪 50 年代初到 70 年代外向推动力度加大，而内蒙古从 20 世纪 50 年代初到 70 年代末将近 30 年中一直处于封闭状态，产业结构以自主成长为主，三次产业比例与国外标准结构存在着较大差异。而 1978 年以后，中国实行改革开放，随着内蒙古经济发展和人均收入的不断提高，2000 年内蒙古产业结构同多国标准结构的差异有缩小的趋势。虽然差异在缩小，但我们应清醒地认识到内蒙古的"二、三、一"的产业结构和多国标准的"三、二、一"的顺序的差距仍然很大。

如图 5-10 所示，2000 年及以前，该区经济以第一产业为主，第二产业是产值最低的行业。

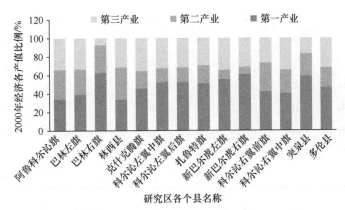

图 5-10　草地生态类型区内各旗县经济结构状态图（2000 年）

由图 5-11 可知，2010 年之后的经济结构发生了很大的变化，南北县域以发展第二产业为主，中部区域以发展第一产业为主。第二产业已经成为主导产业，同时第一产业产值急剧下降，第三产业产值还比较低。因此，该研究区的经济结构属于"二、三、一"模式，如表 5-7 所示。这种"二、三、一"的比例构成反映的是"偏重型"产业结构，以冶金、化工为主导产业得以优先发展的产业结构。这种类型产业结构的形成，主要源于新中国成立初期的支援全国建设的政策。

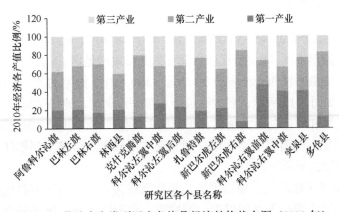

图 5-11　草地生态类型区内各旗县经济结构状态图（2010 年）

表 5-7　研究区经济发展概况汇总表

县域名称	经济结构						经济规模		
	2000 年			2010 年			2010 年		
	第一产业/%	第二产业/%	第三产业/%	第一产业/%	第二产业/%	第三产业/%	人均生产值/（元/人）	耕地面积/hm²	牲畜存栏头数/万头
阿鲁科尔沁旗	34	32	34	20	42	38	19 340	110 700	119.95
巴林左旗	39	28	33	21	47	32	18 761	102 785	106.86
巴林右旗	63	30	7	18	52	30	22 644	88 799	111.71
林西县	34	35	31	21	39	40	15 575	79 533	55.10
克什克腾旗	45	19	36	13	66	21	34 582	74 538	101.07
科尔沁左翼中旗	52	16	32	27	40	33	18 773	293 951	138.88
科尔沁左翼后旗	52	16	32	23	45	32	22 458	210 004	106.99
扎鲁特旗	51	20	29	19	57	24	35 888	149 040	191.40
新巴尔虎左旗	55	10	35	22	43	35	54 141	26 000	77.38
新巴尔虎右旗	61	8	31	7	77	16	132 810	320	101.02
科尔沁右翼前旗	42	31	27	47	26	27	14 145	353 694	217.84
科尔沁右翼中旗	40	25	35	40	26	34	11 828	301 164	159.56
突泉县	59	24	17	41	36	23	12 351	177 657	64.72
多伦县	47	21	32	13	70	17	43 977	50 720	14.62

从图 5-12 可看出，第二产业发达的区域人均生产值最高，而第一产业集中的区域人均生产值最低。

由图 5-13 和图 5-14 可以看出，中部地区的耕地开发程度和畜牧业开发程度高，这正是草地生态类型区内各旗县第一产业产值较高的区域，第一产业产值较高的区域是以耕地和畜牧业发展为主要形式。

5.2.3　典型湿地生态系统类型区

5.2.3.1　自然资源禀赋状况

研究区地理位置位于 28°45′~33°25′N，111°45′~118°30′E，湿地区主要包括：①位于湖南省东北部的洞庭湖湿地区；②位于江西省北部的鄱阳湖湿地区；③长江中下游干流湿地群。横跨湖北、湖南、安徽和江西 4 个省的 39 个县（市）。总面积为 12.08 万 km²，占全国总土地面积的 1.26%，如图 5-15 所示。研究区位于东部平原湖区，地势平坦，平均海拔为 67m。湖区主要包括洞庭湖和鄱阳湖两大湖区，平原区主要位于淮河以南，洞庭湖、鄱阳湖以北，包括湖南洞庭湖平原、江西鄱阳湖平原、湖北汉江平原和湖口以下到镇江之间沿长江两岸分布的狭长的苏皖沿江平原等。

研究区位于东部平原湖区，地势平坦，平均海拔为 67m。湖区主要包括洞庭湖和鄱阳湖两大湖区，平原区主要位于淮河以南，洞庭湖、鄱阳湖以北，包括湖南洞庭湖平原、江

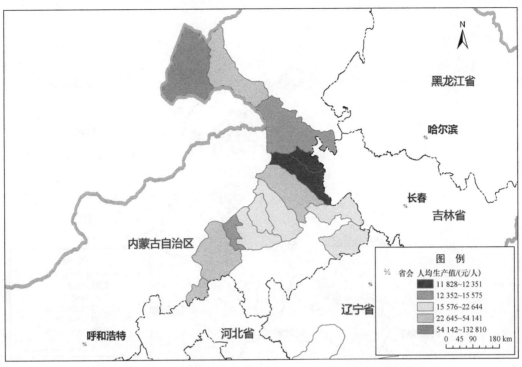

图 5-12　草地生态类型区内各旗县人均生产值分布图（2010 年）

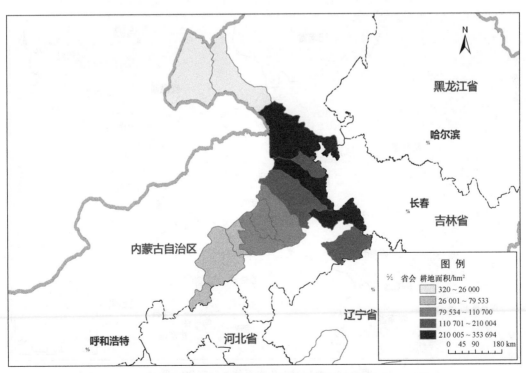

图 5-13　草地生态类型区内各旗县耕地开发程度分布图（2010 年）

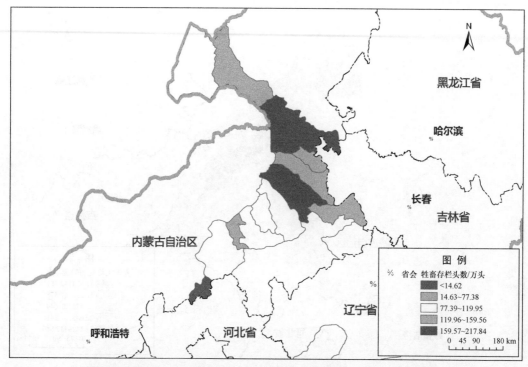

图 5-14 草地生态类型区内各旗县畜牧业发展程度分布图（2010 年）

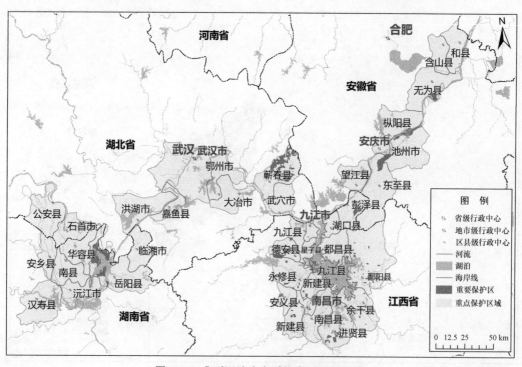

图 5-15 典型湿地生态系统类型区位置图

西鄱阳湖平原、湖北汉江平原和湖口以下到镇江之间沿长江两岸分布的狭长的苏皖沿江平原等。

气候大部分位于湿润区，年均降雨量充沛，属于亚热带季风气候，夏季高温多雨，冬季温暖湿润，2010年，年均温为17℃，最高气温为23℃，最低为13℃。年均降雨量为1881mm，区域之间年均降雨量差异较小，最低值为安徽含山县1265mm，最高值为江西余干县2349mm。

水系主要包括长江干流河段、鄱阳湖和洞庭湖水系等，河网密集，水系发达，湖泊众多，水资源丰富，形成系统的水路交通网络。有研究显示，长江中游汉口站多年平均径流量达7045亿m³，平均流量为22 327m³/s，可开发的水能资源约为500万kW，占全国的12.2%。

长江中下游湿地是许多动植物的栖息地、生物资源丰富。共有贝类110多种，软体动物约300种，其中200种属于中国特有品种，分布较为集中，蚌科种类在洞庭湖和鄱阳湖分布最为集中，分别是58种和45种。长江中下游湿地地区也是我国重要的生物多样性保护的重要区，具体保护区如表5-8所示。

表5-8　长江中下游湿地保护区

湿地区	保护区名称
洞庭湖	西洞庭湖国家级自然保护区
	南洞庭湖省级自然保护区
	东洞庭湖国家级自然保护区
	横岭湖自然保护区
鄱阳湖	鄱阳湖国家级自然保护区
	都昌候鸟省级自然保护区
	南矶山自然保护区
长江中下游干流	洪湖国家级自然保护区
	沉湖湿地自然保护区
	涨渡湖湿地自然保护区
	网湖省级湿地自然保护区
	龙感湖国家级自然保护区
	升金湖国家级自然保护区
	安庆沿江湿地自然保护区
	铜陵淡水豚国家级自然保护区
	长江天鹅洲白鳍豚自然保护区
	天鹅洲麋鹿自然保护区

5.2.3.2　社会经济概况

长江中下游湿地区具有优越的区位条件、良好的空间资源、丰富的人力资源、优越的投资环境，为区域经济和社会的发展提供有利的条件。人口密集，经济发达，2011年区域人口约为1974.78万，GDP为3401.68亿元，如表5-9所示。2000~2011年研究区人口、GDP和渔业总产值呈上升趋势，GDP和渔业总产值上升幅度显著。2011年GDP和渔业总产值分别是2000年的5.3倍和3.1倍。

表 5-9 研究区社会经济情况（2000~2011 年）

年份	人口 / 万人	GDP/ 亿元	渔业总产值 / 万元
2000	1 795.54	643.97	672 318
2001	1 815.6	652.73	726 282
2002	1 821.44	788.51	934 329
2003	1 817.17	881.04	972 112
2004	1 834.29	924.66	1 035 095
2005	1 839.87	1 147.03	1 225 653
2006	1 779.72	1 326.75	1 329 311
2007	1 878.20	1 609.66	1 511 205
2008	1 893.15	1 962.40	1 659 832
2009	1 906.37	2 229.97	1 793 517
2010	1 929.64	2 720.72	1 910 666
2011	1 974.78	3 401.68	2 075 061

对研究区经济较为发达的市区（鄂州市、南昌市、武汉市）用电量进行统计，统计数据如表 5-10 所示：鄂州市、南昌市、武汉市用电量呈递增趋势，且趋势明显。

表 5-10 部分区域用电量情况 （单位：亿 kW·h）

年份	鄂州市	南昌市	武汉市
2000	15.93	36.08	118.66
2001	17.64	38.60	152.41
2002	19.07	43.74	158.78
2003	23.30	52.73	178.83
2004	26.23	61.48	185.58
2005	29.90	73.87	210.87
2006	32.95	85.44	229.81
2007	35.37	94.55	258.67
2008	35.40	98.15	286.43
2009	38.77	101.48	310.27
2010	55.39	112.80	353.63
2011	58.88	128.80	383.65

1. 农业方面

洞庭湖平原、鄱阳湖平原、汉江平原和苏皖沿江平原是全国性重要商品粮基地。气候适宜，地势平坦，土壤肥沃，灌溉便利，农业开发历史悠久，为农业的发展提供了优越的条件，加上人口密集，形成高度集约化的粮食基地，农业综合发展水平较高，农产品总量大，粮食商品率高。研究区总人口为 5011 万人，人口密度为 415 人 /km²，明显高于 2011 年全国平均人口密度 139.6 人 /km²。总土地面积 12.08 万 km²，占全国总土地面积的 1.26%；总耕地面积 3.26 万 km²，占全国总耕地面积 ［全国 135.4 万 km²（2009 年）］的 2.4%。耕地面积比例大于全国平均水平，其中尤以安徽的耕地面积比例最大。粮食总产量为 1925 万 t（邱建军和王道龙，2002）。

2. 工业方面

长江沿岸水热资源丰富，工业高度发达，基础雄厚，沿江地带有众多的工业城市，是我国高度发达的综合型工业基地，仅鄱阳湖地区工业总产值高达 1253 亿元（2010 年）。工业发展的主要特点为工业部门齐全、工业结构合理、基础经济增长速度较快。例如，以武汉为中心的轻纺、钢铁工业等大型基地和湖北、湖南、安徽、江西为主的重化工业生产体系。此外制造业、纺织业、有色金属等也高度发达。武汉、十堰是我国汽车制造中心之一。

3. 渔业方面

长江中下游地区水资源丰富，水域广阔、水网密集，使得该地区渔业发展良好，是全国以养殖为主的淡水鱼主产区，共有可养殖淡水面积 282 km²。渔业总产值每年达 207.5 亿元。

虽然长江中下游有丰富的水能资源和平坦的地势，为工农业的发展带来了便利，但也有其限制因素。总体来看，基础设施、生态建设与发展尚不适应，管理缺乏有效的协调，条块分割严重，制约着当地经济的发展。矿产资源贫乏，除了江西、湖南有色金属丰富之外，其他地区矿产资源不能满足当地经济发展需求。湿地破坏严重，部分土壤变为水稻土和旱地耕作土，损害了原有的生态系统功能和价值，限制经济发展的趋势逐渐显现。

5.2.4 典型复合生态系统类型区

5.2.4.1 自然资源禀赋状况

祁连山地水源涵养重要区坐落于我国西部八大雪山之一的祁连山及受祁连山冰雪融水所灌溉的河西走廊，涉及 16 个县，总面积 11.5 万 km²，其中重点生态保护区域面积为 4.29 万 km²，地理位置为 36°30′~39°30′N，93°30′~103°E。可划分为祁连山水源涵养区和河西走廊防风固沙重要区。祁连山地水源涵养区为黑河、石羊河、疏勒河、青海湖等几大内陆河水系和湟水、大通河外流水系的发源地；河西走廊具有干湿交错带、农牧交错带、森林边缘带及沙漠边缘带等多种生态环境脆弱带，如图 5-16 所示。

研究区位于青藏、黄土两大高原和蒙新荒漠的交汇处，境内山势由西北走向东南，起伏延绵千余千米，相对高低悬殊，主峰祁连山素珠链峰高 5547m。祁连山不仅有冰川和永久积雪，而且还是黑河、石羊河、疏勒河、青海湖等几大内陆河水系和湟水、大通河外流水系的发源地。

该区属大陆性高寒半干旱气候，年平均气温 –0.6~2.0℃，极端最高气温 28.0℃，极端最低气温 –36.0℃，≥ 10.0℃年积温 200~1130℃，7 月平均气温 10~14.0℃。年均降雨量为 300~600mm，其中 60% 以上集中在 6~9 月，相对湿度 50%~70%，年蒸发量 1200mm 左右，无霜期 90~120 天，年均日照时数 2130.5 小时，日照百分率为 48%。

祁连山地森林属寒温性针叶林，由于受大陆性荒漠气候和高山寒冷气候的双重影响，森林类型、层次结构、树种组成等具有典型高寒半干旱气候特点，植被的分布具有明显的水平差异和垂直梯度变化（王金叶等，2001）。主要有干性灌丛林、青海云杉林、祁连圆柏林、

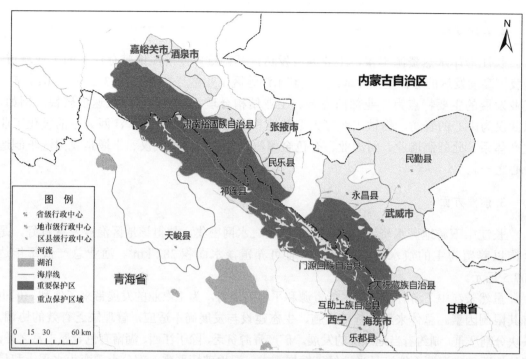

图 5-16　典型复合生态系统类型区位置图

湿性灌丛林四大林型，零星分布有杨、桦林。

祁连山国家级自然保护区（简称保护区）是 1988 年经国务院批准成立的森林和野生动物类型自然保护区，位于甘肃省境内祁连山北坡中、东段，地跨武威市、金昌市、张掖市 3 市的凉州、天祝藏族自治县、古浪县、永昌县、甘州区、山丹县、民乐县、肃南裕固族自治县 8 县（区），地理位置位于 36°43′~39°36′N，97°25′~103°46′E，总面积 2.65 万 km²，约占甘肃省土地总面积的 5.8%。保护区主要目标是保护祁连山北坡典型森林生态系统和野生动物资源，发挥最大的森林水源涵养效能，维护生物多样性。

5.2.4.2　社会经济概况

研究区域灌溉农业历史悠久，是甘肃省重要农业区之一，人均耕地面积约为 2.03 亩[①]，它为全省提供 2/3 以上的商品粮及几乎全部的棉花和甜菜。区域内矿产资源也比较丰富，主要有玉门石油、山丹煤、金昌镍等资源，当地的煤油产业及金属制造业也相对发达。表 5-11 为研究区 2010 年各县（市）人口、GDP 和森林覆盖率的分布情况。

1. 农业方面

祁连山区农业主要限于东部的湟水和大通河中下游谷地及北坡的山麓地带，春麦、青稞、马铃薯、油菜、豌豆和瓜菜等，一年一熟。草场辽阔，宜于发展畜牧业，并有大片水源涵养林。有多种药用和其他经济植物，还有不少珍贵动物，如甘肃马鹿、蓝马鸡、血雉、林麝等（李泉，2009）。

---

① 1 亩≈666.7m²。

表 5-11　研究区社会经济情况

县（市）	人口/万人	GDP/亿元	森林覆盖比例/%
乐都县	26.0	35.3	16.3
互助土族自治县	35.6	46.2	35.2
门源回族自治县	14.8	184.3	41.0
嘉峪关市	4.7	31.2	0.60
天祝藏族自治县	2.1	21.7	39.5
张掖市	21.8	212.7	1.20
武威市	21.5	228.8	6.70
民乐县	131.1	24.9	13.20
民勤县	191.7	32.9	0.10
永昌县	25	40.8	1.90
肃南裕固族自治县	27.7	10.0	13.40
酒泉市	26	14.5	0.00
天峻县	4	405.0	1.00
祁连县	100.3	16.1	9.00

2. 工业方面

北祁连山有菱铁-镜铁矿、赤铁-磁铁矿；祁连山东段有黄铁矿型铜矿；肃北和酒泉南山一带有黑钨矿石英脉和钨钼矿，是中国西部钨矿蕴藏丰富的地区之一。位于甘肃、青海两省交界处的祁连山自然保护区，面积 23 万余 hm²，1988 年划为国家级自然保护区（李泉，2009）。

3. 人文生态

该生态系统已发挥出对人类、社会和环境的全部效益和服务功能。对祁连山生态系统来说，其间接经济效能价值主要表现在光合作用、涵养水源、防止水土流失和土地荒漠化、保护野生植物、固定一氧化碳、净化大气、减少病虫害等方面。

祁连山森林涵养水源效能主要体现在，祁连山森林蓄水量为 5.53 亿 m³，它相当于一个 5.53 亿 m³ 的巨型水库。祁连山森林水土保持及有机质保护效能主要体现在，森林在保持水土的同时，也保护了土壤养分的损失。祁连山森林保护野生动物的效能体现在，祁连山森林内农林牧益鸟、天敌昆虫。祁连山森林净化空气及固碳释氧效能体现在，祁连山森林每年固碳、森林释放的氧气、森林可吸收二氧化硫、森林净化空气等，间接经济效益巨大。

5.3　典型生态系统类型区资源环境承载力评价分析

5.3.1　典型森林生态系统类型区

5.3.1.1　资源环境承载力现状分析

1. 权重确定

按照 AHP 法的步骤，计算评价指标的权重，详见表 5-12。

表 5-12　各指标权重值

指标代号	指标权重	指标代号	指标权重
I_1	0.022	I_{11}	0.053
I_2	0.008	I_{12}	0.059
I_3	0.042	I_{13}	0.036
I_4	0.054	I_{14}	0.031
I_5	0.054	I_{15}	0.031
I_6	0.054	I_{16}	0.031
I_7	0.054	I_{17}	0.020
I_8	0.106	I_{18}	0.037
I_9	0.106	I_{19}	0.037
I_{10}	0.094	I_{20}	0.071

2. 理想状态值的确定

本节通过对现实森林生态系统承载状况与理想的森林资源环境承载力之间的接近程度作为描述森林系统承载状况的基础。理想值的确定将会直接影响到森林资源环境承载力的评价结果。一般地，指标阈值的确定要考虑两方面的问题：一是从区域向良性方向发展角度考虑，经济社会系统是否协调发展，资源环境系统是否良性循环；二是要从政策的角度考虑，如一个地区在未来一个时间段内的经济目标和环境目标。在具体操作过程中，通常采用的是问卷调查法征集当地有关专家、学者和政府决策者的意见，并转换成相应的量化数据；或者利用现有的一些国际及国内标准或公认的目标值来确定森林资源环境承载力理想状态；也可以利用与研究区域条件相似，但更接近可持续发展状态的区域作为参照区，以参照区的各项指标值作为研究阈值。

本节参照上述原则，在对内蒙古大兴安岭森林区的林业、环保、城市建设、财政、统计等部门有关数据进行初步调研之后，参照相关研究并结合当地的发展规划和标准，对于无法找到理想值的指标，选取一定时间段的最优值作为理想值，详见表 5-13。

表 5-13　各指标理想值

指标代号	理想值	指标代号	理想值
I_1	514.133 3	I_{11}	330 916
I_2	1.351 667	I_{12}	139
I_3	0.014 055	I_{13}	1 493.57
I_4	37.623 81	I_{14}	275 188
I_5	71 921.27	I_{15}	8 195.2
I_6	78.22	I_{16}	29 696
I_7	301.05	I_{17}	2.483 233
I_8	2 715 763	I_{18}	0.662 219
I_9	0.734 834	I_{19}	36 552
I_{10}	3 481 932	I_{20}	795 515

3. 资源环境承载力状况分析

根据状态空间法的工作原理分析，表 5-13 中各指标的标准化值即资源环境承载力系统中各个指标在状态空间中的坐标值。根据式（3-3）可以计算出 2000~2010 年内蒙古大兴安岭森林生态系统理想承载力值。该数值本身只能作为 2000~2010 年理想状态下的大兴安岭森林资源环境承载力在状态空间中的点与其状态权重空间的原点形成的矢量的模，但该数值可作为大兴安岭森林区生态承载状况的判断依据。

在计算中得到了大兴安岭森林生态系统在 2000~2010 年的理想承载力后，可根据生态承载状态空间的现状计算方法，求出大兴安岭森林区生态系统承载现状矢量的模 RCCS，见表 5-14。

表 5-14　2001~2010 年研究区现实承载力

年份	RCCS	年份	RCCS
2000	0.4888	2006	0.5859
2001	0.5124	2007	0.6506
2002	0.6026	2008	0.6398
2003	0.5775	2009	0.6621
2004	0.4095	2010	0.7069
2005	0.5357	理想值	0.8006

接下来，计算出 2000~2010 年的各年度在森林系统状态空间中的各个矢量与时段内理想承载力矢量夹角的余弦值，见表 5-15。

表 5-15　状态空间法中余弦值

年份	余弦值	年份	余弦值
2000	0.5698	2006	0.8652
2001	0.6333	2007	0.8502
2002	0.6000	2008	0.9583
2003	0.8041	2009	0.9624
2004	0.8038	2010	0.9929
2005	0.8976		

结合承载力现状 RCCS 与夹角余弦值，可求算出 2000~2010 年大兴安岭森林生态系统各年度理想状态下的承载力在实际资源环境承载力向量上的投影 RCCSP，见表 5-16。

表 5-16　2000~2010 年理想承载力值

年份	RCCSP	年份	RCCSP
2000	0.4562	2006	0.6927
2001	0.5070	2007	0.6807
2002	0.4804	2008	0.7673
2003	0.6438	2009	0.7705
2004	0.6435	2010	0.7950
2005	0.7186		

分析 RCCS 和 RCCSP，得出 2000~2010 年除前 3 年大兴安岭森林型地区资源环境承载力始终处于超载的状态，从 2003 年开始系统实际承载力均小于理想状态承载力，也就是说大兴安岭森林型地区系统承载力在 2003~2010 年均处于盈余状态。

从图 5-17 中可以看出，2000~2010 年大兴安岭森林生态系统的系统承载现状的模在总体趋势上起伏不断，除 2004 年以外整体处于逐年接近时段理想的承载力。

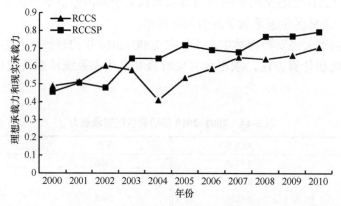

图 5-17　理想承载力与现实承载力比较图

为了更加直观地了解大兴安岭森林区在研究阶段内的承载状况，我们在此引入一个承载度的概念，其含义如式（3-2）所示。但式（3-2）只是限定在资源环境组合相一致的情况下，比较研究区实际承载力与理想承载力。

大兴安岭森林区 2000~2010 年的承载度变化见图 5-18：从图 5-18 中可以看出，2000~2010 年大兴安岭森林区承载度起伏不定，波动较大。从各类指标具体数值中可以看出，在 2000~2010 年，林区森林资源在质量上和数量上都有了明显的提高，生态服务功能显著提升。在数量上，人均森林面积净增 17.926hm^2，达到 37.624hm^2/人，植被覆盖率提高 2.21 个百分点，达到 78.21%，活立木总蓄积量增加 0.745 亿 m^3，达到 7.674 亿 m^3，基本上恢复到林区开发之前的水平；在质量上，林种、树种结构逐年优化，单位面积上的覆盖度和郁闭度持续上升；过熟林呈逐年上升趋势，其蓄积、面积所占的比例分别上升到 61.1% 和 46.3%，森林资源可持续发展的能力显著增强。结合 2000~2010 年大兴安岭的实际情况，可以把森林区生态

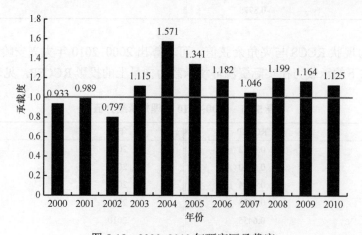

图 5-18　2000~2010 年研究区承载度

承载状况划分为两个阶段，即 2000~2005 年（"十五"）和 2006~2010 年（"十一五"）。

第一阶段：2000~2005 年，在开始的 3 年研究区的承载度始终小于 1，处于一个相对较低的状态，这主要是与在天保工程实施之前，内蒙古大兴安岭森林区为了追求经济效益，大力采伐森林，致使在 2000 年，研究区森林人均林地面积只有 19.69hm²/ 人，森林覆盖度也只有 76%，与新中国成立初期相比，森林资源不论是从数量还是从质量上都急剧下降；同时，2000 年的人口密度为 4.25 人 /km²，而人均 GDP 只有 5765 元，森林生态支撑力降低的同时社会经济压力却在逐渐增大，因此在天保工程实施初期，大兴安岭森林区的承载度较低，平均水平在 1.40。从 2003 年开始，承载度增长迅速，从 2002 年 0.797 增加到 2005 年的 1.517，大约增长了 1 倍。林地面积的快速增加及产业结构调整逐渐进入正轨是这一阶段承载度快速增长的主要原因。

第二阶段：2006~2010 年，承载度处于先下降后稳定的阶段，其中除了 2007 年略有下降。分析此阶段承载度上升的主要原因是天保工程二期实施以来，大兴安岭森林区打破传统经营模式，实现了由木材生产为主向生态建设为主的转变，逐渐探索出一条生态环境与产业发展双赢之路，实现了由"独木支撑"的林业经济向政府主导、多业并举的林区经济转变，打破了计划经济的沉疴，破解了僵化体制的禁锢。从具体指标上可以看出，森林采伐量从 4 297 088 m³ 下降到 3 767 826m³，中草药采集加工业总产值从 2006 年的 512 万元增长到 2010 年的 1493.57 万元，森林旅游业总产值从 2006 年的 748 万元增长到 2010 年的 5300 万元，农业总产值则从 2006 年的 8690 万元下降到 2010 年的 653 万元，从上述各个产业产值的情况来看，内蒙古大兴安岭森林区产业结构逐渐从第一产业向第二产业、第三产业转变；另外，森林资源的质量和数量也有了较大的发展，森林生态系统的水源涵养量、防风固沙能力、防止土壤侵蚀及固碳释氧等生态服务功能也有了显著的提高。

4. 敏感因子识别

在进行敏感因子识别的过程中，也将研究阶段分为 2000~2005 年和 2006~2010 年两个阶段，由于是天保工程的不同阶段，因此各因子对系统承载度的贡献率也不相同。根据主成分分析方法的基本原理，将 20 项指标值进行标准化之后建立的相关系数矩阵导入 MATLAB，可以求出主成分的方差贡献率和初始因子载荷矩阵，见表 5-17。一般取累计贡献率达到 85% 以上作为主成分。

表 5-17　主成分特征值及贡献值

成分	初始特征值			提取平方和载入		
	合计	方差 /%	累计 /%	合计	方差 /%	累计 /%
1	10.567	52.833	52.833	10.567	52.833	52.833
2	4.180	20.901	73.734	4.180	20.901	73.734
3	2.976	14.880	88.614	2.976	14.880	88.614
4	1.795	8.976	97.591	1.795	8.976	97.591
5~20	0.482	2.409	100.000			

1）"十五"期间敏感因子识别

计算 2000~2005 年主成分方差贡献率和初始因子载荷矩阵，从表 5-17 中可以看出，前

4个主成分的累计贡献率达到97.591% > 90%，因此取前4个主成分代表系统原来20项指标。

利用初始因子载荷矩阵中的值与主成分对应的特征值的平方根之比可以得到4个主成分中的每个指标的系数，即得到特征向量。然后将其与标准化的数据相乘就可以得到主成分表达式。并取各因子系数的绝对值作为各个因子对系统承载度的贡献率，见图5-19。

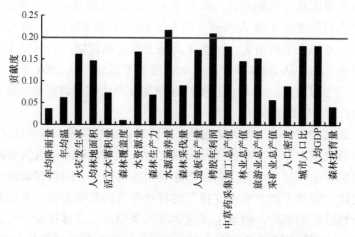

图 5-19 "十五"期间各影响因子对承载度的贡献率

从图5-19中可看出，影响2000~2005年大兴安岭森林型地区资源环境承载力的主要驱动因子为火灾发生率、水资源量、水源涵养量、栲胶年利润、中草药采集加工总产值、城市人口比和人均GDP。在"十五"期间，自然环境因素对系统承载度具有重要的影响，其中火灾发生率对森林资源产生毁灭性的影响，其次水资源量及森林的涵养水源能力也是系统重要的生态支撑力，在社会经济压力方面，调整产业结构，促进产业转型能更好地提高系统的承载度。

2）"十一五"期间敏感因子识别

从图5-20中可以看出，影响2006~2010年大兴安岭森林型地区资源环境承载力的主要驱动因子为人均林地面积、活立木蓄积量、森林覆盖度、人造板年产量、栲胶年利润、中草药采集加工总产值和人均GDP。在"十一五"期间，随着对森林资源的保护与恢复力度及社会经济的发展，自然因素对系统承载度的影响逐渐减小，但是森林资源本身的质量和数量对系统产生的作用越来越重要，在社会经济压力方面，促进产业转型依然是提高大兴安岭森林型地区资源环境承载力的主要举措。

5. 情景分析

综合考虑"十五"期间和"十一五"期间影响大兴安岭地区森林资源环境承载力的驱动因子，选取对承载度贡献率大于0.2的因子：人造板年产量、栲胶年利润、人均GDP、活立木蓄积量、水源涵养量，进行情景分析。

1）回归分析

利用SPSS18.0软件，对研究区2000~2010年的承载度（y）与前文中得到的敏感因子人造板年产量（x_1）、栲胶年利润（x_2）、人均GDP（x_3）、活立木蓄积量（x_4）、水源涵养量（x_5）进行线性回归分析，得到如表5-18所示结果。

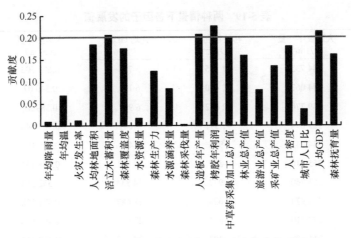

图 5-20 "十一五"期间各影响因子对承载度的贡献率

表 5-18 回归分析各因子系数表

模型	非标准化系数		标准化系数	显著性检验值 t	显著性（Sig.）
	回归系数 B	标准误差（Std.Error）	标准回归系数（Beta）		
常数	−1.097	1.177		−0.931	0.394
人造板年产量	1.075	0.572	1.048	1.880	−0.119
栲胶年利润	−0.251	0.530	−0.316	−0.473	0.656
人均 GDP	−0.148	0.688	−0.203	−0.215	0.838
活立木蓄积量	0.957	1.170	0.182	0.818	0.451
水源涵养量	1.008	0.639	0.659	1.579	0.175

根据表 5-18 中各个敏感因子的系数和常数项，得到承载度的回归方程为

$$y=1.097x_1-0.251x_2-0.148x_3+0.957x_4+1.008x_5-1.091$$

2）情景分析

按照内蒙古大兴安岭地区的实际情况，设置如下两种情景：一是按照现有的各个因子的发展趋势，不进行人为干扰，假设各个因子的发展速度与前一年是相同的；二是按照内蒙古大兴安岭地区的"十二五"规划，人为地对各个因子进行控制和发展，根据内蒙古大兴安岭地区"十二五"规划，当地提出到 2015 年，活立木蓄积量达到 9.25 亿 m^3，林业总产值达到 70 亿元，年均增长 18.5%，根据全国"十二五"规划，到 2015 年人均 GDP 达到 40 413 元。因此，本节第二种情景规定森林的水源涵养量和活立木蓄积量的年均增长值相同，人造板年产量和栲胶年利润的增长率与林业总产值相同，人均 GDP 按照国家"十二五"规划的年增长率，并假设每年的增长速度相同，如表 5-19 所示。

按照上述两种发展模式，即按照现状发展和按照"十二五"规划进行发展，得到两种不同发展模式下，2011~2015 年内蒙古大兴安岭地区承载度的发展趋势如图 5-21 所示。从图中两种情景下的发展趋势来看，按照内蒙古大兴安岭"十二五"规划，研究区的承载度在不断地上升，说明森林系统的承载力在逐渐地变大，而按照原来的发展趋势，不加人为扰动的情况下，承载度平稳发展并略有下降，因此采用"十二五"规划发展，更有利于区域的可持续发展。从两种情景中各个因子的变化来看，要较大程度地提高活立木蓄积量，

表 5-19　两种情景下各因子的发展值

	年份	人造板年产量 / 万 m³	栲胶年利润 / 万元	人均 GDP / 元	水源涵养量 / (m³/a)	活立木蓄积量 / (m³/hm²)
原始数据	2000	144 733	-1 115	5 765	0.608 505	77.5
	2001	144 063	-1 460	6 199	0.540 07	77.4
	2002	139 770	-2 032	6 937	0.389 34	79.1
	2003	225 694	-1 397	7 641	0.585 548	80.2
	2004	234 045	-988	9 410	0.678 197	80.8
	2005	255 410	-837	11 971	0.734 834	71.7
	2006	253 760	-932	14 834	0.532 863	72.1
	2007	265 974	-623	18 687	0.477 158	73.2
	2008	277 110	-841	23 413	0.491 808	74.3
	2009	311 700	-493	28 882	0.478 256	75.9
	2010	330 916	139	36 552	0.496 774	77
"十二五" 规划	2011	392 135.5	164.715	37 324.2	0.516 645	80.1
	2012	464 680.5	195.187 3	38 096.4	0.537 311	83.2
	2013	550 646.4	231.296 9	38 868.6	0.558 803	86.3
	2014	652 516	274.086 9	39 640.8	0.581 155	89.4
	2015	773 231.5	324.792 9	40 413	0.604 401	92.5
现状发展	2011	350 132	771	44 222	0.515 292	78.1
	2012	369 348	1 403	51 892	0.533 81	79.2
	2013	388 564	2 035	59 562	0.552 328	80.3
	2014	407 780	2 667	67 232	0.570 846	81.4
	2015	426 996	3 299	74 902	0.589 364	82.5

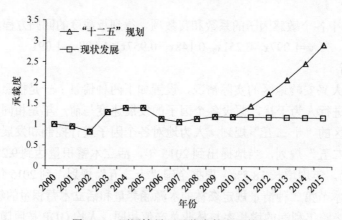

图 5-21　不同情景下承载度的发展趋势

积极开展中幼林抚育,调整林分林龄结构、树种结构、林层结构,增加林分生长量和质量,提高单位面积蓄积量,年均完成森林抚育任务 500 万亩以上;提高森林的涵养水源能力,按照国土功能区划,内蒙古大兴安岭森林区主要的生态服务功能即为涵养水源,因此要提高森林覆盖面积,提高森林的涵养水源能力;将林业生产控制在一定的规模上,既要满足当地社会经济发展的需求,又不能对森林资源产生掠夺效应,同时要注重非传统木材生产所占的比例;将人均 GDP 控制在一定的范围内,以维持森林型地区资源环境系统和经济社会系统协调发展。

5.3.1.2 耦合度协调发展分析

1. 主成分分析

依据主成分分析法建立资源环境系统和经济社会系统综合模型，并对大兴安岭森林区 2000~2010 年时间序列上进行计算，并尝试初步探寻大兴安岭区人地耦合模式在时间序列的演化趋势。通过对 11 年的数据进行主成分分析选出主分量。

从表 5-20 中可以看出，前两个主成分累计贡献率达到 88.312% > 85%，能够有效地反映研究区人类系统与自然系统的综合作用情况，因此选取前两个主成分作为新的因子，通过前两个主成分的特征向量计算主成分得分。

表 5-20　主成分特征值及贡献值

主成分	初始特征值		
	合计	方差 /%	累计 /%
z1	3.355	55.910	55.910
z2	1.944	32.402	88.312
z3	0.447	7.450	95.762
z4	0.154	2.566	98.328
z5	0.090	1.501	99.828
z6	0.010	0.172	100.000

从表 5-21 因子得分矩阵中可以看出，自然系统的 6 项指标可以归为两类，其中第一主成分主要与森林数量与质量方面有关，包括人均林地面积、活立木蓄积量和植被覆盖率；第二主成分则与除了森林数量与质量之外的火灾发生率及水资源有关。

表 5-21　因子得分矩阵

主成分	1	2
z1	0.182	−0.301
z2	0.258	0.251
z3	0.254	0.239
z4	0.269	0.183
z5	−0.138	0.428
z6	−0.206	0.294

按照同样的方法，对人类系统的各指标进行因子分析，选出主分量。

从表 5-22 中可以看出，第一个主成分的方差贡献率已经达到 85.328% > 85%，因此第一主成分就能比较完整地表达人类系统综合作用情况，通过对第一主成分所对应的特征向量计算主成分得分矩阵。

根据研究区人类系统 6 项指标简化成 1 个主成分，从主成分得分矩阵中可以看出，第一主成分主要与人造板年产量、中草药采集加工总产值、人口密度和人均 GDP 有关，如表 5-23 所示。

表 5-22　主成分特征值及贡献值

主成分	初始特征值		
	合计	方差 /%	累计 /%
z1	5.120	85.328	85.328
z2	0.557	9.276	94.604
z3	0.171	2.847	97.452
z4	0.121	2.012	99.464
z5	0.028	0.475	99.938
z6	0.004	0.062	100.000

表 5-23　因子得分矩阵

主成分	1
z1	0.946
z2	0.877
z3	0.984
z4	0.776
z5	−0.968
z6	0.974

　　基于主成分分析方法中的方差贡献率及各特征向量能分别求得主成分权重和各项指标的权重，结合系统指标值得到综合生态环境效益函数和综合社会经济效益函数：

$$f(x) = -0.09x_1 + 0.42x_2 + 0.41x_3 + 0.4x_4 + 0.06x_5 + 0.05x_6$$
$$g(y) = 0.21y_1 + 0.19y_2 + 0.22y_3 + 0.17y_4 - 0.22y_5 + 0.22y_6$$

其中，自然系统指标（x）有：火灾发生率（x_1）；人均林地面积（x_2）；活立木蓄积量（x_3）；森林覆盖度（x_4）；水资源量（x_5）和水源涵养量（x_6）；人类系统指标（y）有：人造板年产量（y_1）；栲胶年利润（y_2）；中草药采集加工总产值（y_3）；旅游业总产值（y_4）；人口密度（y_5）和人均 GDP（y_6）。

　　2. 系统综合效益计算

　　根据自然系统与人类系统表达式对研究区的两个子系统的指标数值进行功效转换，得到大兴安岭森林区 2000~2010 年资源环境综合效益和社会经济综合效益。从表 5-24 中可以看出，大兴安岭森林区 2000~2010 年资源环境系统和经济社会系统的综合效益值范围分别为 0.721~0.889 和 0.331~0.894。研究区的生态环境综合效益均值比较高，并且比较稳定，而经济社会系统综合效益变化比较剧烈，总体上呈现逐年增强的趋势。

表 5-24　研究区 2000~2010 年系统综合效益值

综合效益	2000 年	2001 年	2002 年	2003 年	2004 年	2005 年	2006 年	2007 年	2008 年	2009 年	2010 年
$f(x)$	0.722	0.734	0.721	0.774	0.792	0.815	0.791	0.744	0.809	0.889	0.879
$g(y)$	0.339	0.331	0.334	0.392	0.402	0.518	0.482	0.498	0.633	0.739	0.894

　　资源环境系统作用高于经济社会系统作用，表明大兴安岭森林区的生态系统持续性发展状态良好。两个系统时间序列的变化如图 5-22 所示。

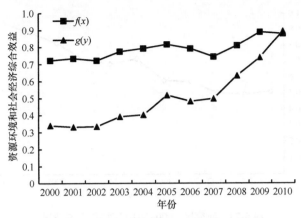

图 5-22　人类系统与自然系统综合效益比较图

3. 耦合协调度评价

根据协调耦合模型，计算大兴安岭森林区协调发展度。从表 5-25 中可以看出，内蒙古大兴安岭森林区 2000~2010 年的协调发展度总体尚处于协调状态，综合协调能力较好。

表 5-25　研究区协调发展情况

年份	协调度（C）	整体效应（T）	协调发展度（D）	类型
2000	0.477 93	0.530 674	0.497 401	濒临失调衰退类
2001	0.462 828	0.532 528	0.496 456	濒临失调衰退类
2002	0.485 235	0.527 701	0.506 023	勉强协调发展类
2003	0.566 143	0.582 884	0.574 453	勉强协调发展类
2004	0.568 855	0.597 218	0.582 864	勉强协调发展类
2005	0.775 087	0.666 769	0.718 891	中级协调发展类
2006	0.738 245	0.636 539	0.685 508	初级协调发展类
2007	0.819 083	0.620 812	0.713 090	中级协调发展类
2008	0.927 549	0.721 001	0.817 780	良好协调发展类
2009	0.958 487	0.813 925	0.883 253	良好协调发展类
2010	0.999 655	0.886 207	0.941 223	优质协调发展类

从时间序列上来看，协调状况从 2000 年濒临失调发展到 2010 年优质协调，这 10 年来，大兴安岭森林区无论从资源环境系统还是经济社会系统都发生了重大的转变，具体见图 5-23。

对大兴安岭森林区 2000~2010 年的协调发展度和协调发展分析，可以看出：资源环境系统和经济社会系统的耦合模式是逐年上升的；研究区协调趋势在时间序列上可以分为两个阶段，2000~2005 年人与生态系统协调程度总体上处于低水平的协调稳定状态，随着天保工程的开展，从 2006~2010 年两者之间的协调程度逐渐呈现高水平的协调稳定状态。

4. 耦合协调发展度动态趋势分析

由于内蒙古大兴安岭森林区整体的生态环境极其重要，但是地区的经济发展程度并不发达，如何在生态保护与经济发展中找到关键点，使得地区生态环境与社会经济协调稳定

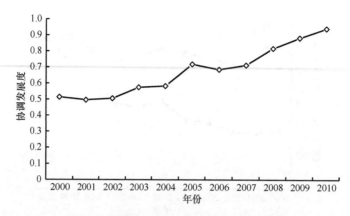

图 5-23　研究区 2000~2010 年协调发展情况

的发展是进行研究区协调发展驱动力分析的主要目的。综合天保工程实施情况，内蒙古大兴安岭森林区协调发展度动态趋势的主要驱动力表现在以下几个方面。

森林资源的数量和质量的稳步增加是内蒙古大兴安岭森林区逐渐走向协调发展的主要内在原因。森林资源是森林生态系统的主要依存基础，自 1998 年进行天保工程试点、2000 年全面开展实施天保工程以来，大兴安岭森林区的森林资源无论是数量还是质量都有了很大的增长。林地面积从 2000 年的 894 万 hm² 增长到 2010 年的 997 万 hm²，10 年间增加了 100 多万 hm²，其中，有林地面积年均增长约 6.7 万 hm²，灌木林地年均增长 2.7 万 hm²，植被覆盖率从 2000 年的 76% 增加到 2010 年的 78.12%；林区活立木蓄积量从 2000 年的 6.929 亿 m³ 增加到 2010 年的 7.674 亿 m³，年均增长 0.075 亿 m³，与此同时，林木资源的年消长比例也从 2000 年的 51.33% 降低到 2010 年的 35.44%。

由于森林结构更加趋于合理，森林的生态服务功能也在逐年升高，森林的涵养水源、固碳释氧、保护生物多样性、保持水土、调节气候等生态功能不断完善。大兴安岭林区 10 年林地面积增加 100 万 hm²，按照平均每公顷林地面积储碳 47t 进行计算，全林区 10 年增加储碳总量为 4700 万 t，实现碳汇价值 48.76 亿元人民币。林区 10 年来活立木蓄积量增长 0.75 亿 m³，按照平均每立方米活立木可吸收二氧化碳等温室气体 1.82t 计算，林区 10 年可增加吸收 1.36 亿 t 温室气体。

林业产业结构趋于合理。自实施天保工程以来，林区加紧进行产业转型，林区逐步从单一的第一产业提供木材产品转向提供生态类产品，研究区第一产业总产值从 2000 年的 3829 万元下降到 2010 年的 653 万元，而栲胶年利润从 2000 年的亏损 1115 万元增加到 2010 年的 139 万元，年均增长 125.4 万元，旅游业总产值从 2000 年亏损 501.42 万元增长到 2010 年盈利 5300 万元，10 年间增长了约 6000 万元，在进行产业转型的同时，利用区域特有优势资源大力发展新兴行业，如中药材采集加工业在 2000 年只是私有化经营，随着产业逐渐发展，现在已形成一定规模的生产链，到 2010 年中草药采集加工业总产值已经达到 1493 万元，巨大地带动了当地经济的发展。

人民生活水平逐年提高，保护环境意识增强。随着经济的逐渐发展，人民生活水平也有了相对较高的改善，研究区人均 GDP 从 2000 年的 5765 元增长到 2010 年的 36 552 万元，10 年来增长了 30 787 元，年均增长 3000 多元，城市人口也在缓慢增加，从 2000 年的 61.86% 增加到 2010 年的 66.22%。生活水平逐渐改善，使当地居民有更多精力投入到森林资源的保护中来。

此外，当地林业部门管理水平逐渐改善，强化森林防火和森林防病虫害工作，积极加强对森林生态建设的组织保障、科技保障，努力提高森林资源可持续利用水平。

5.3.1.3 对策建议

针对对内蒙古大兴安岭森林区资源环境承载力与协调发展能力的研究都表明：过去10年间，研究区无论是资源环境承载力还是协调发展能力都有了明显的提高，但是近5年来，森林生态支撑能力的增长率逐渐小于社会经济带来的压力的增长率，因此研究区社会经济发展对于森林保护仍会产生较大的压力，这是协调经济增长与森林资源关系必须要面对的问题。

森林资源是一种可再生资源，森林生态系统也是一种比较稳定、抗压能力比较强的系统，但是可供消耗的森林资源也会存在一个极限，当森林的更新能力在很长一段时间内不能跟上人类社会经济发展的速度，那么为了追求高速度的经济发展模式，必然会对森林生态系统进行长期的掠夺开发，因此在经济发展的同时，必须采取各种措施恢复和保护森林，使之可持续发展，才能维系人类社会生存和发展所需要的生态环境。因此，在协调生态环境与社会经济之间的关系时，两者都不可以偏废，既要追求社会经济的长期稳定发展，又要使得森林资源环境能够健康稳定，使二者之间的协调关系处于高水平的协调。

在对研究区资源环境承载力和人地耦合协调发展关系的研究基础上，本节将对资源环境承载与协调发展的对策进行研究。既要提高森林区资源环境承载力，减轻社会经济增长对森林资源环境的压力，又要最大能力地发挥研究区森林资源的优势，做到物尽其用。

1.合理开发森林资源，提高资源供给能力

森林资源是一种可再生资源，对于内蒙古大兴安岭地区的可持续发展起着至关重要的作用。必须在保护与开发过程中找到一个契合点，合理保护各种资源，使研究区的森林资源能够得到可持续利用。

1）继续加强森林资源数量和质量提升

从2000~2010年研究区资源环境承载力和协调发展度评价结果来看，森林资源的数量和质量是地区可持续发展的重要影响因素，因此，在2002年之前，之所以系统处于濒临失调衰退期，主要是因为森林资源短缺成为经济和社会发展的重要制约因素，因此在今后的发展中，大兴安岭地区要抓紧制定和实施森林资源可持续发展战略。

2）减少万元产值水耗，提高水资源供给能力

降水是影响森林型地区森林结构和生态服务功能的主要因子，由于人为作用对于降水的影响较小，因此要大力提高对现有水资源的利用效率来提高水资源的供给能力。实现水资源的合理使用和永续利用，需要从水源地开始管理，加强对水资源的保护，节约用水，提高用水效率，改善水体生态环境，保障社会经济与水资源条件相协调，促进水资源优化配置和合理利用。

3）加强管理，提高森林火灾和病虫害的防治

火灾与病虫灾害是影响森林资源的重要因素，对森林有着毁灭性的打击。因此要全面

布局，做好森林防火和防病虫害工作。在森林防火工作中，要全面加强灭火基础设施建设，提高人们的防火意识，组成专业的扑火队，完善防火组织指挥系统，使防火工作能有条不紊地开展。在病虫害的防治工作上，要建立一批以专业人才为中心的病虫害监测机构，并对森林区范围内所有的植物进行监测，有效地控制重要林区病虫害多发的趋势。

2. 优化产业结构，加快科技创新

1）大力发展第三产业，加快产业结构优化

在对大兴安岭森林区资源环境承载力的调控分析中可以看出第三产业产值是影响区域协调发展的重要驱动因子，虽然目前研究区的产业结构在逐渐进行转型，但经济活力仍有待提高，自主创新能力比较弱，产业结构调整任重道远。因此要大力发展以旅游业为主的第三产业。进一步提高旅游资源和产品的国内、国际知名度，并且进一步完善和加强旅游基础设施的开发建设，提高地区旅游承载能力。

2）积极探索非木材资源产业，减小森林资源压力

除了森林资源以外，内蒙古大兴安岭的淡水资源也十分丰富，当地可以充分利用这些丰富的淡水资源进行林区淡水鱼类养殖，除此之外水源地的淡水资源质量高、产量大、无污染、富含天然矿物质，可以加大矿泉水资源利用开发，形成具有规模的矿泉水产业链，研究区的中草药材丰富，近年来，中草药材的生产初步实现规模化，但是仍然具有较大的发展前景，因此接下来要积极探索产业化发展模式，正确处理好各方利益关系，在互惠互利的原则下，通过各种措施引导产业走向规模化、产业化。

3）依靠科技进步，减轻单一产业造成的环境负荷

针对大兴安岭森林区作为资源型地区这一特点，应加快进行资源转化增值，把发展新型林业产业作为新型森林资源基地建设的战略选择，加快高新技术产业发展，加速产业分级转化，延长产业链，提高以森林资源为主导的资源附加值，培育最有竞争力的支柱产业，同时对于已有工业落后设备，要加快淘汰更新，推行节能产业的新技术和新设备。

4）控制 GDP 增长在合理范围内，减少其对森林环境的负面效应

在内蒙古大兴安岭森林区资源环境承载力和协调发展调控分析中，近几年来存在着经济过热的问题，人均 GDP 增长率逐年增高会给当地空间环境造成较大的人为负荷，影响区域资源环境承载力，因此建议把 GDP 增长控制在合理的范围内，以维持人与自然系统的协调共生。

5.3.2 典型草地生态系统类型区

5.3.2.1 生态支撑力现状分析

1. 生态支撑力单指标现状分析

1）年均温

根据研究区年均温分布图 5-9 可看出，该研究区温差为 6.8℃（–0.6~6.2℃），北部区域年均温较低，南部区域次之，中部区域年均温相对最高。

2）年均降雨量

根据研究区年均降雨量分布图 5-8 可以看出，该研究区年均降雨量差为 290mm（198~488mm），该研究区总体上属于北温带半干旱气候区。研究区最南的 4 个县属于河北省，

这 4 个县的年均降雨量最高。其次是内蒙古中部的几个县，年均降雨量较高，年均降雨量最低的是内蒙古北部的几个县。

3）平均海拔

根据研究区各个县的平均海拔分布图 5-7 可看出，该研究区地势南部最高，其次是北部，中间最低，平均海拔差为 1315m（166~1481m）。

4）景观破碎度

根据研究区各个县的景观破碎度指数分布图 5-24 可以看出，不同的县受人类干扰的程度差别很大，且没有固定的分布趋势。景观破碎度表征景观被分割的破碎程度，反映景观空间结构的复杂性，在一定程度上反映了人类对景观的干扰程度。景观破碎度指数越大，表示该区受人为干扰的程度越大。研究区南部的 4 个属于河北省的县受人类干扰较大，这个区域年均降雨量丰沛，水资源丰富，所以这个区域的开发强度较大，导致景观破碎度较大。其次，研究区中部区域的几个县受人类干扰也比较剧烈，这几个县分布的区域年均降雨量丰沛，日照充足而且地势相对平坦，因此人类活动强度大导致景观破碎度大。

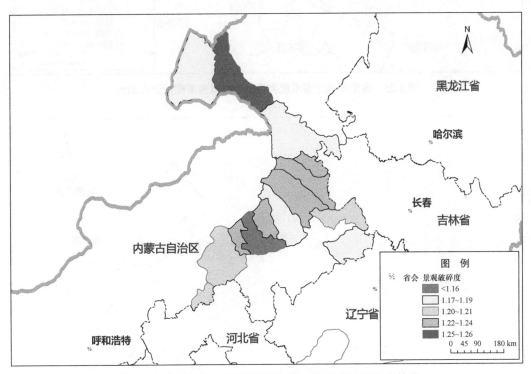

图 5-24　典型草地生态系统类型区景观破碎度空间分布趋势

5）植被覆盖率

根据研究区各个县的植被覆盖率分布图 5-25 可以看出，研究区南部几个县和中部的几个县的植被覆盖率较低，主要是因为这两个区域气候地形条件适宜，人类开发强度大。而北部的几个县植被覆盖率都较高。

6）NPP

由图 5-26 可看出，NPP 分布趋势与降雨基本一致，分布于南部的 NPP 较高，因此该区的潜在生态支撑力最大。

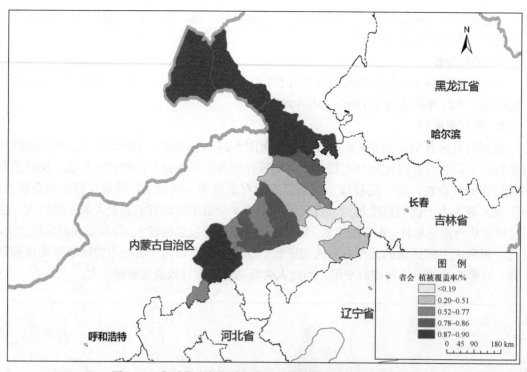

图 5-25　典型草地生态系统类型区植被覆盖率空间分布趋势

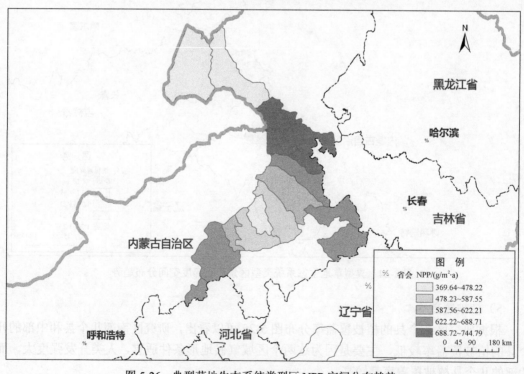

图 5-26　典型草地生态系统类型区 NPP 空间分布趋势

7）固碳释氧量

由图 5-27 可知，固碳释氧量北高南低，主要是 NPP 分布趋势有较大差异所导致。

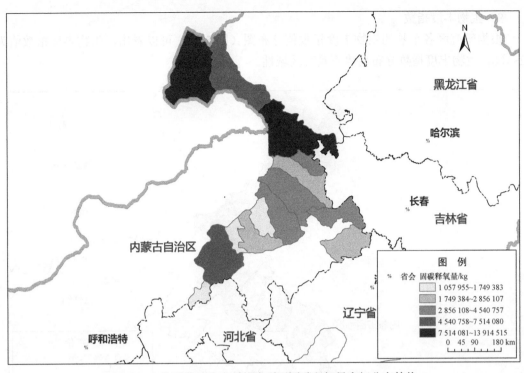

图 5-27　典型草地生态系统类型区固碳释氧量空间分布趋势

8）叶面积指数

由图 5-28 可知叶面积指数值从 2.08m²/m² 到 4.41m²/m²，中部最高，其次是南部和北部。

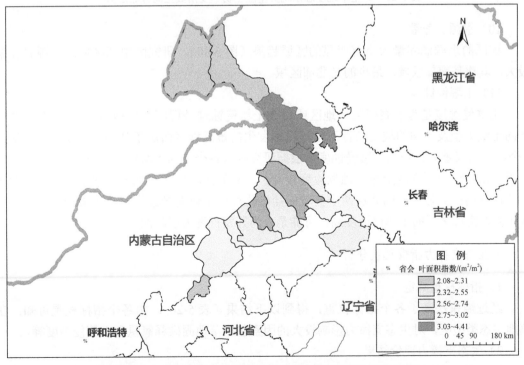

图 5-28　典型草地生态系统类型区叶面积指数空间分布趋势

9）生物丰度指数

根据研究区各个县的生物丰度指数值分布图（图 5-29）可以看出，生物丰度指数值为 42~100，生物丰度指数分布趋势不具有区域性。

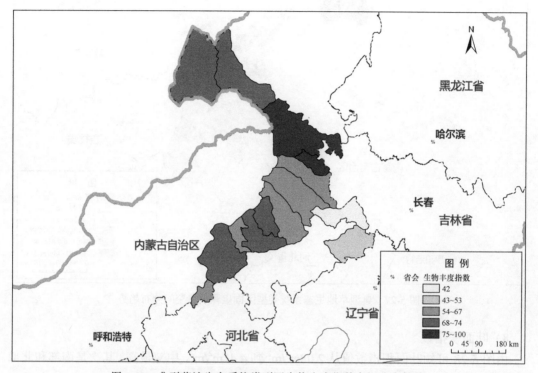

图 5-29　典型草地生态系统类型区生物丰度指数空间分布趋势

10）水源涵养量

该区的水源涵养量大小有明显的区域趋势（图 5-30），研究区中部区域的水源涵养量最大，其次是南部区域，最少的是北部区域。

11）土壤侵蚀度

土壤侵蚀度是为了表明某一地区或地类土壤侵蚀难易程度，根据不同土地利用类型、不同土壤类型及不同的坡度条件下土壤侵蚀发生的难易程度而赋予其不同的权重值，最后 3 个因子按权重叠加合成土壤侵蚀度。根据研究区内各个县的土壤侵蚀度分布图（图 5-31）可以看出，整个研究区土壤侵蚀危险度较高，最高的区域分布在北部的两个县，呼伦湖区主要在这两个县域内，因此这两个县域的盐碱化程度比较高导致土壤易于被侵蚀。而研究区中部及南部区域的土壤侵蚀度高，可能是人为开发程度大引起的。

2. 生态支撑力指数现状分析

1）指标权重确定

经过熵权法赋予各个指标权重，得到以下结果（表 5-26）。由各个指标权重可知，在草地生态类型区，对生态支撑力影响较大的因素包括草地固碳释氧量和土壤侵蚀度等。

2）生态支撑力评价结果

根据各个指标权重和各个县的指标值，通过线性加和的方法得到各个县的生态支撑力

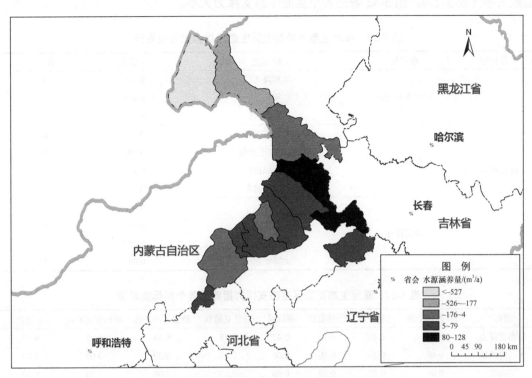

图 5-30　典型草地生态系统类型区水源涵养量空间分布趋势

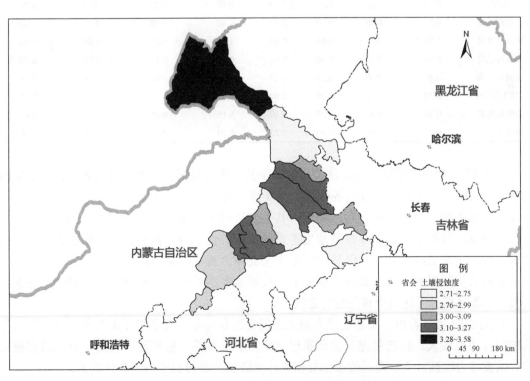

图 5-31　典型草地生态系统类型区土壤侵蚀度空间分布趋势

指数大小（表 5-27），图 5-32 表征各个县的生态支撑力大小。

表 5-26　草地生态系统类型区生态支撑力指标权重值

目标层	准则层	指标层	权重值	排序
生态支撑力评价	自然驱动指标	年均降雨量	0.069	9
		年均温	0.079	7
		平均海拔	0.105	4
	结构指标	景观破碎度	0.073	8
		生物丰度指数	0.108	3
		叶面积指数	0.118	2
		植被覆盖率	0.090	6
	功能指标	NPP	0.068	10
		固碳释氧量	0.150	1
		水源涵养量	0.047	11
		土壤侵蚀度	0.093	5

表 5-27　草地生态类型区生态支撑力指数及各个指标贡献值

指标	阿鲁科尔沁旗	巴林左旗	巴林右旗	林西县	克什克腾旗	新巴尔虎左旗	新巴尔虎右旗	多伦县
生态支撑力	0.63	0.40	0.50	0.42	0.59	0.58	0.53	0.57
年均降雨量	0.40	0.20	0.50	0.60	0.60	0.20	0.00	0.70
年均温	0.80	0.80	0.70	0.60	0.60	0.00	0.10	0.50
平均海拔	1.10	0.70	0.80	0.40	0.00	0.90	0.90	0.00
NPP	0.40	0.20	0.50	0.50	0.60	0.20	0.00	0.70
水源涵养量	0.50	0.40	0.50	0.40	0.40	0.30	0.00	0.40
固碳释氧量	0.80	0.10	0.50	0.00	1.50	1.00	1.00	0.00
土壤侵蚀度	0.90	0.50	0.30	0.40	0.60	0.10	0.10	0.70
植被覆盖率	0.40	0.00	0.30	0.10	0.40	0.90	1.20	0.60
生物丰度指数	0.30	0.10	0.30	0.00	0.60	1.10	0.70	0.90
叶面积指数	0.30	0.90	0.00	0.80	0.10	0.40	0.70	0.60
景观破碎度	0.40	0.00	0.60	0.20	0.30	0.60	0.70	0.60

　　表 5-27 表明典型草地生态系统类型区各个县的生态支撑力指数，分析各个指标对生态支撑力的贡献值，可以定性分析各个县生态支撑力的限制因子及优势状态。由表 5-27 结果可知，生态支撑力最大的阿鲁科尔沁旗，其主要贡献因子是平均海拔、年均温及土壤侵蚀度，说明该区气候条件对于发育草地生态系统优于其他县域，而且该县域面临的土壤问题较轻，因此生态支撑力较大。巴林左旗是生态支撑力最小的县域，其植被覆盖率最低同时叶面积指数贡献最大，说明该区主要由于植被覆盖率不足导致沙裸地严重引起的生态支撑力低。其他区域处于这两个极值变化之间。

　　由图 5-32 可以看出，生态支撑力最大的阿鲁科尔沁旗，分别位于南端和北端的各两个县的支撑力也较大。新巴尔虎左旗和新巴尔虎右旗主要是植被覆盖率较高，原始状态保持较好而支撑力较高，位于南端的多伦县和克什克腾旗主要得益于气候条件较好。

　　3）生态支撑力驱动力因子分析

　　由表 5-28 可知，草地生态支撑力正向驱动力因子主要有固碳释氧量、生物丰度指数和

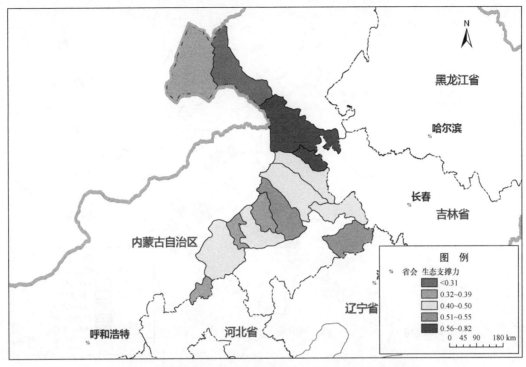

图 5-32　典型草地生态系统类型区生态支撑力空间分布趋势

叶面积指数。负向驱动因子主要是景观破碎度。

表 5-28　草地生态系统类型区生态支撑力指标相关性分析结果

指标	年均降雨量	年均温	平均海拔	NPP	水源涵养量	固碳释氧量	土壤侵蚀度	植被覆盖率	生物丰度指数	叶面积指数	景观破碎度
生态支撑力	0.17	−0.28	−0.02	0.16	−0.09	0.63	−0.20	0.59	0.64	0.61	−0.60
年均降雨量	1.00	0.55	0.75	1.00	0.76	−0.21	−0.69	−0.48	−0.14	0.36	0.21
年均温		1.00	0.18	0.56	0.76	−0.40	−0.79	−0.88	−0.80	0.16	0.63
平均海拔			1.00	0.74	0.35	−0.11	−0.32	−0.22	0.12	0.04	0.21
NPP				1.00	0.78	−0.21	−0.69	−0.49	−0.15	0.36	0.22
水源涵养量					1.00	−0.39	−0.72	−0.79	−0.43	0.26	0.51
固碳释氧量						1.00	0.22	0.49	0.46	0.59	−0.39
土壤侵蚀度							1.00	0.57	0.43	−0.15	−0.50
植被覆盖率								1.00	0.85	0.06	−0.83
生物丰度指数									1.00	0.22	−0.75
叶面积指数										1.00	−0.44
景观破碎度											1.00

5.3.2.2　社会经济压力现状分析

1.社会经济压力单指标现状分析

1）人口密度

如图 5-33 所示，该区人口密度相对全国平均人口密度都是较低的，最低的区域位于北部的两个旗县。而中部的农耕区人口密度较大。

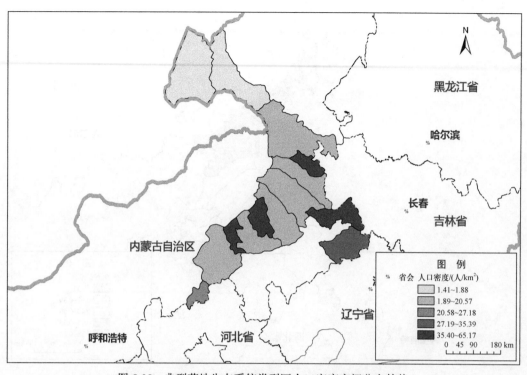

图 5-33　典型草地生态系统类型区人口密度空间分布趋势

2）耕地面积比

如图 5-34 所示，中间区域耕地面积比较大，与图 5-33 趋势一致。两图说明中间区域

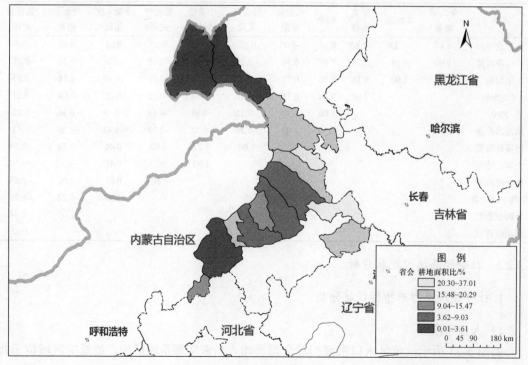

图 5-34　典型草地生态系统类型区耕地面积比空间分布趋势

以第一产业发展为主，而南端以发展工业为主，尤其是北端以自然资源开发为主。

3）单位草地面积载畜量

如图 5-35 所示，草地载畜程度较高的位于中部几个旗县，与图 5-34 的分布趋势基本一致。图 5-34 和图 5-35 表明该研究区中部几个旗县以发展农业为主，农耕和农牧同时进行，且农耕和农牧的发展程度是正相关的方式，而不是此消彼长的关系。而位于两端的县旗，农业发展水平相对较低。

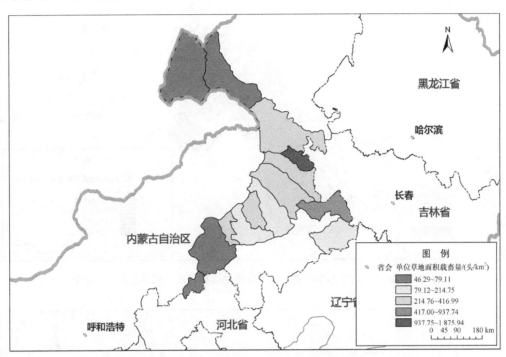

图 5-35　典型草地生态系统类型区单位草地面积载畜量空间分布趋势

4）单位耕地面积农药化肥量

如图 5-36 所示，单位耕地面积化肥施用量最大的同样位于中部的几个旗县，但不是集中在农耕和农牧开发程度最高的几个旗县。

5）人均工业产值

如图 5-37 所示，人均工业产值呈现两头高中间低的趋势。中间区域因主要发展第一产业而工业产值较低。而北部由于自然矿产资源丰富，近年来工业发展迅速。

6）城市化指数

如图 5-38 所示，城市化指数最高的是位于北部的两个旗县，其次是工业发展程度较高的几个县旗。由此可知工业化程度与城镇化程度正向相关。

7）人均电量

如图 5-39 所示，人均电量中部高两端低，两端主要是工业发展水平较高，而中部是农业发展较好，由此说明该区域以第一产业为主，经济发达程度由农业决定。

8）旅游开发强度

如图 5-40 所示，南北端旅游开发强度较高，尤其是北部。由于北部自然资源丰富和基础设施完善，旅游开发强度较高。而中部以农业为主的旅游压力指数较低。

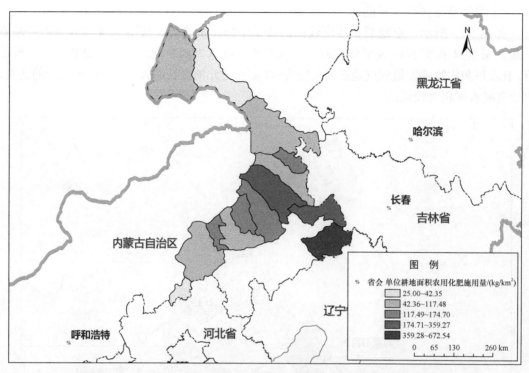

图 5-36　典型草地生态系统类型区单位耕地面积农药化肥量空间分布趋势

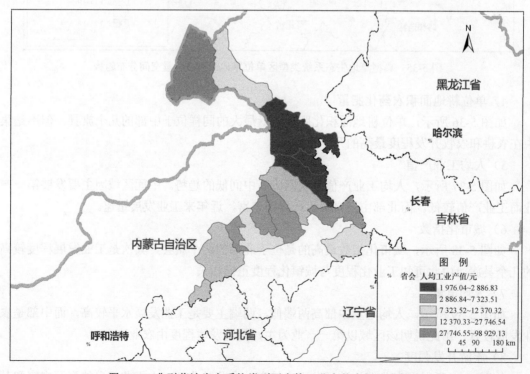

图 5-37　典型草地生态系统类型区人均工业产值空间分布趋势

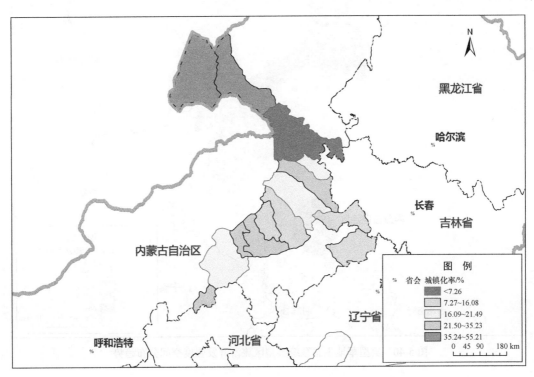

图 5-38　典型草地生态系统类型区城市化指数空间分布趋势

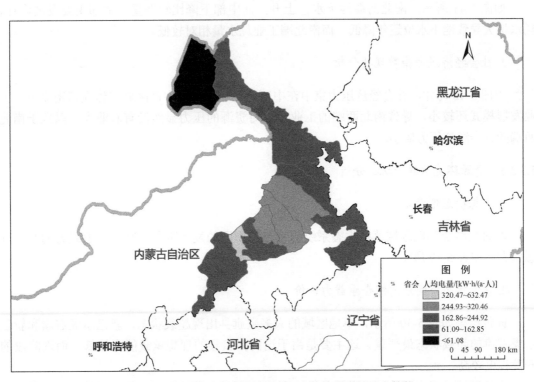

图 5-39　典型草地生态系统类型区人均电量空间分布趋势

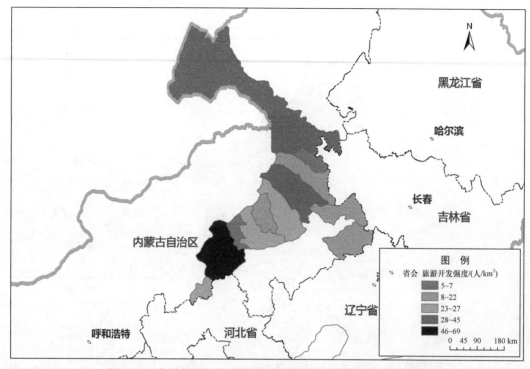

图 5-40　典型草地生态系统类型区旅游开发强度空间分布趋势

9）地下水位变化指数

如图 5-41 所示，南北两端地下水位上升，而中部下降比较严重。中部主要发展农业，耗水量大导致地下水位逐年降低。而南北端工业耗水量相对较低。

2. 社会经济压力指数现状分析

由图 5-42 可知，社会经济压力集中在中部区域。而由于中部区域整体人口密度小，工业发展模式还较小，导致南北两端的工业发展对资源的压力显然没有农业大，以致于南北两端的社会经济压力值小。

5.3.2.3　资源环境承载力现状分析

1. 理想状态值确定

本研究结合草地区域草业生态系统的特点及不同的发展阶段，来确定承载力的时段理想状态，如表 5-29 所示。

2. 基于状态空间法的综合承载力评价

评价结果如表 5-30 所示，草地区域的大多数旗县出现超载状态，新巴尔虎右旗和新巴尔虎左旗的超载状态最严重。这主要是由于这两个旗县的理想承载能力较低，而现阶段的开发程度较高。

资源环境承载力评价结果空间差异如图 5-43 所示。草地资源承载力理想值中间高两端低，位于中部的突泉县承载力指数理想值很高；而北部新巴尔虎右旗和新巴尔虎左旗的承

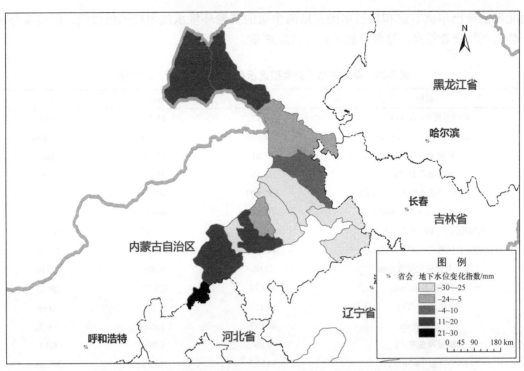

图 5-41　典型草地生态系统类型区地下水位变化指数空间分布趋势

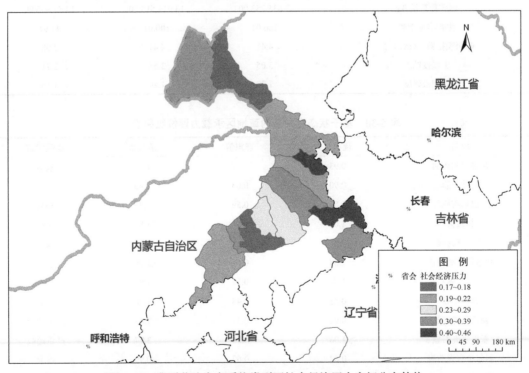

图 5-42　典型草地生态系统类型区社会经济压力空间分布趋势

载力指数理想值尤其得低。这主要是由生态支撑力水平决定的。

如图 5-44 所示，该草地生态类型区资源环境承载力现状值出现中间高两端低的趋势。

而北部的新巴尔虎右旗和新巴尔虎左旗两个旗的资源环境承载力理想值很低，但资源环境承载力现状指数很高，这两个旗的超载状况严重。

表 5-29　草地生态系统类型区承载力评价理想状态指标值

指标	标准	max	min
人口密度 /（人 /km²）	65.17	65.17	1.41
人均工业产值 /（元 / 人）	2 886.83	98 929.13	1 976.04
耕地面积比 /%	37.01	37.01	0.01
城市化指数 /%	21.49	55.21	7.26
单位面积草地载畜量 /（头 /km²）	1 875.94	1 875.94	46.29
旅游开发强度 /（人 /km²）	7.00	69.00	5.00
人均电量 /[kW·h/（a· 人）]	158.97	632.47	61.08
单位耕地面积农药化肥量 /（kg/km²）	166.66	672.54	25.00
地下水位变化指数 /mm	10.00	30.00	−30.00
年均降雨量 /mm	429.77	429.77	198.03
年均温 /℃	4.12	6.27	−0.69
平均海拔 /m	429.47	1 356.75	166.02
植被覆盖率 /%	0.86	0.90	0.19
NPP/[g/（m²·a）]	744.79	744.79	369.64
水源涵养量 /（m³/a）	127.88	127.88	−527.05
固碳释氧量 /kg	3 635 253.00	13 914 515.00	1 057 955.00
生物丰度指数	100.01	100.01	41.91
叶面积指数 /（m²/m²）	4.41	4.41	2.08
土壤侵蚀度	3.05	3.58	2.71
景观破碎度	1.23	1.26	1.16

表 5-30　基于状态空间法的草地区承载力评价结果表

地名	现状值	理想值	承载率	承载状态
阿鲁科尔沁旗	0.93	0.47	1.99	超载
巴林左旗	0.90	0.63	1.43	超载
巴林右旗	0.85	0.59	1.45	超载
林西县	1.01	0.56	1.81	超载
克什克腾旗	0.82	0.45	1.85	超载
科尔沁左翼中旗	1.08	0.61	1.76	超载
科尔沁左翼后旗	1.04	0.57	1.82	超载
扎鲁特旗	0.85	0.48	1.78	超载
新巴尔虎左旗	0.92	0.35	2.62	严重超载
新巴尔虎右旗	1.06	0.28	3.77	严重超载
科尔沁右翼前旗	0.62	0.62	0.99	盈余
科尔沁右翼中旗	0.80	0.70	1.15	均衡
突泉县	0.90	0.90	0.99	盈余
多伦县	0.96	0.55	1.76	超载
标准	0.90	0.90	0.99	盈余

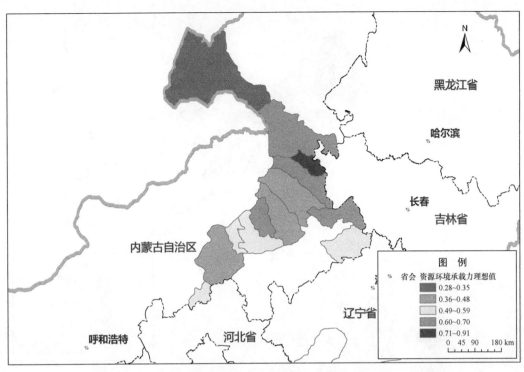

图 5-43　典型草地生态系统类型区资源环境承载力理想值空间分布图

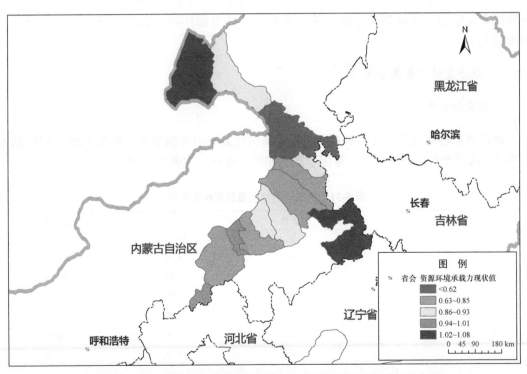

图 5-44　典型草地生态系统类型区资源环境承载力现状值空间分布图

如图 5-45 所示，中部科尔沁右翼前旗、科尔沁右翼中旗和突泉县状况较好。而超载（＞1）严重地区是位于两端的旗县，尤其是新巴尔虎右旗和新巴尔虎左旗，造成这

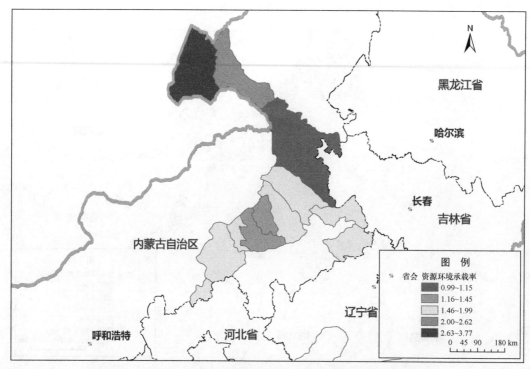

图 5-45　典型草地生态系统类型区资源环境承载率空间分布图

种状况主要原因是两端旗县生态支撑力不足，理想资源环境承载力较低，而现阶段开发
程度较高。

5.3.2.4　耦合度协调发展分析

1. 主成分分析

利用极差标准化公式对两者要素进行无量纲化处理，再根据方差累积贡献率 85% 的原
则确定主成分个数，并求出主分量因子载荷和因子得分，如表 5-31 所示。

表 5-31　主成分的特征值及累积贡献率

主成分		特征值	方差 /%	累积方差 /%
	F_1	4.20	38.22	38.22
X	F_2	2.65	24.05	62.28
	F_3	1.54	14.02	76.29
	F_4	1.22	11.10	87.39
	F_2	3.23	35.86	35.86
Y	F_3	2.20	24.40	60.27
	F_4	1.71	19.03	79.30

通过主成分分析，获得表达 $F(X)$ 的前两个主分量和表达 $F(Y)$ 的前两个主分量以
各主分量方差贡献率作为权重，利用主分量得分值建立表达式来量化研究区生态支撑力及
区域发展的社会经济压力状态方程，如表 5-32 所示。

表 5-32 $F(X)$ 和 $F(Y)$ 的综合值

地名	$F(X)$	$F(Y)$
阿鲁科尔沁旗	0.36	0.12
巴林左旗	0.26	0.17
巴林右旗	0.30	0.03
林西县	0.31	0.27
克什克腾旗	0.34	−0.06
科尔沁左翼中旗	0.42	0.27
科尔沁左翼后旗	0.44	0.21
扎鲁特旗	0.38	0.11
新巴尔虎左旗	0.21	−0.08
新巴尔虎右旗	0.17	−0.16
科尔沁右翼前旗	0.62	0.09
科尔沁右翼中旗	0.40	0.08
突泉县	0.62	0.28
多伦县	0.29	−0.002

2. 耦合协调度评价

耦合协调评价值由图 5-46~图 5-48 所示，中部区域的耦合协调度最高，而北部和南部的耦合协调度较低。首先，中部区域的社会经济开发程度与生态支撑力是相匹配的，即生态支撑力和社会经济压力都比较大。而北部区域的旗县，由社会经济压力评价结果可知其压力较大、生态支撑力较小而失调。南部旗县的生态支撑力和社会经济压力都较小，而发展指数较低。

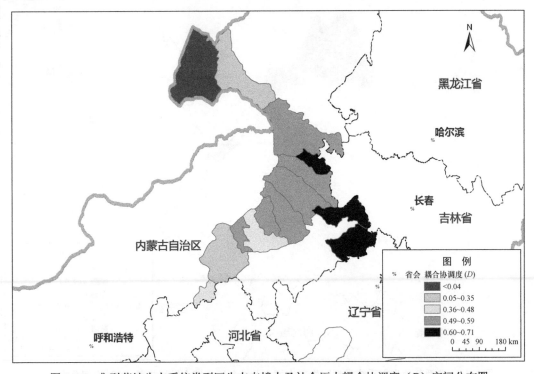

图 5-46 典型草地生态系统类型区生态支撑力及社会压力耦合协调度（D）空间分布图

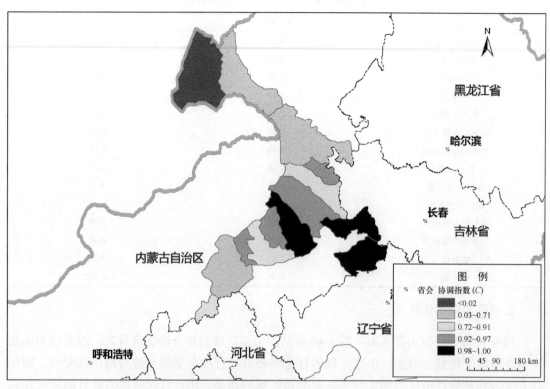

图 5-47　典型草地生态系统类型区生态支撑力及社会压力协调指数（C）空间分布图

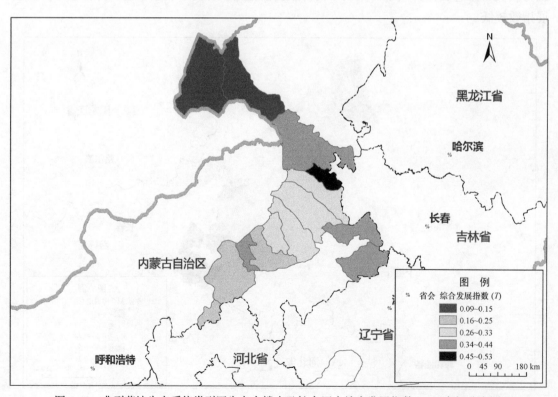

图 5-48　典型草地生态系统类型区生态支撑力及社会压力综合发展指数（T）空间分布图

5.3.2.5 对策与建议

1）延长现行草地生态保护建设工程实施期限，加大草地保护建设工程投入力度

草地生态保护工程的实施，使草地项目区生态环境明显好转，但目前实施的一些草地生态保护建设工程项目已经到期或即将到期，如果补偿断绝，势必造成草地退化、沙化现象出现反弹。同时，国家专项用于草地保护建设项目的投入和实施范围十分有限，从投资规模、投资内容、投资布局等方面看，与草地保护建设的需求相距甚远。因此，迫切需要延长国家已经实施的草地生态工程禁牧休牧补助资金的年限；加大退牧还草工程实施力度，完善工程建设内容，扩大工程实施范围。

2）科学合理利用草地资源

在充分考虑不影响草地生态，做到合理利用的前提下，根据草地生态恢复的实际情况，结合各区域优势和产业特点，高标准以草定畜。根据草地类别和牧草生长需要，在4月中旬至7月中旬实行季节性休牧，其余时间进行划区轮牧。鼓励草牧场流转、转租和入股经营，推动组建联合家庭牧场。对严重沙化区和稀有物种、自然保护区、工业园区实施全年围封禁牧。

3）加大对牧区劳动力转移培训的支持力度，减轻牧区人口就业压力

草地退化的一个直接原因就是草地过载，人口压力又是导致草地超载过牧的诱因之一。通过转移草地牧区剩余劳动力，可以减轻人口对草场的压力，从而改善草地生态环境。生态要保护，必须从根本上减轻草地压力，要限制对草地生物资源的利用，根本在于转移农村牧区人口。稳定就业后的工资性收入和社保，从收入质量和保障程度来讲明显高于从事畜牧业生产。鼓励创业，促进转移，减少依赖草地生活人口数量，从目前和长远利益着眼都是行得通的路。

一是重点加强牧民的教育和技能培训，为走出去创造条件。把可利用的灵活资金重点用在牧民技能的前期培训上，搞好牧民与用工企业的提前对接，按照企业用工需求开展技能培训；对已经转移到企业的牧民，与企业联合开展技能提升和理财培训；对有创业意愿的禁牧牧民进行免费创业培训。

二是建立牧民自主创业支持基金。根据牧民的意愿，调查掌握其真实的想法和做法，把握"有项目、有内容、有产品、有销路、能增收"的原则，以无息借款的形式给予支持（吕新龙等，2003）。

三是建立和完善牧区社会保障制度，实现生有所靠、病有所医、老有所养，为劳动力转移和产业转型提供制度保障（孟慧君和程秀丽，2010）。

4）抓好重点生态工程建设

继续实施好退耕还林、退牧还草、风沙源治理、公益林补偿等国家重点生态工程，力争提高植被覆盖率和草地植被覆盖率，使草地生态明显好转。建立长效生态工程建设，延长工期时间，工程期限过短，工程期满后，项目区农牧民生活问题没有得到彻底改善，草地问题依然存在，草地生态建设是一个长期的过程。草地生态建设周期长、投资大、见效慢，需要大量的长期资金，如果没有足够的财力和物力做后盾和支撑，工程就不能顺利实施并达到预期目的（孟慧君和程秀丽，2010）。

5）建立禁牧管护的有效机制

坚定不移地做好禁牧工作。一是继续加大禁牧管护、督查力度，招聘森林公安和协警，

增加禁牧管护人员，严厉打击违规放牧，执法队伍要定期轮岗换勤，公平公开办事；二是设立草场保护奖励基金，对禁牧和保护草场好的牧户给予奖励，对严重违反禁牧规定的散养大户采取暂停补贴措施，做到奖罚分明；三是建立专人督办定期出栏、干部包户、跟踪服务等措施；四是进一步加强草地防火工作，提升草地防火防控水平。

6）加强草地监理体系和队伍建设

草地监理机构是建立和实施草地生态补偿机制的主管部门，存在任务繁重、人员不足、经费短缺等困难和问题。建议建立健全草地监理体系，完善装备条件，在招录人员时重点录入急需的专业人才，提高队伍素质，促进草地监理工作。

总之，保护我们赖以生存的大草地，促进人与自然和谐发展，是实现社会经济与生态、环境、资源协调与可持续发展的需要。尽管存在的问题多、压力大，但只要我们建立完善的体制、机制，一定会建设一个蓝天、碧水、青山、大草地的和谐美丽新草地（吕新龙等，2003）。

5.3.3 典型湿地生态系统类型区

5.3.3.1 生态支撑力现状分析

1. 生态支撑力单指标现状分析

1）年均降雨量

由图 5-49 可知，研究区年均降雨量两边低，中间高，变化范围为 1200~2400mm，年均降雨量较多的地区集中在江西省的南昌县、新建县、鄱阳县、余干县、进贤县，年均降雨量超过 2200mm，年均降雨量相对较少的地区集中在湖北省的安县和安徽省的含山县、和县，年均降雨量不到 1400mm，出现这种差异的主要原因是各个县域所处的地理位置和

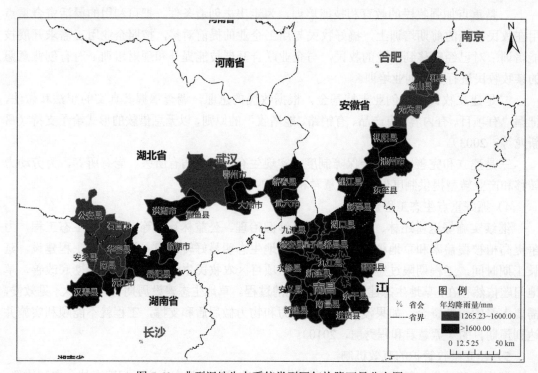

图 5-49 典型湿地生态系统类型区年均降雨量分布图

地形地貌不同，江西省处于北回归线附近，属于亚热带湿润气候，日照充足、雨量充沛。年均降雨量最少的含山县（1265mm）虽地处北中低纬度地区，属北亚热带温润性季风气候，但与长江中下游其他地区相比，降雨集中，分配不均，年均降雨量不高。

2）平均海拔

研究区位于淮河以南，武当山以东，洞庭湖、鄱阳盆地以北，包括汉江平原、鄱阳湖平原、洞庭湖平原等，平均海拔200~500m，平原上湖泊众多，较大的湖泊有鄱阳湖、洞庭湖。丘陵区主要分布在长江及洞庭湖、鄱阳湖两湖以南，武陵山以东，平均海拔200~1000m，由图5-50可知，研究区海拔较高的区域主要分布在湖南省的临湘市、湖北省的蕲春县、江西省的九江市和安徽省的东至县、贵池区（＞100m），海拔较低的区域主要分布在江西省的南昌县（20m以下）。研究区海拔变化范围为19~351m，平均海拔为67m，海拔的高低差异主要与所处的地形地貌有关。南昌县属于鄱阳湖平原地区，呈缓慢倾斜状，隆起与下降变化微小，较为平坦，海拔较低。海拔较高的蕲春县背倚大别山，山区地形，层峦叠嶂，地形狭长、地貌复杂，境内最高点为青石镇境内的云丹山主峰，海拔1244.1m，平均海拔较高。

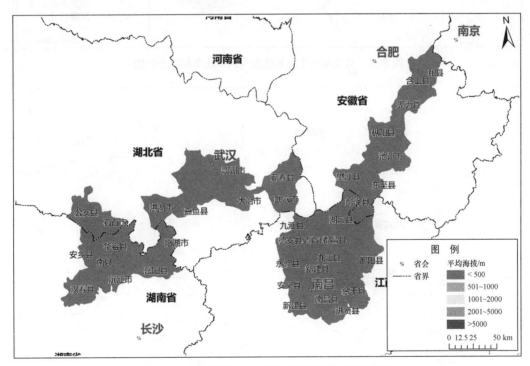

图5-50　典型湿地生态系统类型区平均海拔分布图

3）湿地面积比

由图5-51可知，湿地面积比主要集中在洪湖市、岳阳县和沅江市及进贤县和九江县。这些地区位于洪湖、洞庭湖和鄱阳湖区域。

4）景观破碎度

由图5-52可知，景观破碎度较大的为安义县、湖口县，较小的为嘉鱼县，但是变化范围为1.2~1.3，平均为1.27，总体变化不大。景观破碎度表征景观破碎程度，由于长江中下

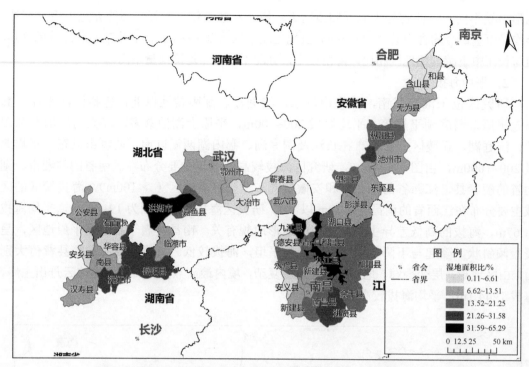

图 5-51　典型湿地生态系统类型区湿地面积比分布图

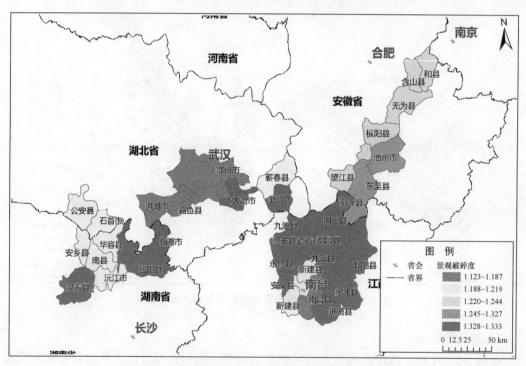

图 5-52　典型湿地生态系统类型区景观破碎度分布图

游地区在地理位置、气候资源类似，因此景观破碎度变化不大。

　　5）生物丰度指数

　　生物丰度指数是衡量生物多样性丰贫程度的指标，而生物多样性与生态结构存在着关系，影响着生态结构稳定发展。由图 5-53 可知，生物丰度指数较大的区域位于湖南省的岳阳县及江西省的鄱阳县和东至县（6 以上），平均值为 2.8，总体变化范围不大。岳阳县位于湖南省东北部，主要山脉有相思山、大云山，河流纵横、物种丰富，境内记录到的野生动物 500 种，即兽类 22 种，鸟类 266 种，虫类 195 种，其他 17 种。其中，属国家一级保护动物 12 种，二级保护动物 47 种，三级保护动物 70 种。记录到的鱼类 114 种。鄱阳县和东至县位于江西省东北部，虽然鱼禽众多，但较岳阳县少。

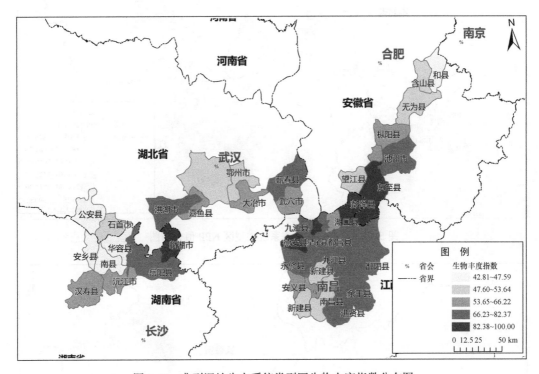

图 5-53　典型湿地生态系统类型区生物丰度指数分布图

6）NPP

由图 5-54 可知，NPP 较大的区域主要分布在江西省，包括进贤县、南昌市和南昌县［2200g/（m²·a）以上］，最低的区域主要分布在安徽省无为县、含山县、和县和湖北省的公安县［1700g/（m²·a）以下］，研究区 NPP 平均值为 2023g/（m²·a）。

7）水源涵养量

由图 5-55 可知，较大值主要分布在大冶市、九江市和望江县（9 亿 m³/a 以上）。较小值主要分布在岳阳县、武汉市、蕲春县、九江市、余干县、鄱阳县、新建县和东至县、安庆市（0.1 亿 m³/a 以下）。采用水量平衡法和影子工程法算得的水源涵养价值与县域面积、年均降雨量和径流系数有关，因此涵养水源的能力是这 3 个因素综合作用的结果。

8）土壤侵蚀度

由图 5-56 可知，土壤侵蚀较为严重的区域主要分布在东至县和贵池市。东至县和贵池市地处长江南岸，湖泊河流纵横，土壤结构疏松，抗蚀性较差，易受到水流侵蚀，土壤侵蚀较为严重。

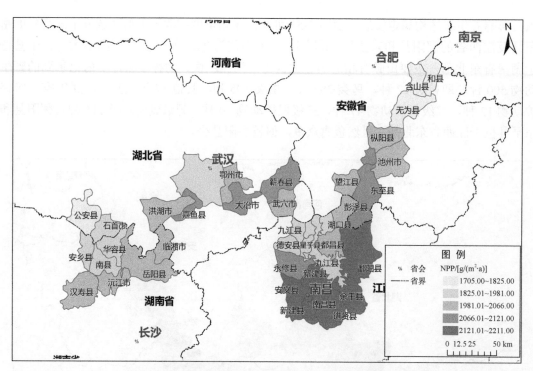

图 5-54 典型湿地生态系统类型区 NPP 值分布图

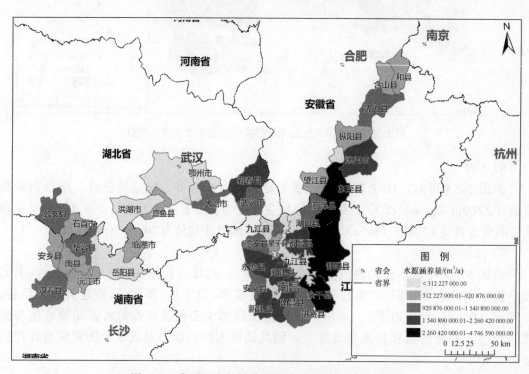

图 5-55 典型湿地生态系统类型区水源涵养量分布图

2. 指标权重计算

从表 5-33 可知，景观破碎度、生物丰度指数、土壤侵蚀度和年均降雨量的权重较高。

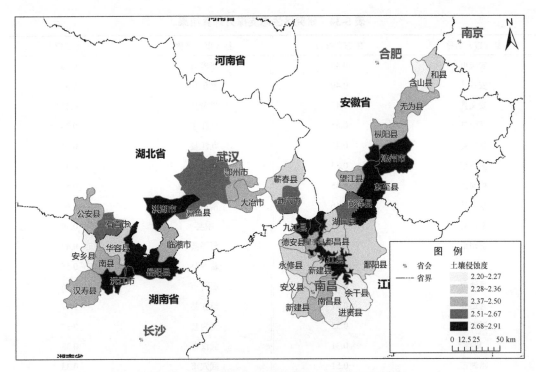

图 5-56 典型湿地生态系统类型区土壤侵蚀度分布图

湿地面积比、NPP 和平均海拔权重较低。

表 5-33 生态支撑力评价指标

目标层	准则层	指标层	权重	排名
	自然驱动	年均降雨量	0.13	3
		平均海拔	0.05	8
	生态结构	湿地面积比	0.10	6
生态支撑力		景观破碎度	0.23	1
		生物丰度指数	0.15	2
	生态功能	水源涵养量	0.11	5
		土壤侵蚀度	0.13	3
		NPP	0.10	6

3. 生态支撑力指数分析

由表 5-34 可知,生态支撑力排序是鄱阳湖湿地>长江中游干流湿地地区>洞庭湖湿地和长江下游湿地地区。

由图 5-57 可知,从各个指标的空间分布可以看出,鄱阳湖地区年均降雨量丰富,景观破碎度、生物丰度指数、涵养水源能力都较高,由于景观破碎度、生物丰度指数权重较高,因此生态支撑力较高;长江中游干流湿地地区生物丰度指数较高、土壤侵蚀严重,景观破碎度较低,生态支撑力居中;洞庭湖湿地景观破碎度较低,生物丰度指数和土壤侵蚀不高,生态支撑力较低;长江下游干流湿地地区 NPP、湿地面积比较低,平均海拔较低,生态支撑力较低。

表 5-34　研究区生态支撑力计算结果

县（市）名称	生态支撑力	县（市）名称	生态支撑力
安庆市	0.43	华容县	0.43
安乡县	0.40	嘉鱼县	0.55
安义县	0.45	进贤县	0.53
鄱阳县	0.61	九江市	0.34
枞阳县	0.42	九江县	0.44
大冶市	0.33	临湘市	0.43
德安县	0.45	南昌市	0.57
东至县	0.46	南昌县	0.60
都昌县	0.49	南县	0.39
鄂州市	0.46	彭泽县	0.44
公安县	0.33	蕲春县	0.55
贵池市	0.35	石首市	0.36
含山县	0.31	望江县	0.47
汉寿县	0.35	无为县	0.34
和县	0.31	武汉市	0.38
洪湖市	0.51	武穴市	0.33
沅江市	0.39	新建县	0.61
岳阳县	0.34	星子县	0.37
永修县	0.47	余干县	0.57
湖口县	0.39		

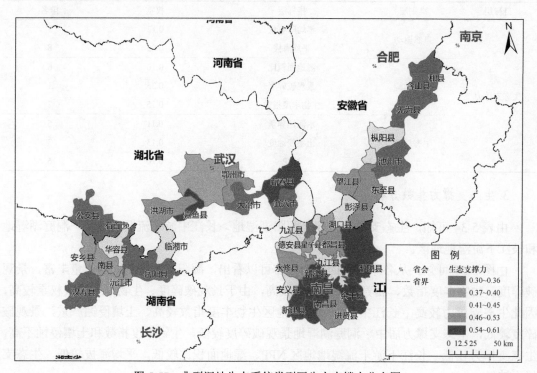

图 5-57　典型湿地生态系统类型区生态支撑力分布图

在此说明,此处生态支撑力的高低仅相对研究区来说,不与全国生态区支撑力进行比较,社会经济压力也是如此。例如,在研究区内,洞庭湖湿地地区年均降雨量相对较低,但在全国范围内,属于较高水平。

4. 主控因子分析

通过显著性水平检验（显著性水平为 0.01 和 0.05）和相关性计算得出（表 5-35）,NPP、生物丰度指数和水源涵养量与生态支撑力 pearson 相关性较高,认为是生态支撑力的主控因子,在其他条件相同的情况下,植物生长越好,生物丰度指数越高,土壤涵养水源能力越强,则生态支撑力就越高。

表 5-35 各指标与生态支撑力 pearson 相关性

指标	显著性水平	与生态支撑力 pearson 相关性
年均降雨量	0.323	0.162
平均海拔	0.442	−0.127
湿地面积比	0.154	0.233
景观破碎度	0.233	−0.196
生物丰度指数	0.000	0.663
水源涵养量	0.003	0.461
土壤侵蚀度	0.139	−0.241
NPP	0.000	0.757

5.3.3.2 社会经济压力现状分析

1. 社会经济压力单指标现状分析

1）人口密度

人口密度是单位面积土地上居住的人口数。它是表示世界各地人口的密集程度的指标。通常以每平方千米内的常住人口为计算单位。人口密度的大小直接影响社会经济的发展,过高的人口密度会导致自然和社会资源的过度消耗,从而导致自然资源价格的上升,这将直接影响到人们的生活质量。该指标对于社会经济压力来说,属于正向指标,即人口密度越密集社会压力越大。土地面积和人口数量都是时点指标,可以直接将年末土地面积与人口数量对比得到人口密度指标。由图 5-58 所示,武汉市、南昌市、鄂州市、武穴市等地区的人口密度相对于区域其他地区较高,人口密度均大于 0.052 万人 /km²,主要原因是这些地区经济较发达,从而造成这些地区人口聚集;而在东至县、德安县、永修县、池州市等地区的人口密度相对于区域其他地区较低,最低只有 0.0164 万人 /km²,通过分析不难得出以上地区经济普遍较落后,人口流失严重。

2）能耗指数

能耗指数是主要反映能源消费水平和节能降耗状况的指标。所以能耗指数是由能源供应总量与总面积的比值所得,是一个能源利用效率指标。该指标说明一个国家经济活动中对能源的利用程度,反映经济结构和能源利用效率的变化。由图 5-59 可知,根据 ArcGIS 中的自然间断点分级法,可将长江中下游地区万元 GDP 能源消耗分为 5 个等级。第一级为能耗指数超低能耗区（0.0016 万 ~0.0072 万 t 标准煤 /km²）,第二级为能耗指数低能耗区

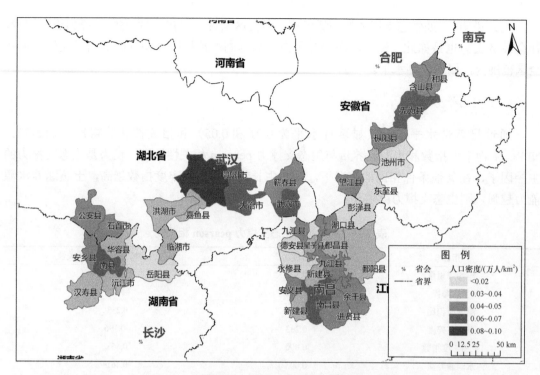

图 5-58 典型湿地生态系统类型区人口密度分布图

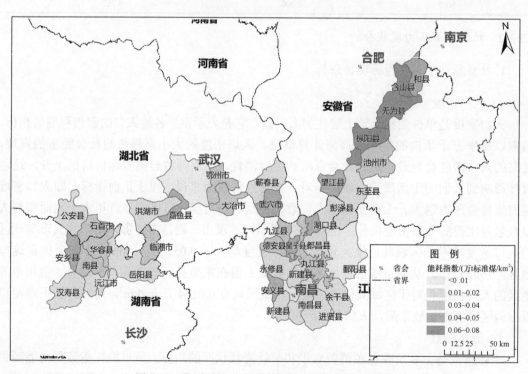

图 5-59 典型湿地生态系统类型区能耗指数分布图

（0.0072 万 ~0.024 万 t 标准煤 /km²），第三级为能耗指数中能耗区（0.024 万 ~0.038 万 t 标准煤 /km²），第四级为能耗指数高能耗区（0.038 万 ~0.053 万 t 标准煤 /km²），第五等级为能耗指数超高能耗区（0.053 万~0.085 万 t 标准煤 /km²）。由图 5-59 可知，能耗指数较大的县（市）分布在研究区的东部，整体来看西部能耗指数要小于东部各个县（市）。

3）水耗指数

水耗指数是表征经济发展与水资源消耗压力关系的正向指标，即水耗指数越大压力越大。为此，将用水总量与总面积之比得到水耗指数。由图 5-60 可知，根据 ArcGIS 中的自然间断点分级法，可将长江中下游地区万元 GDP 水耗分为 5 个等级。第一级为水耗指数超低水耗区（11 万~14 万 t/km²），第二级为水耗指数低水耗区（14 万~19 万 t/km²），第三级为水耗指数中水耗区（19 万~27 万 t/km²），第四级为水耗指数高水耗区（27 万~36 万 t/km²），第五等级为水耗指数超高水耗区（36 万~60 万 t/km²）。水耗指数较大的县（市）主要集中在研究区中部的县（市）及鄱阳湖周围的个别县（市）。

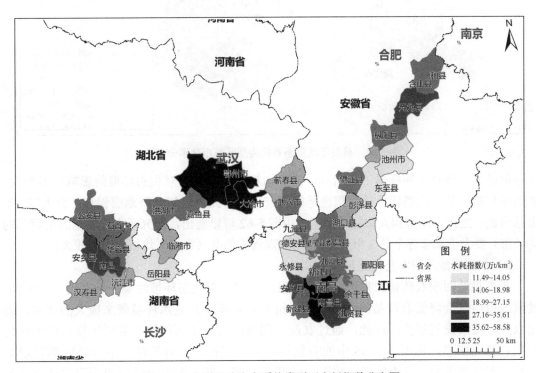

图 5-60　典型湿地生态系统类型区水耗指数分布图

4）城市化率

城市化是伴随着经济发展而出现的一种社会经济结构和人口结构综合性改变。从经济学角度看，城市化则是农村经济要素转移到城市并在城市中集聚的过程，这些经济要素的转移主要是指农村劳动力向城市的转移，从而在经济结构上导致农村自然经济所代表的第一产业向城市经济所代表的第二、第三产业的一种转变过程。因此，城市化指数是表征社会经济发展程度的指标，计算公式为城市化率与总面积之比。由图 5-61 可看出，长江中下游地区城市化指数较高，反映了该地区城市化水平较高，不过整体来看研究区东北部区域城市化率明显较小。

5）人均耕地面积

人均耕地面积属于资源容纳能力指标，它反映了生态系统为人类提供食物、维持人类

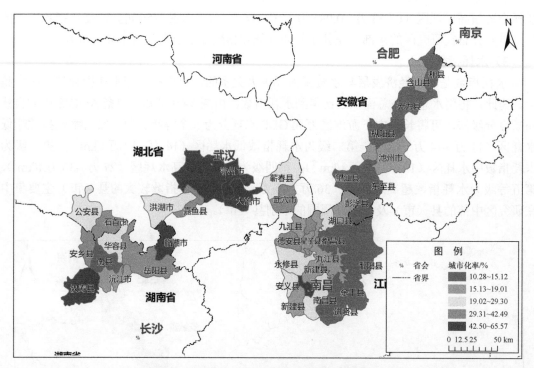

图 5-61　典型湿地生态系统类型区城市化率分布图

生存的能力。该指标同样属于正指标，即人均耕地面积越大对生态环境的影响压力越大。耕地面积指标是时点指标，总面积也是时点指标，为此，将年末耕地面积与（总人口·年末总面积）之比，即得到人均耕地面积。由图 5-62 可以看出，研究区人均耕地面积西部的县（市）要大于东部各个县（市），其中洞庭湖周围的县（市）人均耕地面积较大。

　6）单位耕地面积农药化肥量

　单位耕地面积农药化肥量可反映农业发展过程中对生态环境污染的状态指标。因为，过量施用不仅会降低农产品的品质，还会给生态环境尤其是水环境带来极大的危害，弱化农业可持续发展能力。因此，通过农药化肥施用与耕地面积的比值可计算出单位耕地面积农药化肥量。根据 ArcGIS 中的自然间断点分级法，可将长江中下游地区单位耕地面积农药化肥量分为 5 个等级，如图 5-63 所示。第一级为超低单位耕地面积农药化肥量（0.79~7.93t/km²），第二级为低单位耕地面积农药化肥量（7.93~17.91t/km²），第三级为中等单位耕地面积农药化肥量（17.92~26.75t/km²），第四级为高单位耕地面积农药化肥量（26.76~41.02t/km²），第五级为超高单位耕地面积农药化肥量（41.03~75.03t/km²）。由图可以看出研究区单位耕地面积农药化肥量处于三级以上的县（市）较多。

　7）单位面积生活污水排放量

　单位面积生活污水排放量可反映由居民生活所排放的污水情况，即表示当地水污染状况。该指标可通过生活污水排放量和县域面积比值求得。根据 ArcGIS 中自然间断点分级法，可将长江中下游地区单位面积生活污水排放量分为 5 个等级，如图 5-64 所示。第一级为超低单位面积生活污水排放量（0.31 万~0.48 万 t/km²），第二级为低单位面积生活污水排放量（0.48 万~0.86 万 t/km²），第三级为中等单位面积生活污水排放量（0.86 万~1.16 万 t/km²），第四级为高单位面积生活污水排放量（1.16 万~1.44 万 t/km²），第五级为超高单位面积生活

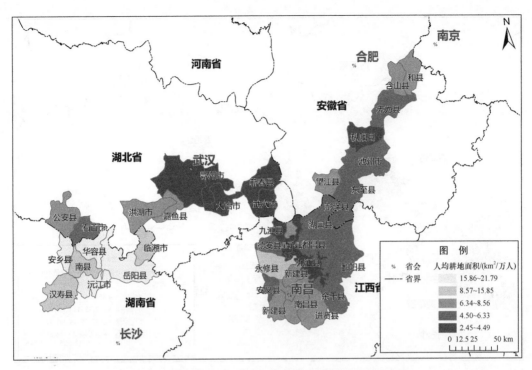

图 5-62　典型湿地生态系统类型区人均耕地面积分布图

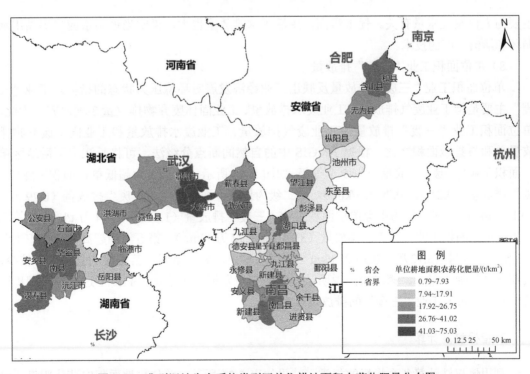

图 5-63　典型湿地生态系统类型区单位耕地面积农药化肥量分布图

污水排放量（1.44 万 ~2.98 万 t/km²）。研究区单位面积生活污水排放量较大的县（市）主要分布在东部，东部的县（市）经济发展较好，人口密度较大，而单位面积生活污水排放量

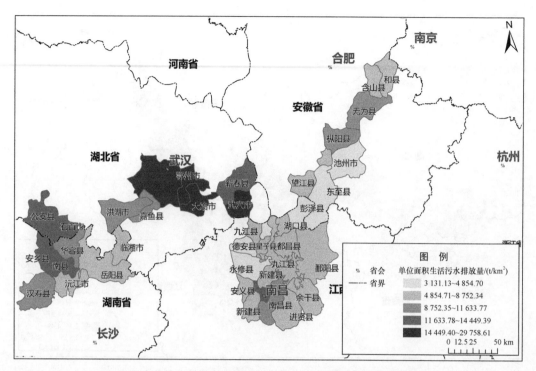

图 5-64 典型湿地生态系统类型区单位面积生活污水排放量分布图

主要与人口及耗水量有关。耗水量高，生活污水排放量也大，说明当地用水应当提高用水循环和清洁生产的技术。

8）单位面积工业"三废"排放量

单位面积工业"三废"排放量反映出工业经济发展对环境压力状态的指标。工业"三废"主要是指工业废气排放量、工业废水排放量、工业固体废弃物排放量 3 项内容。因此，单位面积工业"三废"排放量为工业废气排放量、工业废水排放量和工业固体废弃物排放量总和与县域面积之比。根据 ArcGIS 中的自然间断点分级法，可将长江中下游地区单位面积工业"三废"排放量分为 5 个等级，如图 5-65 所示。第一级为超低单位面积工业"三废"排放量（0.24 万 ~0.79 万 t/km²），第二级为低单位面积工业"三废"排放量（0.79 万 ~1.81 万 t/km²），第三级为中等单位面积工业"三废"排放量（1.81 万 ~3.14 万 t/km²），第四级为高单位面积工业"三废"排放量（3.14 万 ~5.72 万 t/km²），第五级为超高单位面积工业"三废"排放量（5.72万 ~10.36 万 t/km²）。可以看出，处于第四、第五级的县（市）较少，大部分都是处于第一、第二级，说明该地区的工业发展水平不是很高，不过在鄱阳湖周围的个别县（市）工业"三废"的排放量较大。

2. 指标权重计算

利用熵权法计算各个指标的权重，结果如表 5-36 所示：单位耕地面积农药化肥量、单位面积生活污水排放量、单位面积工业"三废"排放量和城市化率的权重较高。水耗指数、能耗指数和人口密度权重较低。又因为社会经济压力的两准则层分别为三维状态空间的两轴，所以两准则层的权重值各为 1。

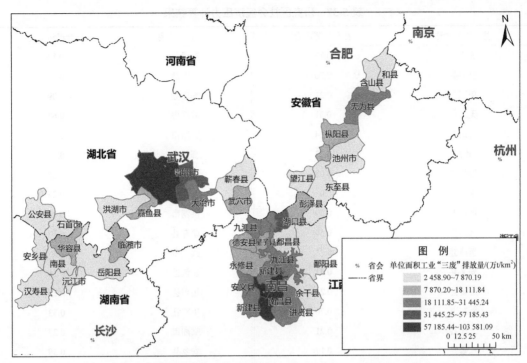

图 5-65 典型湿地生态系统类型区工业"三废"排放量分布图

表 5-36 社会经济压力评价指标

目标层	准则层	指标层	权重	排序
社会经济 压力	资源能源消耗对 生态环境压力	人口密度	0.14	5
		能耗指数	0.16	4
		水耗指数	0.20	3
		城市化率	0.26	1
		人均耕地面积	0.24	2
	环境污染排放对 生态环境压力	单位耕地面积农药化肥量	0.26	3
		单位面积生活污水排放量	0.28	2
		单位面积工业"三废"排放量	0.46	1

3. 社会经济压力指数分析

根据社会经济压力计算结果（表5-37）可看出，武汉市、南昌市＞洞庭湖湿地＞长江中游湿地区＞鄱阳湖东北部和长江下游部分地区。从图5-66中也可以看出，经济发展比较迅速的城市如武汉市和南昌市，社会经济压力明显高于其他城市。

从社会经济压力评价指标的空间分布图（图5-66）可以看出，武汉市、南昌市人口密度、水耗指数、城市化率、单位面积生活污水排放量和单位面积工业"三废"排放量都比较高，对生态环境产生的压力较大。

4. 主控因子分析

通过显著性水平检验（显著性水平为0.01和0.05）和相关性计算得出，水耗指数、人

表 5-37　研究区社会经济压力计算结果

县（市）名称	社会经济压力	县（市）名称	社会经济压力
安庆市	0.17	彭泽县	0.12
枞阳县	0.20	余干县	0.13
望江县	0.21	鄱阳县	0.09
无为县	0.31	武汉市	0.62
含山县	0.24	大冶市	0.49
和县	0.23	鄂州市	0.60
池州市	0.08	公安县	0.26
东至县	0.05	石首市	0.25
南昌市	0.59	洪湖市	0.22
南昌县	0.50	蕲春县	0.17
新建县	0.21	武穴市	0.33
安义县	0.31	嘉鱼县	0.28
进贤县	0.23	岳阳县	0.25
九江市	0.20	华容县	0.33
九江县	0.21	临湘市	0.27
永修县	0.17	安乡县	0.39
德安县	0.14	汉寿县	0.30
星子县	0.16	南县	0.33
都昌县	0.13	沅江市	0.25
湖口县	0.35		

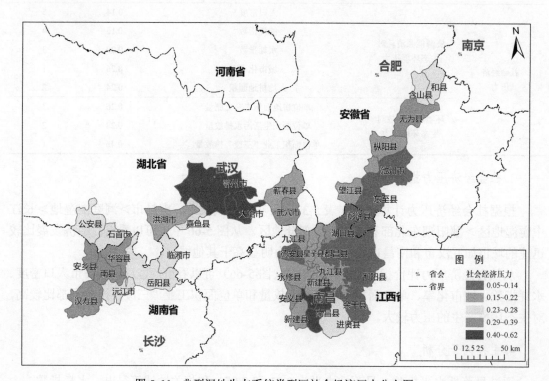

图 5-66　典型湿地生态系统类型区社会经济压力分布图

口密度及单位面积生活污水和工业"三废"排放量与社会经济压力 pearson 相关性较高，认为是社会经济压力的主控因子，如表 5-38 所示。

表 5-38　各指标与社会经济压力的 pearson 相关性

指标	显著性水平	与社会经济压力 pearson 相关性
人口密度	0.000	0.815
能耗指数	0.819	−0.038
水耗指数	0.000	0.884
城市化率	0.123	0.413
人均耕地面积	0.776	0.047
单位耕地面积农药化肥量	0.233	0.165
单位面积生活污水排放量	0.000	0.783
单位面积工业"三废"排放量	0.000	0.706

5.3.3.3　资源环境承载力现状分析

1. 资源环境承载力现状值

基于状态空间法的资源环境承载力评价结果如图 5-67 所示。

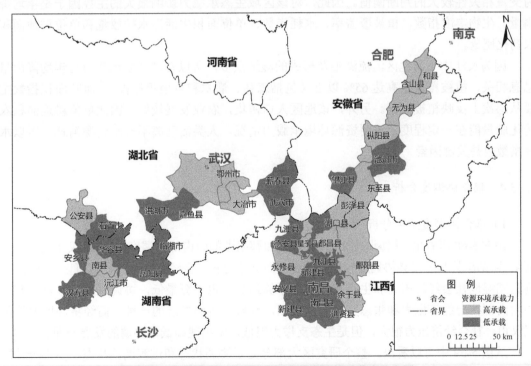

图 5-67　典型湿地生态系统类型区资源环境承载力分布图

2. 主控因子识别与分析

本研究采用典型相关分析法、相关分析法和方差分析法的综合分析方法。根据共线性分析，筛选的指标有年均降雨量、年均温、水源涵养量、叶面积指数、能耗指数、城市化指数、人均耕地面积和单位耕地面积农药化肥量，分析结果如表 5-39 所示。

表 5-39　主控因子分析表

指标	典型荷载（一）	典型荷载（二）	典型荷载（三）	典型荷载（四）
年均降雨量	0.663	0.531	0.136	0.164
年均温	0.359	-0.096	0.059	-0.654
植被覆盖率	0.643	0.145	-0.092	0.318
生物丰度指数	0.829	0.06	-0.097	0.367
叶面积指数	0.783	-0.119	-0.109	-0.027
水耗指数	-0.732	0.416	0.349	0.048
单位耕地面积农药化肥量	-0.63	-0.192	0.248	0.306
单位面积生活污水排放量	-0.841	0.200	-0.17	0.405
显著性水平 Sig.	0	0.011	0.258	0.628
典型相关系数	1	0.91	0.732	0.597

由于典型相关法采用 Sig. 指数小于 0.01 的单元组作为相关性分析的变量组，而对本研究区来说，满足条件的相关性分析组仅有一组，即典型荷载（一）组。如表 5-39 所示，统计学意义上一般采用相关系数大于某一值作为判断阈值，结合本研究区特点，采用 0.6 作为变量相关性较大的判断阈值。因此，对该区域生态承载力影响最大的主控因子是年均降雨量、生物丰度指数、植被覆盖率、水耗指数、单位面积生活污水排放量和单位耕地面积农药化肥量。

因为长江中下游地区河流湖泊及形成的湿地众多，所以资源环境承载力与年均降雨量息息相关，植被覆盖率高达 65% 以上（包括森林、灌木和草地等植被），而叶面积指数主要从层次上反映植被情况。另外，该地区人口密集，农业发展较好，因此单位耕地面积农药化肥量能在一定程度上说明资源环境承载力情况。人类活动离不开水资源消耗，所以水耗指数也是关键因素。

5.3.3.4　耦合协调度分析

1）耦合协调度结果分析

由图 5-68 可看出，从协调度来看，洞庭湖和鄱阳湖的西南部协调度较高，武汉市、洪湖市、鄱阳县、都昌县和公安县协调度较低。通过前面支撑力和社会经济压力的研究可以找到原因，洞庭湖湿地社会经济压力和生态支撑力都不算最高，也不算最低，协调程度比较好；鄱阳湖西南部社会经济压力和生态支撑力都很高，也属于协调发展的一种；而经济高度发达的武汉市，社会经济压力很大，但是生态支撑力很低，就出现高低不协调的发展局面。

从图 5-69 中可以看出，整个研究区大部分处于协调状态和过渡调整状态，少部分地区属于失调停滞状态。从空间上看，失调停滞区主要位于长江中下游干流地区。

2）原因分析

根据生态支撑力和社会经济压力主控因子的研究，NPP、生物丰度指数和水源涵养量是生态支撑力的主控因子，水耗指数、人口密度、单位面积生活污水和工业"三废"排放量是社会经济压力的主控因子，结合区域经济发展的特点，对研究区协调发展度结果进行分析。

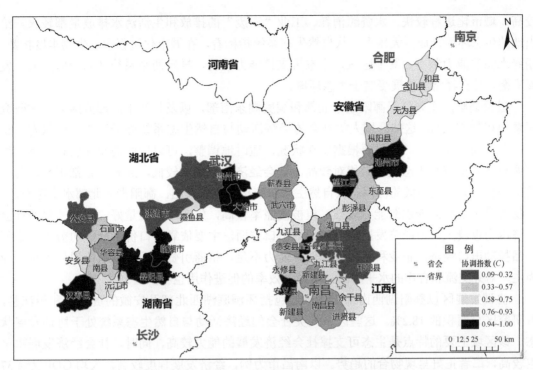

图 5-68 典型湿地生态系统类型区协调指数分布图

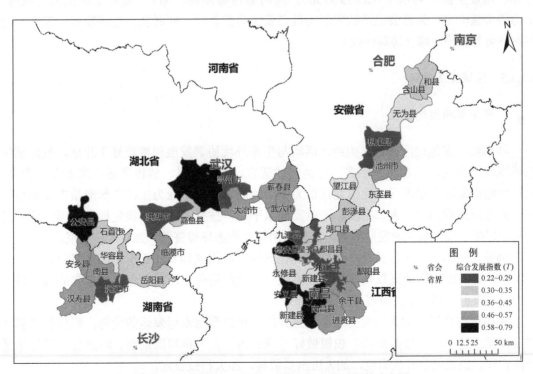

图 5-69 典型湿地生态系统类型区综合发展指数分布图

　　失调停滞区主要位于长江干流一带,包括武汉市、洪湖市和公安县等,占研究区总面积的28.6%。这些区域人类社会的经济活动与自然生态系统耦合处于失调停滞的状态,说明人类社会活动与生态系统二者矛盾冲突明显。从经济社会系统指标看,武汉市人口密度较高，城市化进程较快，水资源消耗、工业"三废"的排放和生活污水排放量都较大，给当地的生态环境造成巨大压力，从自然生态系统指标看，在城市化进程中，生物丰度指数、涵养水源的能力都不如其他区域，生态可支撑能力较弱，导致两个系统之间矛盾加剧，发展失衡，社会经济的发展受制于生态环境。

过渡调整区主要位于鄱阳湖东北部和洞庭湖东南部，以及长江下游部分地区，占研究区总面积的53.2%。这些区域人类社会的经济活动与自然生态系统处于过渡调整状态，说明二者之间存在矛盾，但只要根据现在状况，适时地调整，可以向协调发展状态过渡。过渡调整区的特点是生态支撑力相对较高，社会经济压力相对较低，或者二者都不高，总体看是一种发展程度较低的协调。从自然生态系统指标可以看出，鄱阳湖东北部水资源充足，生物丰度指数和涵养水源能力较强，植被覆盖率较高，生态环境质量好，能够承载的社会经济压力也较大。但经济发展程度较低，出口方面，主要依靠出口价格低廉的劳动密集型产品拉动出口经济，企业科技研发和创新能力不足，招商引资方面，以承接国外落后产业为主，对外交流和合作的水平不高，对经济效率的促进作用也不大。

协调发展区以鄱阳湖西南部为主，还包括环洞庭湖西北部及安徽的贵池市和望江县，占研究区总面积的18.2%。这些区域人类社会的经济活动与自然生态系统处于协调发展状态。该区域主要的特点是生态可支撑社会经济发展的能力较高，同时，社会经济发展水平也较高，二者正好呈现吻合的趋势。以南昌市为例，经济发展程度较高，人均GDP为4.37万元，超过全国平均水平（3.835万元），同时靠近鄱阳湖，NPP、涵养水源能力比较强，年均降雨量丰富，为社会经济的发展提供必要的自然基础，同时社会经济发展也配合当地生态环境的保护，综合协调性较高。

5.3.3.5 区域发展建议

1. 环鄱阳湖湿地地区

环鄱阳湖湿地地区南部人类经济活动与生态环境协调发展程度较好于北部，就区域生态环境现状来说，二者相差不多，都是气候适宜、水量充足、植被茂盛，生态支撑力高，但社会经济发展水平不同，北部九江市为中心地区以传统产业为主，南部南昌市及周边地区以先进制造业为主，人口密度、工业发展水平、科技投入等位于领先地位，因此鄱阳湖北部可以学习发达地区的发展模式，充分利用现有生态环境资源，加快经济发展水平。

调整产业结构，不断推动产业结构优化升级。鄱阳湖和长江有丰富的水资源、有色金属资源，鄱阳湖北部地区以传统制造业为主，产业结构落后，在有色金属丰富的地区可以大力推进有色金属产业的发展。

利用现有资源、加大开发力度。加强九江县可以利用水运发达的优势，积极做好临江产业开发，建立物流集散中心。积极做好与珠三角、长三角和闽东南、港澳台等发达地区经济合作，加大经济开放力度，加大进出口贸易，加大科技投入。

大力发展第三产业和高新技术产业。利用鄱阳湖生态经济区优秀资源开发旅游，增加当地人民收入。

虽然目前这些区域属于协调发展区，但也不意味着经济发展过程中不存在问题，因此需要进一步整合资源、大力发展经济的同时注重生态环境保护，特别是鄱阳湖地区的生态环境保护。

2. 环洞庭湖湿地地区

由于围湖造田和泥沙淤积，与鄱阳湖相比，洞庭湖年均降雨量较少、植被覆盖率低、土壤侵蚀严重（洞庭湖面积不断缩小、水土流失严重），总体生态支撑力不如鄱阳湖，但是人均耕地面积大、农药化肥施用量多、社会经济压力又高于鄱阳湖地区，耦合发展程度总体不如鄱阳湖，但西北部好于东南部。

洞庭湖部分地区协调发展度不高，主要是因为人类活动对生态环境产生的压力超过生态自身能够承受的能力，因此，为了保证洞庭湖地区社会经济和自然环境的可持续发展，需要加强对洞庭湖地区生态环境的保护，特别是东部地区，改变传统经济发展模式，主要做法如下所述。

注重洞庭湖湿地生态环境的保护。加强洞庭湖上游植被绿化建设，提高植被覆盖率、减少土壤侵蚀，湖区进一步落实退耕还湖等政策，尽量恢复湿地的生态结构和功能。

制定科学、合理的经济发展规划，经济发展必须以不破坏生态环境为前提。湖区周围是湖南重要的粮食生产区，严格控制农药化肥的使用和排放，造纸业、矿产业产生的废水、废渣等必须经过严格处理达标之后才能排放，对于超过要求的企业加强执法和惩罚力度，坚决控制新的污染源。

3. 长江干流湿地地区

长江中游地区如公安县、石首市、洪湖市、嘉鱼县和武汉市，生态 - 经济系统严重失调，社会经济发展受制于生态环境，因此生态环境的保护刻不容缓。这就要求政府必须把握好经济发展与环境保护之间的关系，尊重保护自然，促进人与自然的和谐。

控制人口增长和城市化进程。长江中游湿地区是我国经济发展的重点区域，借助良好的气候条件和地理优势，城市化进程加快，人口急剧增多，武汉市人口密度大，远远超出全国平均水平，人口过快增长，带来了环境恶化和资源短缺等一系列生态问题，因此，必须控制人口增长，从源头上减缓经济发展给生态环境带来的压力。

严格控制工业、农业废物的排放。长江中游一带是我国重要的工业基地，依托长江丰富的水资源，拥有完整的工业体系，在发展中，要求工业废水的排放必须达到国家要求，严格执行"三条红线"，施行最严格的水资源管理制度，改善水环境质量。科学、合理使用农药化肥，防止农药污染。

加大生态环境保护投入和力度，建立环境保护长效机制。人类社会的发展以生态环境为依托，经济发展中，必须高度重视环境保护，将环境治理纳入政府工作，大力发展环保产业和循环经济。

5.3.4 典型复合生态系统类型区

5.3.4.1 生态支撑力现状分析

1. 生态支撑力单指标现状分析

1）年均降雨量

由图 5-70 可知，祁连山地区总体年均降雨量在 500mm 以下，北方的嘉峪关市、酒泉市、

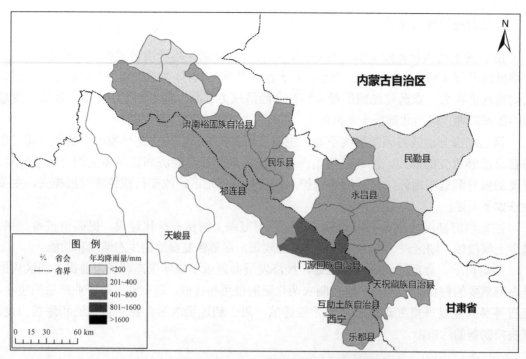

图 5-70　典型复合生态系统类型区年均降雨量分布图

张掖市、武威市、民勤县年均降雨量在 201.9mm 以下，气候非常干燥。永昌县、肃南裕固族自治县年均降雨量在 202.0~314.9mm，门源回族自治县、互助土族自治县、乐都县年均降雨量在 315.0~421.4mm。

2）平均海拔

研究区海拔在 1724.9m 以上，北方地区海拔相对南方地区低，南方肃南裕固族自治县、互助土族自治县、门源回族自治县的海拔在 2733.4m 以上，最高地方海拔可达 5180.7m，如图 5-71 所示。

3）叶面积指数

嘉峪关市、酒泉市、张掖市、永昌县、民勤县的叶面积指数在 $0.99~1.75m^2/m^2$，肃南裕固族自治县、武威市、乐都县、民乐县的叶面积指数在 $1.76~2.59m^2/m^2$；门源回族自治县、天祝藏族自治县、互助土族自治县的叶面积指数在 $2.60~3.34m^2/m^2$，详细情况见图 5-72。

4）景观破碎度

由图 5-73 可知，祁连山地区整体而言景观破碎度差异并不太明显，主要分布在 1.15~1.22，永昌县、民勤县的景观破碎度较大，在 1.19~1.22，西北的嘉峪关市，肃州区和东南部的互助土族自治县的景观破碎度最小，只有 1.15。

5）生物丰度指数

生物丰度指数是衡量生物多样性丰贫程度的指标，而生物多样性与生态结构存在着关系，影响着生态结构稳定发展。由图 5-74 可知，祁连山地区生物丰度指数变化范围从 6.3~100，北方地区嘉峪关市、酒泉市、张掖市、永昌县、民勤县的生物丰度指数较小，在 6.3~23.9；武威市、肃南裕固族自治县、乐都县的生物丰度指数在 24.0~64.5；门源回族自治县、

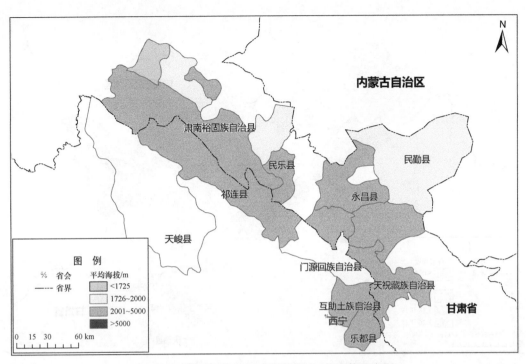

图 5-71　典型复合生态系统类型区平均海拔分布图

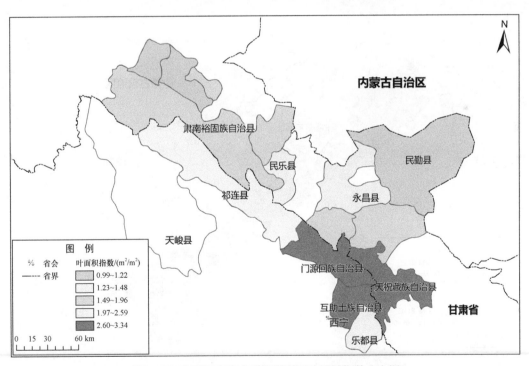

图 5-72　典型复合生态系统类型区叶面积指数分布图

互助土族自治县、天祝藏族自治县的生物丰度指数较大，在 64.6~100。

6）NPP

由图 5-75 可知，祁连山地区各县（市）NPP 值，可以看出北方地区嘉峪关市、酒泉市、

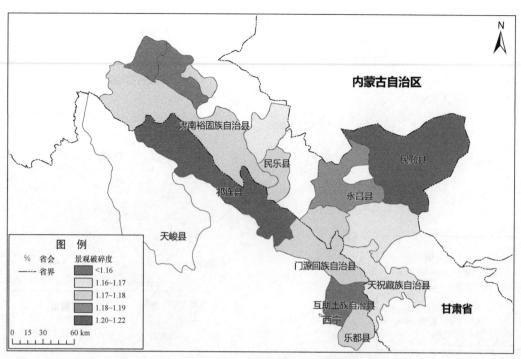

图 5-73　典型复合生态系统类型区景观破碎度分布图

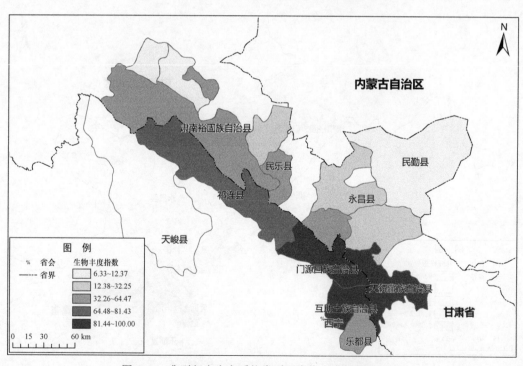

图 5-74　典型复合生态系统类型区生物丰度指数分布图

张掖市、武威市、民勤县的 NPP 值较小，在 306.6~376.5 g/（m²·a）；永昌县、肃南裕固族自治县、天祝藏族自治县、民乐县的 NPP 在 376.6~566.1g/（m²·a）；门源回族自治县、互助土族自治县及乐都县的 NPP 较大，在 566.2~732.3 g/（m²·a）。

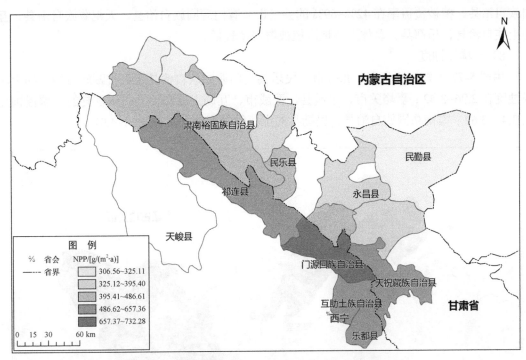

图 5-75　典型复合生态系统类型区 NPP 值分布图

7）植被覆盖率

由图 5-76 可知，祁连山地区植被覆盖率在 8%以下的县（市）有嘉峪关市、酒泉市、张掖市、永昌县、武威市和民勤县。植被覆盖率在 9%~41%的县（市）有民乐县、肃南裕

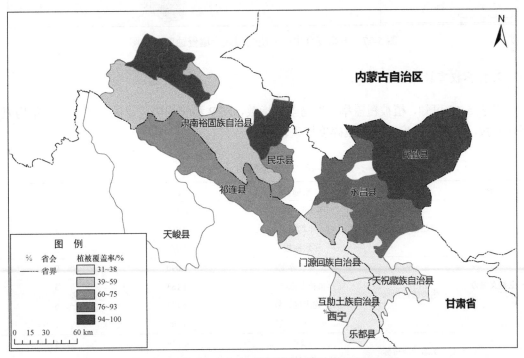

图 5-76　典型复合生态系统类型区植被覆盖率分布图

固族自治县。植被覆盖率在42%~69%的县（市）有门源回族自治县、天祝藏族自治县、互助土族自治县、乐都县。总体上该地区植被覆盖率较低。

8）土壤侵蚀度

由图5-77可知，酒泉市、张掖市、民乐县、门源回族自治县及天祝藏族自治县的土壤侵蚀度在2.96~3.42；嘉峪关市、永昌县、武威市、互助土族自治县、乐都县的土壤侵蚀度在3.43~3.67；肃南裕固族自治县、民勤县的土壤侵蚀度较大，在3.68~4.01。

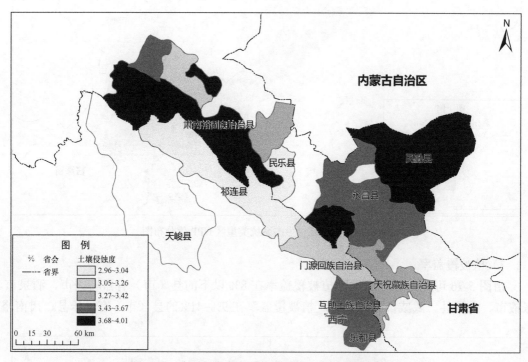

图5-77 典型复合生态系统类型区土壤侵蚀度分布图

2. 指标权重计算

从表5-40可知，植被覆盖率、生物丰度指数、NPP和年均降雨量的权重较高。年均温、平均海拔、土壤侵蚀度和景观破碎度权重较低。

表5-40 生态支撑力评价指标

目标	准则层	指标	权重	排序
生态支撑力	自然驱动指标	年均降雨量	0.143	4
		年均温	0.066	1
		平均海拔	0.064	2
	生态结构指标	景观破碎度	0.090	9
		植被覆盖率	0.183	3
		生物丰度指数	0.132	6
		叶面积指数	0.108	7
	生态功能指标	NPP	0.139	5
		土壤侵蚀度	0.075	8

3. 生态支撑力指数分析

由表 5-41 可知，生态支撑力总体排序是研究区的西北地区＜东南地区。

表 5-41　研究区生态支撑力计算结果

县（市）名称	生态支撑力
乐都县	0.6923
互助土族自治县	0.8172
门源回族自治县	0.8361
嘉峪关市	0.2000
天祝藏族自治县	0.7259
张掖市	0.3020
武威市	0.3296
民乐县	0.5137
民勤县	0.1646
永昌县	0.2552
肃南裕固族自治县	0.4107
酒泉市	0.2150

从图 5-78 各个指标的空间分布可以看出，乐都县和天祝藏族自治县年均降雨量丰富、植被覆盖率、生物丰度指数、涵养水源能力都较高，因此生态支撑力较高；中部地区生物丰度指数较高、土壤侵蚀严重，景观破碎度较低，生态支撑力居中；西北部地区景观破碎度和土壤侵蚀度较高，生物丰度指数和叶面积指数不高，生态支撑力较低。

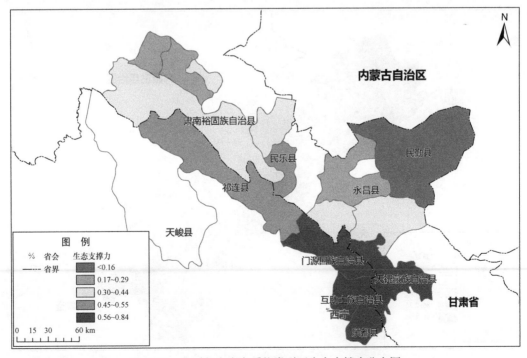

图 5-78　典型复合生态系统类型区生态支撑力分布图

在此说明，此处生态支撑力的高低仅相对研究区来说，不与全国生态区支撑力进行比较，社会经济压力也是如此。

4. 主控因子分析

通过显著性水平检验（显著性水平为 0.01 和 0.05）和相关性计算得出（表 5-42），生态支撑力与年均降雨量、平均海拔、植被覆盖率、生物丰度指数、叶面积指数、NPP 在 0.01 水平上呈显著正相关，与年均温在 0.01 水平上呈显著负相关，认为是生态支撑力的主控因子，在其他条件相同的情况下，植物生长越好、生物丰度指数越高，土壤涵养水源能力越强，则生态支撑力就越高。

表 5-42　各指标与生态支撑力 pearson 相关性

指标	显著性水平	与生态支撑力 pearson 相关性
年均降雨量	0.01	0.973
植被覆盖率	0.01	0.959
叶面积指数	0.01	0.943
NPP	0.01	0.975
生物丰度指数	0.01	0.979
平均海拔	0.01	0.734

5.3.4.2　社会经济压力现状分析

1. 社会经济压力单指标现状分析

1）耕地压力指数

由图 5-79 所示，民勤县、民乐县、永昌县、互助土族自治县的耕地压力指数较小，在

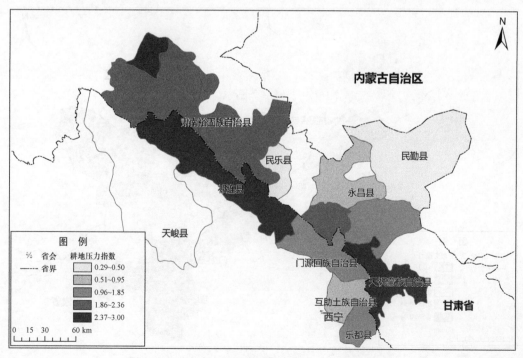

图 5-79　典型复合生态系统类型区耕地压力指数分布图

0.29~0.95；酒泉市、肃南裕固族自治县、张掖市、武威市、门源回族自治县的耕地压力指数在0.96~2.36；嘉峪关市、天祝藏族自治县的耕地压力指数最大，在2.37~3.00。

2）载畜量指数

载畜量指数，是主要反映单位草场面积承载的畜牧量，是一个草场利用效率指标。该指标说明一个国家经济活动中对草场的利用程度，反映经济结构和草场利用效率的变化。由图5-80可知，嘉峪关市、酒泉市、张掖市、永昌县、民勤县、武威市的载畜量指数较小，在0.05头/km^{2}以下；民乐县、肃南裕固族自治县、门源回族自治县、互助土族自治县、天祝藏族自治县的载畜量指数在0.06~0.28头/km^2；乐都县的载畜量指数为0.46头/km^2。由图5-80可知，载畜量指数较大的县（市）分布在研究区的西南部，整体来看东北部载畜量指数要小于西南部各个县（市）。

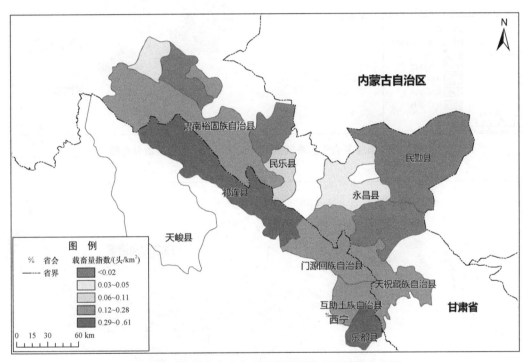

图5-80　典型复合生态系统类型区载畜量指数分布图

3）森林年均采伐量指数

森林年均采伐量指数是表征经济发展与森林资源消耗压力关系的正向指标，即采伐量指数越大压力越大。由图5-81可知，嘉峪关市、酒泉市、张掖市、永昌县、民勤县、武威市的森林采伐量指数在0.07m^3/a以下；肃南裕固族自治县、民乐县、互助土族自治县、乐都县的森林采伐量指数在0.08~0.35m^3/a；门源回族自治县、天祝藏族自治县的森林采伐量指数在0.36~0.41m^3/a。

4）万元GDP能源消费总量

门源回族自治县、肃南裕固族自治县、民乐县、民勤县、天祝藏族自治县、乐都县的单位产值能源消费总量较小，在41.1万t/万元以下；永昌县、互助土族自治县、张掖市、武威市的能源消费总量在41.2万~273.2万t/万元；嘉峪关市、酒泉市的能源消费总量在273.3万~627.3万t/万元。由图5-82可看出，研究区北部区域能源消耗总量较大。

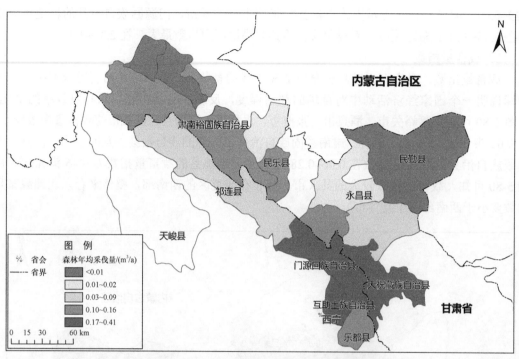

图 5-81　典型复合生态系统类型区森林年均采伐量指数分布图

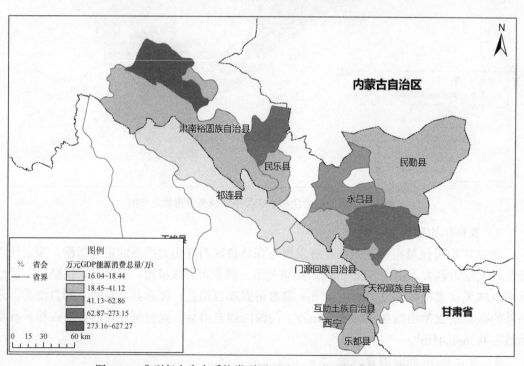

图 5-82　典型复合生态系统类型区万元 GDP 能源消费总量分布图

5）单位耕地面积农药化肥量

单位耕地面积农药化肥量可反映农业发展过程中对生态环境污染的状态指标。因为，过量施用不仅会降低农产品的品质，还会给生态环境尤其是水环境带来极大的危害，弱化农业可持续发展能力。因此，通过农药化肥量与耕地面积的比值可计算出单位耕地面积农药化肥量。根据 ArcGIS 中的自然间断点分级法，可将祁连山地区单位耕地面积农药化肥量分为 5 个等级，嘉峪关市、永昌县、门源回族自治县、天祝藏族自治县、互助土族自治县、乐都县的农药化肥施用量较小，在 0.2~1.4t/km² ；肃南裕固族自治县、民勤县、酒泉市、张掖市、民乐县的农药化肥施用量在 1.5~8.1t/km² ；武威市的农药化肥施用量为 15.6t/km²（图 5-83）。

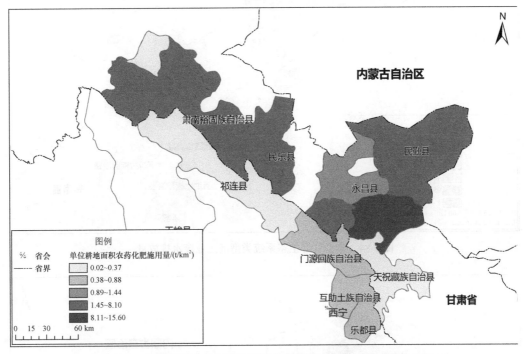

图 5-83　典型复合生态系统类型区单位耕地面积农药化肥量分布图

6）工业废水排放量

嘉峪关市、酒泉市、永昌县、武威市、乐都县的工业废水排放量较小，在 64.86 万 ~144.59 万 t；肃南裕固族自治县、民乐县、民勤县、门源回族自治县的工业废水排放量在 144.60 万 ~987.00 万 t；张掖市的工业废水排放量最大，为 2566.04 万 t，具体如图 5-84 所示。

7）工业烟尘排放量

嘉峪关市、酒泉市、永昌县、武威市、互助土族自治县、乐都县的工业烟尘排放量较小，在 288.67~1199.05t；肃南裕固族自治县、民勤县、门源回族自治县、天祝藏族自治县为 1199.06~3208.00t；张掖市、民乐县的工业烟尘排放量在 3208.01~8092.00t，详情见图 5-85。

2. 指标权重计算

利用熵权法计算各个指标的权重，结果如表 5-43 所示：工业废水排放量、工业烟尘排放量和万元 GDP 能源消费总量的权重较高。耕地压力指数和单位面积载畜量权重较低。又因为社会经济压力的两准则层分别为三维状态空间的两轴，所以两准则层的权重值各为 1。

3. 社会经济压力指数分析

根据社会经济压力计算结果（表 5-44）可看出，西北地区＞中部地区＞东北部地区。

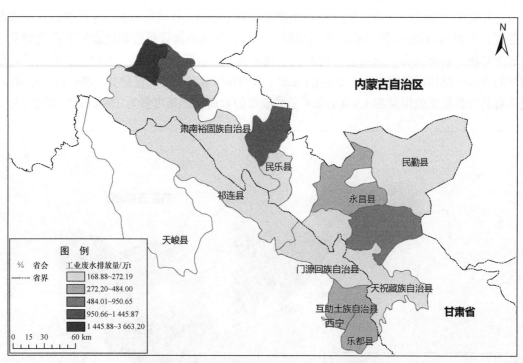

图 5-84　典型复合生态系统类型区工业废水排放量

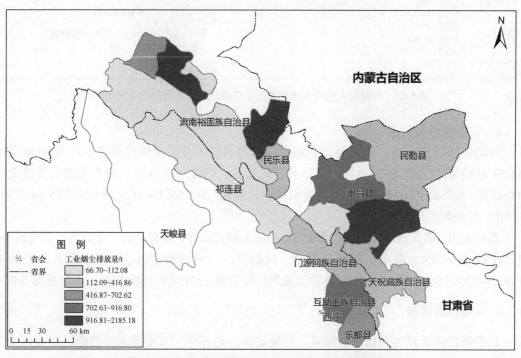

图 5-85　典型复合生态系统类型区工业烟尘排放量

从图 5-86 中也可以看出，经济发展较迅速的城市如嘉峪关市和凉州区，社会经济压力明显高于其他城市。

从社会经济压力评价指标的空间分布图（图 5-86）可以看出，民勤县、民乐县、永昌

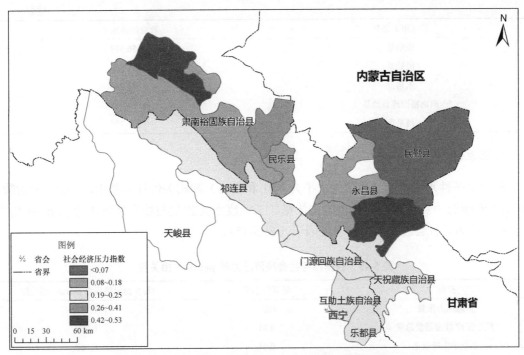

图 5-86　典型复合生态系统类型区社会经济压力指数分布图

县的社会经济压力极低，指数值在 0.16 以下；肃南裕固族自治县、张掖市、酒泉市、门源回族自治县、武威市、天祝藏族自治县、互助土族自治县、乐都县的社会经济压力在 0.16~0.41，社会经济压力较低；嘉峪关市的社会经济压力值较大，为 0.53。

表 5-43　社会经济压力评价指标

目标	准则层	指标	权重	排序
社会经济压力	资源能源消耗对生态环境压力	耕地压力指数	0.108	4
		单位面积载畜量	0.243	3
		森林采伐量	0.273	2
		万元 GDP 能源消费总量	0.376	1
	环境污染排放对生态环境压力	单位面积农用化肥施用量	0.264	3
		工业烟尘排放量	0.315	2
		工业废水排放量	0.421	1

表 5-44　研究区社会经济压力计算结果

县（市）名称	社会经济压力
乐都县	0.229 522
互助土族自治县	0.248 864
门源回族自治县	0.244 716
嘉峪关市	0.559 035
天祝藏族自治县	0.260 611
张掖市	0.411 406
武威市	0.369 437

县（市）名称	社会经济压力
民乐县	0.156 679
民勤县	0.051 966
永昌县	0.094 916
肃南裕固族自治县	0.215 218
酒泉市	0.407 776

4. 主控因子分析

通过显著性水平检验（显著性水平为 0.01 和 0.05）和相关性计算得出，耕地压力指数、万元 GDP 能源消费总量、工业烟尘排放量、工业废水排放量与社会经济压力 pearson 相关性较高，认为是社会经济压力的主控因子（表 5-45）。

表 5-45　各指标与社会经济压力的 pearson 相关性

指标	显著性水平	与社会经济压力 pearson 相关性
耕地压力指数	0.01	0.764
万元 GDP 能源消费总量	0.01	0.778
工业烟尘排放量	0.01	0.800
工业废水排放量	0.01	0.842

5.3.4.3　资源环境承载力现状分析

1. 资源环境承载力现状值

基于状态空间法的资源环境承载力评价结果如图 5-87 所示。

2. 主控因子识别与分析

本研究采用典型相关分析法、相关分析法和方差分析法的综合分析方法。根据共线性分析，筛选的指标有年均降雨量、生物丰度指数、工业烟尘排放量和能源消耗总量。分析结果如表 5-46 所示。

由于典型相关法采用 Sig. 指数小于 0.01 的单元组作为相关性分析的变量组，而对本研究区来说，满足条件的相关性分析组仅有 3 组。如表 5-46 所示，统计学意义上一般采用相关系数大于某一值作为判断阈值，结合本研究区特点，采用 0.8 作为变量相关性较大的判断阈值。因此，对该区域生态承载力影响最大的主控因子是年均降雨量、生物丰度指数、工业烟尘排放量和能源消耗总量。

因为祁连山地区复合类型众多，所以资源环境承载力与年均降雨量息息相关，植被覆盖率高（包括森林、灌木和草地等植被），而生物丰度指数主要从植被种类上反映植被情况。另外，该地区人口密集，工业发展较好，因此工业烟尘排放量能在一定程度上说明资源环境承载力情况，人类活动离不开能源消耗总量，所以能源消耗总量也是关键因素。

5.3.4.4　耦合协调度分析

如图 5-88 可看出，从协调度来看，西南部较高，包括肃南裕固族自治县、祁连县、门

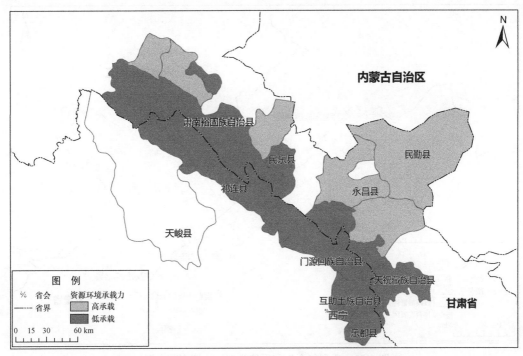

图 5-87　典型复合生态系统类型区资源环境承载力分布图

源回族自治县、凉州区、乐都县和永昌市的协调度都较高。通过前面支撑力和社会经济压力的研究可以找到原因,祁连山复合区社会经济压力及生态支撑力都不算最高,也不算最低,协调程度比较好;东北部的民勤县,西北部的嘉峪关市、肃州区等协调度低,属于失调停滞区。

表 5-46　主控因子分析表

指标	典型荷载(一)	典型荷载(二)	典型荷载(三)	典型荷载(四)
年均降雨量	0.863	0.531	0.136	0.164
年均温	0.309	−0.096	0.059	−0.654
植被覆盖率	0.063	0.145	−0.092	0.318
生物丰度指数	0.829	0.060	−0.097	0.667
植被覆盖率	0.609	0.059	0.214	0.564
NPP	0.347	0.762	0.469	0.576
叶面积指数	0.783	−0.119	−0.109	−0.027
耕地压力指数	0.532	0.416	0.849	0.048
单位面积载畜量	0.057	0.369	0.653	0.734
工业烟尘排放量	0.263	0.892	0.248	0.306
万元 GDP 能源消耗总量	0.808	0.045	0.367	0.379
工业废水排放量	0.241	0.200	−0.17	0.405
显著性水平 Sig.	0.01	0.01	0.01	0.05
典型相关系数	1	0.91	0.732	0.797

表 5-47 为协调度发展评价分级表,供参考。

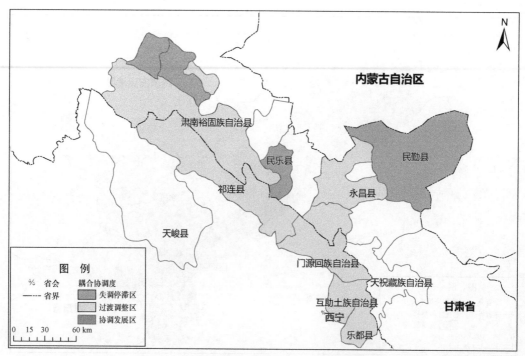

图 5-88　典型复合生态系统类型区协调度分布图

表 5-47　耦合协调发展度评价分级

协调发展区 $1.0 \geqslant D \geqslant 0.59$			过渡调整区 $0.59 \geqslant D \geqslant 0.4$			失调停滞区 $0.4 \geqslant D \geqslant 0$		
0.9~1	0.89~0.8	0.79~0.7	0.69~0.6	0.59~0.5	0.49~0.4	0.39~0.3	0.29~0.2	0.19~0
优质协调	良好协调	中级协调	初级协调	微度失调	轻度失调	中度失调	严重失调	极度失调

5.3.4.5　对策建议

1）以流域为单位，加强水资源统筹利用规划与管理

以流域为单位，在摸清流域范围内自然地理和社会经济发展状况的基础上，合理分配水资源，合理进行水利工程布局和确定建设步骤。应对流域水工程设计统一规划布置，依照各区域水资源特点和需水规律进行合理规划，合塘并库，减少水的蒸发、渗漏损失，增加可供利用的水资源量（王根绪等，2002）。

2）按区域进行综合防治

黄河流域防治区。甘肃省黄河流域的陇东黄土高原区和陇中黄土丘陵区。①陇东黄土高原区塬面侵蚀较轻，沟蚀严重，沟壑密度 2km/km²，塬边沟头溯源侵蚀强烈，沟壁泻溜、崩塌、滑坡等重力侵蚀活跃，塬面不断遭到蚕食，防治措施以兴修条田、梯田、坝地为中心，建立以流域为单元，工程措施和植物措施相结合的综合防治体系（颉耀文等，1999）。②陇中黄土丘陵区以面蚀、沟蚀为主，其次是坡耕地细沟和荒坡。

3）根据生态原则，合理开发利用土地资源，开发生态旅游

土地资源的开发利用应遵循生态规律，应以生态系统健康发展为原则。以水定地，合理规划土地资源利用配置。干旱内陆河流域地区土地利用在很大程度上取决于水，土地生

产潜力必须依水分保障才能发挥。

4）实施水源林保护工程，优化种植业结构与畜牧结构，加大造林和退耕还林还草力度

实施水源林保护工程，主要是通过封山育林，禁止对禁伐区一切采伐，大力开展生态公益林建设，保护现有森林资源、缓解水源林生态系统恶化的现状，逐步恢复生态系统的基本平衡。

5）调整产业结构发展模式

过多的劳动力数量、低下的劳动力素质造成的社区人口压力可以通过劳动力转移的方式加以解决，而要实现劳动力的转移，水是河西走廊生态环境建设与区域可持续发展的关键因素，以流域为单元，进行水资源统筹利用规划与管理，统筹兼顾不同区域经济发展与生态环境建设对水的需求，应是区域生态环境保护的基础；从维护流域生态功能和促进人地和谐的目的出发，进行流域整体的生态环境建设规划，以提高区域整体的可持续发展能力。

6 全国重要生态功能区资源环境承载力现状分析

6.1 五大生态型的划定

本章主要研究生态系统的内在性和外部性。由图 4-1 可知，内在性主要体现生态系统的内部结构特征和功能作用，而外部性主要通过人类活动对生态系统干扰的响应来反映。不同区域的生态系统由于生境条件和社会经济发展程度的差异，导致其资源环境承载力本底值也不尽相同。如果全国制定一个水平来评价资源环境承载力的话，那么会掩盖实际水平；如果 23 个重要生态功能区按照各自标准进行资源环境承载力评价的话，那么因标准各异而没有可比性。因此，五大区划分需分别从自然因素和社会因素来考虑，将相似资源环境承载力本底值的重要生态功能区划分到一个大区内。

6.1.1 自然因素

由于决定生态系统生存条件的生态因子主要是光因子、温度因子、水因子和土壤因子，而这些生态因子与气候分布特征密切相关，因此五大区的自然因素可按照中国气候分布特征进行划分。根据中国气候分布，可分为温带季风气候、温带大陆性气候、高原山地气候、亚热带季风气候和热带季风气候。温带季风气候主要分布在中国东部秦岭 - 淮河以北，以及温带半干旱区和干旱区以东地区，包括中国东北和华北。该地区年均降雨量 500~1000mm，最热月平均温度 13~23℃，最冷月平均温度约 –6℃，典型植被为温带落叶阔叶林带。温带大陆性气候主要分布在中国西北部，年均降雨量在 200mm 以上、400mm 以下，南部温度 26~27℃，北部接近 20℃。自然植被由南向北，从温带荒漠、温带草地，过渡到亚寒带针叶林。高原山地气候主要分布在中国青藏高原，年均降雨量在 200mm 以下，年均温小于 4℃。亚热带季风气候带主要分布在中国东部秦岭 - 淮河以南、热带季风气候型以北地带，年均降雨量一般在 1000mm 以上，年平均气温介于 13~20℃，植被覆盖主要是亚热带常绿阔叶林。热带季风气候主要分布在中国台湾南部、广东南部、广西南部、海南岛和云南西双版纳，年均降雨量为 1500~2500mm，全年气温在 16~35℃。

6.1.2 经济因素

五大区的经济因素根据国家统计局 2011 年 6 月 13 日的划分文件进行划分。为科学反映我国不同区域的社会经济发展状况，为党中央、国务院制定区域发展政策提供依据，根据《中共中央、国务院关于促进中部地区崛起的若干意见》、《关于西部大开发若干政策措施的实施意见》及中国共产党第十六次全国代表大会报告的精神，将我国的经济区域划分为东部、中部、西部和东北部四大地区。东部包括北京、天津、河北、上海、江苏、浙江、福建、山东、广东和海南。中部包括山西、安徽、江西、河南、湖北和湖南。西部包括内蒙古、广西、重庆、四川、贵州、云南、西藏、陕西、甘肃、青海、宁夏和新疆。东北部包括辽宁、吉林和黑龙江。

6.1.3 划定方法与结果

通过 GIS 技术将自然因素和社会因素区划图与 23 个重要生态功能区分布图进行叠加分析。以单个重要生态功能区完整性为原则，再与"全国资源环境承载力调查与国土资源综合监测"项目的全国资源环境综合分区接轨，可分为全国重要生态功能区五大区（图 6-1，彩图附后）：北方温带季风气候生态区（Ⅰ区，简称北方生态区）、西北温带大陆气候生态区（Ⅱ区，简称西北生态区）、青藏高原山地气候生态区（Ⅲ区，简称青藏高原生态区）、西南山盆地亚热带季风气候生态区（Ⅳ区，简称西南生态区）和东南热带亚热带季风气候生态区（Ⅴ区，简称东南生态区）。

具体分区情况见表 6-1 所示。

表 6-1　全国重要生态功能区五大区

五大区名称	生态区名称
Ⅰ区（灰色） 北方温带季风气候生态区	大小兴安岭生物多样性保护重要区（1 区）
	东北三省国界线生物多样性保护重要区（3 区）
	黄土高原水土保持重要区（6 区）
	华北水源涵养重要区（4 区）
	太行山山脉水土保持重要区（5 区）
Ⅱ区（土黄色） 西北温带大陆气候生态区	内蒙古东部草地防风固沙重要区（2 区）
	西北防风固沙重要区（7 区）
	新疆北部水源涵养及生物多样性保护重要区（8 区）
	祁连山地水源涵养重要区（9 区）
Ⅲ区（绿色） 青藏高原山地气候生态区	羌塘生物多样性保护重要区（10 区）
	藏南生物多样性保护重要区（11 区）
	青藏高原水源涵养重要区（12 区）
Ⅳ区（红褐色） 西南山盆地亚热带季风气候生态区	川贵滇水土保持重要区（13 区）
	川滇生物多样性保护重要区（14 区）
	秦巴山地水源涵养重要区（15 区）
	桂西南生物多样性保护重要区（22 区）
Ⅴ区（蓝色） 东南热带亚热带季风气候生态区	豫鄂皖交界山地水源涵养重要区（16 区）
	长江中下游生物多样性保护重要区（17 区）
	南岭地区水源涵养重要区（18 区）
	淮河中下游湿地生物多样性保护重要区（19 区）
	武陵山区生物多样性保护重要区（20 区）
	浙闽赣交界山地生物多样性保护重要区（21 区）
	海南岛中部山地生物多样性保护重要区（23 区）

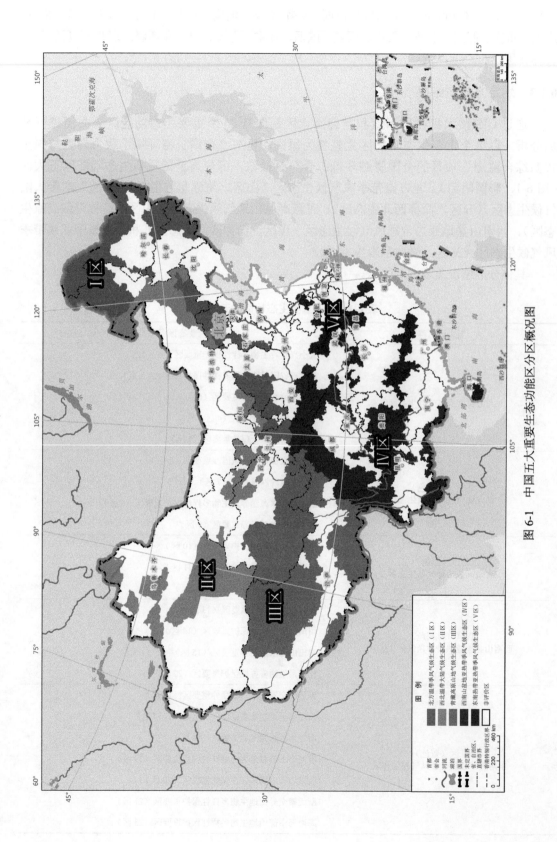

图 6-1 中国五大重要生态功能区分区概况图

6.2 研究区概况

6.2.1 自然资源禀赋状况

6.2.1.1 北方温带季风气候生态区

1. 区域位置与范围

北方温带季风气候生态区（简称北方生态区）主要包括黑龙江省、吉林省、辽宁省、山西省、河北省、陕西省、宁夏回族自治区、甘肃省及北京市 9 个省（直辖市）共 159 个县。地理范围为 28°~59°N，103°~135°E，总面积达 32.3 万 km²。该区西起黄土高原经过太行山地区、北京市和河北省的水源地的涵养区、长白山地区、粮食主产区到大小兴安岭，如图 6-2 所示。

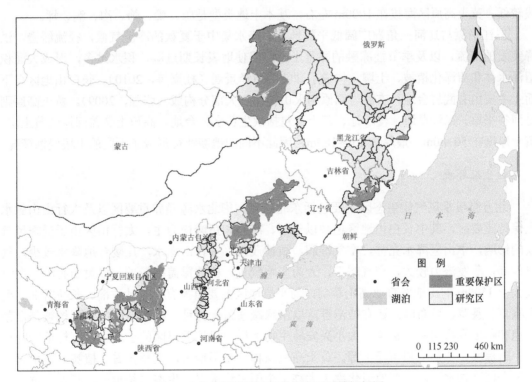

图 6-2 北方温带季风气候生态区区域概括图

2. 气候

研究区属于温带季风气候，不过由于研究区纬度跨度较大，受其影响该区气候空间差异性较大，其中大小兴安岭、华北水源涵养区、三江平原及长白山地区属温带半湿润的季风气候，年均降雨量 650mm 左右，大多降雨在 6 月、7 月和 8 月，年均温 5.5℃ 左右；而太行山地区属暖温带大陆季风气候，四季分明，春旱多风、夏热多雨、秋凉气爽、冬寒少雪，年日照时数为 2600~2800h，年均温在 10~14℃；而黄土高原地区则属于温带半干旱的季风气候区，年均降雨量300mm左右，年均温在8℃左右。

3. 地质地貌

研究区内地貌种类较多，主要包括平原、山地两种类型，三江平原与辽河三角洲广阔低平的地貌，而长白山和太行山地形以山地为主，长白山是一个年轻的、典型的火山地貌区域。长白山国家级自然保护区是以长白山中心火山锥体、山麓倾斜熔岩高原和熔岩台地三大地貌单元，大致围绕火山中心，呈同心环状分布（刘永平等，2007）；太行山区呈东北 - 西南走向，北部海拔相对较高，南部较低，绵延数百千米。它是中国地形第二阶梯的东缘，也是黄土高原的东部界线。太行山脉的地质基地是复式单斜褶皱。大兴安岭属于海西褶皱带，燕山运动中又发生强烈活动，有大量的花岗岩侵入及斑岩、安山岩、粗面岩与玄武岩喷出（周振宝，2006）。大兴安岭主脉呈北北东 - 南南西走向，另在北部有一支脉被称为伊勒呼里山，呈西西北 - 东东南走向（杜建华，2004）。北方生态区西部较高，东部较低，主要是西部大兴安岭森林区海拔较高，东部的黑龙江省、吉林省多以农牧交错带或农耕田为主，因此海拔较低。黄土高原区海拔在1000m左右，基本土地类型是塬、梁、峁、沟、涧、坪。

三江平原与辽河三角洲广阔低平的地貌，降水集中于夏秋的冷湿气候，径流缓慢，洪峰突发的河流，以及季节性冻融的黏重土质，促使地表长期过湿，积水过多，形成大面积沼泽水体和沼泽化植被、土壤，构成了独特的沼泽景观（杜嘉等，2010）。长白山地区自下而上主要由玄武岩台地、玄武岩高原和火山锥体三大部分构成（张强，2009）。黄土高原则是河谷平原、风沙草滩、覆沙地、黄土（包括次生黄土）台地。高原上覆盖深厚的黄土层，黄土厚度在50~80m，最厚达150~180m，因此不同的地貌特征形成了不同的土壤侵蚀情况。

4. 生态环境

北方温带季风气候生态区主要包括东北三省、华北水源涵养重要区以及太行山山脉水土保持重要区，其中长白山地区植被以云杉、冷杉和鱼鳞松为主，太行山区由于受季风气候的影响，中山区降水充沛，空气湿润，植被茂密，多青山绿水，丘陵台地降水较少，气温偏高，蒸发潜力较大，空气暖干，人为影响较重，植被覆盖率较差，多黄山秃岭。在海拔大于1500m的山地发育亚高山草甸。而平原地区主要植被有大宽叶香蒲、长苞香蒲、毛果薹草、薹草、罗布麻。还有盐沼群落以灰绿碱蓬为优势种。毗邻地区的主要植被是白茅草地和稻田及柳树和白杨树。大小兴安岭生物多样性保护重要区的土壤主要有棕色针叶林土、暗棕壤、草甸土和沼泽土等。黄土高原森林分布不均匀，从整体看，植被覆盖率大大低于全国平均水平，而草地退化率大大高于全国平均水平。生态系统单一，脆弱，抗干扰能力低。由于地势起伏大，千沟万壑，支离破碎，土地类型空间分布极不均匀，地表侵蚀严重、土壤瘠薄、肥力低下，土地生产力水平较低，生态环境十分脆弱，气候干旱，雨量稀少，河水暴涨暴落，泥沙含量大，水土流失严重，多数地区尚未脱贫，抗灾能力不强。

6.2.1.2　西北温带大陆气候生态区

1. 区域位置与范围

西北温带大陆气候生态区（简称西北生态区）主要分布在40°~60°N。由于远离海洋，湿润气团难以到达内陆，因而干燥少雨，气候呈极端大陆性，气温年、月较差为各气候类型之最。由靠海向内陆依次呈现温带森林、温带森林草地、温带草地、温带半荒漠、温带荒漠。气候特征是：冬冷夏热，年温差大，降水集中、四季分明，年均降雨量较少，大陆性强。西北温带大陆气候主要分布在36°~56.5°N和82°~131.5°E的西北内陆地区与内蒙古东部草地到大兴安岭沿线的狭长区域。区域面积约128.7万km²，包括新疆、青海、甘肃、内蒙古、陕西、黑龙江等在内的10个省（自治区、直辖市）的132个县，区域位置如图6-3所示。

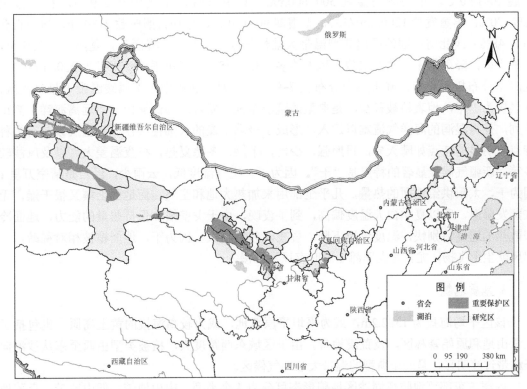

图6-3　西北温带大陆气候生态区区域概况图

2. 气候

　　该区属温带大陆性气候，年均降雨量为368mm，年平均温度为6.47℃，区域湿度整体偏干，由于远离海洋，湿润气团难以到达内陆，因而干燥少雨，气候呈极端大陆性，气温年、月较差为各气候类型之最。冬季在大陆性气候控制下，最冷月的平均气温，区域南部为0℃以下，北部接近–40℃。最热月的平均气温，南部26~27℃，北部接近20℃。生长季区域南部约200天，北部仅50~70天。冬季严寒，受高压控制，绝对最低温可达–70℃；夏季普遍升温，绝对最高温可达40℃，最大年较差达62.3℃，终年受大陆气团控制。

　　内蒙古东部草地地区具有复杂多样的形态，其有年均降雨量少而不匀、风大、寒暑变化剧烈的特点。总的特点是春季气温骤升，多大风天气，夏季短促而炎热，降水集中，秋季气温剧降，霜冻往往早来，冬季漫长严寒，多寒潮天气（张宏斌，2007）。全年太阳辐射量从东北向西南递增，年均降雨量由东北向西南递减。年平均气温为0~8℃，气温年差平均在34~36℃，日差平均为6~12℃。年均降雨量不足400mm。蒸发量大部分地区都高于 1200mm。区域内日照充足，光能资源非常丰富，大部分地区年日照时数都大于 2700h。全年大风日数平均在 10~40 天，70% 发生在春季。沙暴日数大部分地区为 5~20 天（张宏斌，2007）；祁连山区域内自然气候条件复杂、水热条件差异大，植被的分布具有明显的水平差异和垂直梯度变化。位于海拔 2300~3800m 的水源涵养林是祁连山最主要的植被分布区，跨祁连山 3 个植被气候带。该区属大陆性高寒半干旱气候，年平均气温 –0.6~2.0℃，极端最高气温 28.0℃，极端最低气温 –36.0℃，≥ 10.0℃年积温 200~1130℃，7 月平均气温 10~14.0℃。年均降雨量在 300~600mm，其中 60% 以上集中在 6~9 月，相对湿度 50%~70%，年蒸发量 1200mm 左右，无霜期 90~120 天，年均日照时数 2130.5h，日照百分率为 48%；西北防风固沙区属典型温带大陆性气候：冬寒长，春暖迟，夏热短，秋凉早，干旱少雨，降雨集中，蒸发强烈，风大沙多，日照充足。多年平均降雨量为 280mm 左右，且时空分布极不平衡，降水集中分布在 7~9 月 3 个月。新疆中东部属暖温带干旱气候区，气候极为干旱，地表植被稀少，是典型的荒漠草地；新疆北部深居内陆，远离海洋，高山环列，使得湿润的海洋气流难以进入，形成了极端干燥的大陆性气候。新疆气候具有多种特点，明显的特点如晴天多，日照强，少雨，干燥，冬寒夏热，昼夜温差大，以及风沙较多等。新疆气候最显著的特点是"干"。因为干，空气湿度低，云雨少，经常是晴空万里；因为干，太阳供给地面的热量，几乎全部用来加热大地和空气，而地面土壤又很干燥，无法蒸发降温，所以夏季白天温度偏高，到了夜晚，由于戈壁缺少保持热量的能力，地面冷却散热的速度特别快，温度迅速下降，昼夜温差特别大；因为干，地面植被相对稀疏，一起风就尘土飞扬，尤其是戈壁滩上时时有风沙弥漫。

3. 地质地貌

该区平均海拔为 1382.2m，或为平坦平原草地，或为较高海拔的黄土高原，也包括了大量山地和原始森林区，及荒漠地带。由于区域东西跨度大，植被类型由西至东从沙漠向森林带过渡明显，是一个典型的温带大陆性气候区。

内蒙古东部草地防风固沙区地貌形态可分为 4 个类型：中山地带、低山地带、丘陵地带和平原地带。中山地带处在兴安盟的西北部。低山和丘陵地带占据了兴安盟的大部地区。通辽市地处松辽平原西端，属于蒙古高原递降到低山丘陵和倾斜冲积平原地带。北部山区属于大兴安岭余脉，海拔 1000~1400m。地势由西向东逐渐倾斜，海拔由 320m 降至 120m。南部和西部属于辽西山地北缘，海拔 400~600m。赤峰位于内蒙古东南部，东北地区西端，是蒙古高原向辽河平原的过渡带。因此，研究区总体地势由北向南、由东向西逐渐降低；西北防风固沙重要区地处毛乌素沙地和腾格里沙地周边防风固沙带，处于沙漠腹地，地势大体西高东低，海拔 1200~2600m，平均 1600m 左右。新疆中东部沙漠周边地带位于阿尔金山草地荒漠区至塔里木河盆地北缘，西邻塔克拉玛干沙漠，北接天山山脉。区域内高山、盆地、冲击平原相间，地形多样；祁连山位于青藏、黄土两大高原和蒙新荒漠的交汇处，境内山势由西北走向东南，起伏延绵千余千米，相对高差悬殊，主峰祁连南山素珠链峰高 5564m（康红莉，2003）。祁连山不仅有冰川和永久积雪，而且还是黑河、石羊河、疏勒河、青海湖等几大内陆河水系和湟水、大通河外流水系的发源地。

河西走廊属于祁连山地槽边缘拗陷带。喜马拉雅运动时，祁连山大幅度隆升，走廊接受了大量新生代以来的洪积、冲积物（胥宝一和李得禄，2011）。自南而北，依次出现南山北麓坡积带、洪积带、洪积冲积带、冲积带和北山南麓坡积带。走廊地势平坦，一般海拔1500m左右。沿河冲积平原形成武威、张掖、酒泉等大片绿洲。其余广大地区以风力作用和干燥剥蚀作用为主，戈壁和沙漠广泛分布，尤以嘉峪关以西戈壁面积广大，绿洲面积更小。在河西走廊山地的周围，由山区河流搬运下来的物质堆积于山前，形成相互毗连的山前倾斜平原（马艳玲等，2009）。在较大的河流下游，还分布着冲积平原。这些地区地势平坦、土质肥沃、引水灌溉条件好，便于开发利用，是河西走廊绿洲主要的分布地区。

河西走廊气候干旱，许多地方年均降雨量不足200mm，但祁连山冰雪融水丰富，灌溉农业发达。以黑山、宽台山和大黄山为界将走廊分隔为石羊河、黑河和疏勒河三大内流水系，均发源于祁连山，由冰雪融化水和雨水补给，冬季普遍结冰（胥宝一和李得禄，2011）。各河出山后，大部分渗入戈壁滩形成潜流，或被绿洲利用灌溉，仅较大河流下游注入终端湖。①石羊河水系：位于走廊东段，南面祁连山前山地区为黄土梁峁地貌及山麓洪积冲积扇，北部以沙砾荒漠为主，并有剥蚀石质山地和残丘（刘晶，2006）。东部为腾格里沙漠，中部是武威盆地。②黑河水系：东西介于大黄山和嘉峪关之间。大部分为砾质荒漠和沙砾质荒漠，北缘多沙丘分布。唯张掖、临泽、高台之间及酒泉一带形成大面积绿洲，是河西重要农业区（刘晶，2006）。自古有"金张掖、银武威"之称。③疏勒河水系：位于走廊西端，南有阿尔金山东段、祁连山西段的高山，山前有一列近东西走向的剥蚀石质低山（三危山、截山和蘑菇台山等）；北有马鬃山。中部走廊为疏勒河中游绿洲和党河下游的敦煌绿洲，疏勒河下游则为盐碱滩（刘晶，2006）。绿洲外围有面积较广的戈壁，间有沙丘分布。

4. 生态环境

该区山地森林属寒温性针叶林，由于受大陆性荒漠气候和高山寒冷气候的双重影响，森林类型、层次结构、树种组成等具有典型高寒半干旱气候特点，植被的分布具有明显的水平差异和垂直梯度变化（王金叶等，2001）。森林演替受到不同立地水热条件影响，生物多样性复杂，是我国西北地区重要的生物基因库（康红莉，2003）。位于海拔2300~3800m的水源涵养林是祁连山最主要的植被分布区，跨祁连山3个植被气候带（韩红霞，2004）。主要有干性灌丛林、青海云杉林、祁连圆柏林、湿性灌丛林四大林型，零星分布有杨、桦林（王艺林，2006）。祁连山水源涵养林具有涵养水源、保持水土、保护生物多样性等多种生态防护功能，是祁连山及河西走廊绿洲生态系统的主体，每年涵养成吐放出72.6亿 m^3 的水，流经石羊河、黑河、疏勒河三大水系的56条内陆河，养育着河西400万人民，是河西走廊及蒙新荒漠区生命的摇篮。新疆北部水源涵养及生物多样性保护重要区包括托木尔峰和博格达峰的山麓和河谷地区，满山遍野的云杉和塔松，四季常青。区域内有哈纳斯、艾比湖湿地和西天山国家级自然保护区。哈纳斯自然保护区地处阿勒泰山的西段山区，受第四纪冰川和北冰洋气候的影响，形成特殊的自然景观和植被类型（朱丽等，2014）。艾比湖湿地国家级自然保护区位于我国西北部边陲，地处大西洋西风气流的主要通道——阿拉山口，整个湿地处于阿拉山口的风道区，由于水土流失，生态环境脆弱，它的存亡直接影响该地区的环境和工农业发展，并且有多样性的湿地植物，较丰富的生物资源，在新疆北部生态环境保护中具有重大的作用。该保护区是中国内陆荒漠物种最为丰富的区域，植物种类占全国荒漠植物种类的62%（海鹰和高翔，2008）。

西天山有各种沙地植被、低湿地植被、盐化草甸等。主要自然灾害有沙尘暴、干热风、霜冻、冰雹等,其中以干旱危害最为严重。区域内有沙坡头、宁夏罗山和哈巴湖 3 个国家级自然保护区。沙坡头是中国第一个具有沙漠生态特点,并取得良好治沙成果的自然保护区,是干旱沙漠生物资源"储存库",是草地与荒漠、亚洲中部与华北黄土高原植物区系交汇地带。宁夏哈巴湖国家级自然保护区位于宁夏盐池县中北部,处于陕西、甘肃、宁夏、内蒙古 4 省(自治区)交界,黄土高原向鄂尔多斯台地过渡、半干旱区向干旱区过渡、干草地向荒漠草地过渡、农区向牧区过渡的交错地带,属荒漠湿地生态系统类型的自然保护区。塔里木胡杨自然保护区主要保护对象是塔里木盆地内陆干旱区中胡杨林荒漠生态系统。阿尔金山北麓及库木塔格沙漠南沿是中国野骆驼的主要栖息地之一。黄土高原森林分布不均匀,整体看,植被覆盖率大大低于全国平均水平,而草地退化率大大高于全国平均水平。生态系统单一,脆弱,抗干扰能力低。由于地势起伏大,千沟万壑,支离破碎,土地类型空间分布极不均匀,地表侵蚀严重、土壤瘠薄、肥力低下,土地生产力水平较低,生态环境十分脆弱,气候干旱,雨量稀少,河水暴涨暴落,泥沙含量大,水土流失严重,多数地区尚未脱贫,抗灾能力不强。人类长期不合理的经营开发造成天然植被遭受严重的破坏。这些因素不仅制约本地区的经济发展,而且对黄河中下游的生态与经济发展也有严重的影响。该区域主要的植被是森林和草地,大部分地区植被覆盖率只有 20% 左右,一些地区甚至不到 10%,且大部分均为人造林,退耕还林使得森林面积得以扩大。而草地覆盖率相对较高,许多地区达到了 60% 以上。但是由于干旱、过度放牧等,草地退化严重,覆盖面积在不断地减小。

6.2.1.3 青藏高原山地气候生态区

1. 区域位置与范围

青藏高原山地气候生态区(简称青藏高原生态区)包括藏南生物多样性保护重要区、藏北高原的羌塘生物多样性保护重要区及青藏高原水源涵养生态区 3 个区域,跨 26.2°~37.6°N,85.3°~102.9°E,包括全球大江大河、冰川、雪山及高原生物多样性最集中的地区之一的三江源地区,雅鲁藏布江下游和澜沧江、怒江下游地区及青藏高原腹地,总面积 163.4 万 km²。包括格尔木市、比如县、阿坝县、那曲县、索县、杂多县、玛多、色达县、达日县、安多县等 49 个县,如图 6-4 所示。

2. 气候

青藏高原平均海拔 4000m 以上,耸立于对流层的中部,与同高度的自由大气相比较这里气候最温暖,湿度最大,风速最小,但就地面而言,与同纬度的周边地区相比较,这里气候最冷,最干,风速最大,这是巨大高原的动力和热力作用的结果。高原地势高峻,对该区和东亚气候产生极大影响,具独特的高原气候特征:空气稀薄,气压低,含氧量少,平均气压大部分在 625mbar[①] 以下,为海平面气压的一半;空气密度 0.71~0.80kg/m³,平均为海平面的 60%~70%;空气含氧量 0.166~0.186kg/m³,比海平面减少 35%~40%;水的沸点也降至 84~87℃。光照充足,辐射量大,全年日照时数 2200~3600h,年总辐射量大多高于 160kcal[②]/cm。气温低,年变化小,日变化大,年均温多低于 5℃,1 月均温大多为

---

① 1bar=10⁵Pa。
② 1cal=4.184J。

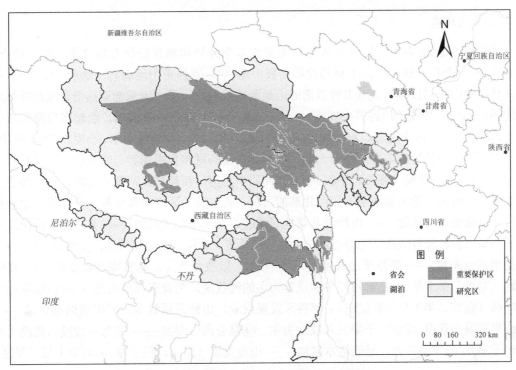

图 6-4　青藏高原山地气候生态区区域概况图

0~13℃，在海拔高处也出现 –18~–16℃的闭合等温线地区，7 月均温 8~18℃，藏北地区多低于 8℃。干湿季分明，干季多大风，4~9 月为雨季，降水地区分布差异悬殊，大部分地区年均降雨量 50~900mm。全年大风日数以藏北地区最多，阿里地区 8 级以上的大风日数在150 天以上。

青藏高原年平均气温低，构成了气候的主要特征，同时该区域降水少，地域差异大。高原年均降雨量自藏东南 4000mm 以上向柴达木盆地冷湖逐渐减少，冷湖年均降雨量仅17.5mm。以雅鲁藏布江河谷的巴昔卡为例，年均降雨量极为丰沛，年均降雨量达 4500mm，是最少年均降雨量的 200 倍，是我国最多降水中心之一。根据温度和水分指标，结合植被，考虑地热的影响，可划分为高层亚寒带、高原温带、藏南亚热带山地和热带山地，依据水分状况又可分为湿润、干旱、半干旱等 13 个气候类型。

3. 地质地貌

青藏高原平均海拔在 4500m 以上的高山和极高山，受地质构造的影响，高原主要山脉、河谷和盆地的走向以沿东西向为主，其次是沿南北向。高原地貌的内外引力种类多样，形成种类繁多的地貌类型。高原地势变化较大，主要有两大地貌组合：高原由地区主要面保存完好，相对起伏和缓山地、宽谷和盆地相向分布，湖泊广布，冰缘地貌发育，内外水系密布。藏南生物多样性保护重要区地处喜马拉雅山、念青唐古拉山和横断山三大山脉形成的怀抱中，大多是高山深谷区，林芝地区北部有念青唐古拉山，中南部有喜马拉雅山，藏南生物多样保护重要区同时也包括雅鲁藏布江下游及澜沧江、怒江下游地区。

4. 生态环境

根据研究区地势高差悬殊及各自然要素的水平分异和垂直变化互相交错、紧密结合，可划分为 10 个自然地理区。①喜马拉雅南翼山地 —— 亚热带山地森林（暖热、湿润）：由东喜马拉雅山和岗日嘎布山脉主脊以南的山地和峡谷组成，是中国东部亚热带常绿阔叶林地带的西延部分。②藏东川西高山峡谷 —— 山地针叶林：在高原东南部，西起雅鲁藏布江中下游，东连横断山区中北部。农作物一年一熟，或二年三熟，可种植玉米、小麦、青稞、核桃、梨、石榴等，森林资源丰富，出产天麻、虫草等贵重药材和食用菌类。③那曲、玉树丘状高原 —— 高寒灌丛草甸（寒冷、半湿润）：在高原中东部，西起怒江河源的那曲，向东经通天河的玉树、黄河上游的果洛至四川西北部的阿坝、若尔盖。区内山体宽厚，多宽谷、盆地和缓丘。④藏南宽谷湖盆 —— 山地灌丛草地（温暖、半干旱）：包括喜马拉雅主脉的高山及其北翼高原湖盆和雅鲁藏布江上游谷地，主要种植小麦、青稞、豌豆和油菜，有高原粮仓之称。⑤羌塘高原湖盆 —— 高寒草地（寒冷、半干旱）：以牧业为主。⑥青南高原宽谷 —— 高寒草地（寒冷、半干旱）：是放牧牦牛和绵羊为主的纯牧区。⑦青东祁连山地 —— 山地草地与针叶林（温凉、半干旱 - 半湿润）：河谷区发展农业，山地发展牧业。⑧阿里西部山地 —— 山地半荒漠与荒漠（温凉、干旱）：以牧业为主。⑨昆仑高山湖盆 —— 高寒半荒漠与荒漠（寒冻、干旱）：开发条件差。⑩柴达木盆地 —— 山地荒漠（温凉，极干旱）：高原上最干旱区。

6.2.1.4 西南山盆地亚热带季风气候生态区

1. 研究区自然概况

西南山盆地亚热带季风气候生态区（简称西南生态区）的西南部毗邻缅甸，包括秦巴山地、四川盆地、云贵高原及部分横断山脉，系我国地形的第三阶梯。该区呈现一定的亚热带季风气候，多数地方春季气温略高于秋季，大部分地区年均降雨量 1000mm 左右，一般分布规律是东部多于西部，但最西边界处的迎西南季风坡年均降雨量也很丰富。由于地形复杂，气候多样，自然植被类型出现交错镶嵌和明显垂直分布特征。

2. 区域位置与范围

根据地区差异，西南生态区可分为川贵滇水土保持重要区、川滇生物多样性保护重要区、桂西南生物多样性保护重要区，以及秦巴山地水源涵养重要区，如图 6-5 所示。川贵滇水土保持重要区位于四川、云南和贵州 3 省交界处，总面积 23.3 万 km^2，其中重点生态保护区域面积为 4.45 万 km^2。行政区涉及四川省南部乐山市和凉山彝族自治州的 11 个县（市）、云南东北部的 24 个县（市）、贵州大部地区共计 69 个县（市）及广西壮族自治区的天峨县、南丹县和河池市 3 个县（市）。川滇生物多样性保护重要区位于青藏高原东南缘，包括四川、云南及甘肃地区，总面积 32 万 km^2。地质特殊、地形复杂、气候多样，是世界上生物多样性和民族文化多元性最丰富的地区之一，也是我国水资源、有色矿产资源和生态景观资源最富集的地区，属金沙江、澜沧江、怒江和独龙江的中上游地区，具有重要的生态服务功能。桂西南生物多样性保护重要区西部毗邻云南省，西南与越南接壤，东南面临北部湾，涉及的行政区有广西壮族自治区西南部 5 县 2 市 —— 那坡县、靖西县、龙州县、宁明县、上思县、防城港市和凭祥市，总面积为 18 016.90km^2，约占广西面积的

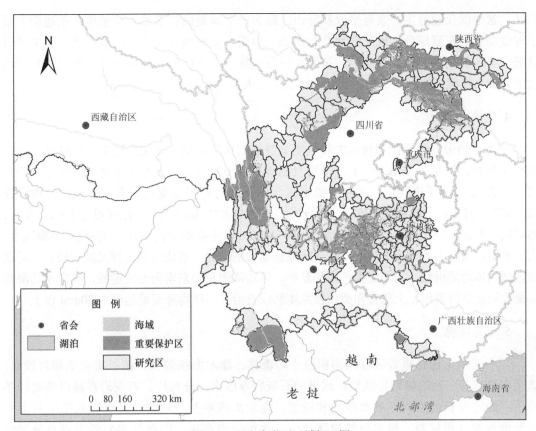

图 6-5　西南生态区区域概况图

7.60%，其中重点保护区域面积为 1620.88km²。秦巴水源涵养生物多样性保护重要区位于秦岭和大巴山之间，地跨陕西、甘肃、四川、重庆、湖北、河南 5 省 1 市。秦岭、大巴山耸峙在 5 省 1 市交汇处。秦岭西起甘肃省的天水市，东到河南的伏牛山，其主峰为太白山。秦岭是汉江、嘉陵江和渭河的发源地；大巴山西起四川省广元市，东到湖北省十堰市。区域跨 29°~35°N，104°~113°E。秦巴水源涵养生物多样性保护重要区总面积 183 697.03km²，该区主要生态功能为水源涵养和生物多样性保护。其中，禁止开发区面积 101 772.15km²，包括丹凤县、天水市、武山县、太白县等 31 个县，限制开发区面积 77 756.60km²，包括万源县、城固县、舟曲县、北川县等 27 个县。

3. 地质地貌

山原地貌复杂，地势起伏大，多数地区海拔为 1000~2000m，最高峰超过 5000m，最低为长江河谷，在 300m 以下。众多的河流穿插在云贵高原上，不停地切割着地面，形成许多又深又陡的峡谷。除此之外，该区分布着广泛的喀斯特地貌。这里的石灰岩厚度大，分布广。石灰岩在高温多雨的条件下，经过漫长的岁月，被水溶解和侵蚀，逐渐形成喀斯特地貌，是世界上喀斯特地貌发育最完整、最典型的地区之一。秦岭山脉为我国长江和黄河中游的分水岭，海拔多在 1000~2000m，最高海拔 3767m（太白山）；大巴山蜿蜒于四川和陕西边界，向东延伸至湖北西北部，最高海拔 3105m（神农架）。四川盆地群山环绕，周边山地海拔 1500~2000m，北有秦岭、大巴山两道屏障，嘉陵江、沱江、岷江由北向南汇入长江，盆地以丘陵为主，兼有平原和低山，最大的平原是成都平原。川滇地区在地貌上属于青藏高原的东延部分，地形西北高东南低；地貌主要表现为高山、高原地貌，其中又可以细分为丘状高原、山原和高山。按照空间分布特征，可以将区域内的地貌类型从北至南大致划分为丘状高原区、山原区和高山峡谷区三大类。

4. 气候

该地是热带海洋气团和极地大陆气团交替控制和互相角逐交绥的地带。气候属于亚热带季风气候，区域冬季不冷，1月平均气温普遍在 0℃以上，夏季高温多雨，7月平均气温一般为 25℃，雨热同期，水热资源丰富，冬夏风向有明显变化。大部分地区年均温在 12~16℃，7月平均气温为 24~26℃，1月平均气温为 4~8℃，积温大部分地区可达 5000℃左右，热量资源丰富。大部分地区年均降雨量为 900~1300mm，主要集中在 5~10月的夏季，冬季较少。由于多雨，高原上的河流水量大，许多河流长期切割地面，形成许多又深又陡的峡谷。对比该区域的年均降雨量，南部最大，西部最小。年均降雨量由东南向西北递减，其中年均降雨量最大的是防城港市、上思县和贡山独龙族怒族自治县，年均降雨量达到 1800mm 以上。

5. 生态环境

川贵滇水土保持重要区草地面积很小，森林、灌木面积较大，植被覆盖率相对较高，该区域分布着广泛的喀斯特地貌。这里的石灰岩厚度大，分布广。石灰岩在高温多雨的条件下，经过漫长的岁月。被水溶解和侵蚀，逐渐形成喀斯特地貌。云贵高原是世界上喀斯特地貌发育最完整、最典型的地区之一。地处云贵高原，因此其自然景观垂直分异明显：800m 以下深谷，属南亚热带干旱、半干旱气候，以稀树灌丛草地为主，发育燥红土；800~1200m 的河谷低山丘陵地，生长相当于南亚热带季风常绿阔叶林或亚热带常绿阔叶林，以砖红壤性红壤为主；1200~2000m 的高原和其间的盆地，植被为常绿阔叶林，发育红壤，为主要农业带；2000~2500m 的山原和山地，相当于北亚热带气候，植被为常绿与落叶阔叶混交林、云南松林，发育黄壤；2500~2800m 的山原或山地，属山地落叶阔叶林、云南松林，黄棕壤带；2800m 以上的山地、山原，属亚高山暗针叶林、高山栎林。土壤的地带性属中亚热带常绿阔叶林红壤、黄壤地带。中部及东部广大地区为湿润性常绿阔叶林带，以黄壤为主；西南部为偏干性常绿阔叶林带，以红壤为主；西北部为具北亚热成分的常绿阔叶林带，多为黄棕壤。此外，还有受母岩制约的石灰土和紫色土、粗骨土、水稻土、棕壤、潮土、泥炭土、沼泽土、石炭土、石质土、山地草甸土、红黏土、新积土等土类。对于农业生产而言，贵州土壤资源数量明显不足，可用于农、林、牧业的土壤仅占全省总面积的 83.7%。

川滇地区的典型植被是由云杉、冷杉、红杉、松等针叶树种组成的纯林或者混交林，在海拔 4000~4200m 树木线以上的植被类型为高山灌丛、高山草甸和甸状植被。由于区域内海拔高差大，植被类型的分布呈现出明显的纬向地带性和垂直地带性。植被的纬向地带性主要表现在森林分布由南而北，由多及少，由成片连续分布逐渐向斑状、条带状分布过渡，最终被低矮灌丛所取代，甚至出现成片的基岩裸露地。植被的垂直地带性则表现为植被类型随海拔出现明显的垂直带谱。由于地势由南而北、由边缘向内部、由河谷向两侧山地逐渐升高，使得垂直带谱的繁简程度也不同，总体说来是南部带谱的结构要比北部的垂直带谱复杂。南部的垂直带谱由下而上可概括为河谷、低山亚热带红壤（黄壤）常绿阔叶林带 — 山地暖温带红棕壤针阔混交林带 — 亚高山寒温带棕壤暗针叶林带 — 高山、高原亚寒带草甸土灌丛草甸带 — 高山、极高山永久冰雪带（郑远昌和高生淮，1987）。在上述自然垂直带谱的某一个带内，由于构成自然带的水热条件、植物组成及土壤特性等的内部差异，又往往可以再分为若干个亚带，如某些河谷地区还有特殊的热带、亚热带褐红壤、燥红土干暖河谷灌丛带。北部植被垂直带谱的结构比较简单，通常只存在上部的2~3个分带，植物组成成分也比较简单，同时带谱中基带的分布高度也由南向北、由西向东降低，川滇农牧交错地区平均海拔高，相对高差大，为此相应地出现了亚热带、温带、寒带及永冻带及与此相适应的土壤类型。

桂西南地区热量充足，降水充沛，根据该区土地利用现状情况，可以看出该区草地面积很小，森林、灌木面积较大，植被覆盖率很高，那坡县和靖西县基本保持原始森林景观，植被覆盖率达91%以上；其他地区的森林覆盖面积也占很大比例。这里的石灰岩厚度大，分布广，石灰岩在高温多雨的条件下，经过漫长的岁月，被水溶解和侵蚀，逐渐形成喀斯特地貌，从该区土壤类型分布看石灰（岩）土、赤红壤占较大比例，也正是由于这个原因。山体雄伟，气势磅礴，林木葱郁，景色优美，动植物资源丰富。靖西县和那坡县境内原生灌木林分布广泛，其他地区的森林占主要部分。该地区是亚洲大陆动物区系与中南动物半岛动物区系相互交流的重要通道。由于该区域具备独特的石灰岩地貌双层结构，为生物多样性的丰富性和特有性创造了优越条件，该区域物种丰富独特，生态系统多种多样，季节性雨林和常绿落叶阔叶混交林是其顶级类型（李建华等，2007）。据不完全统计，动物种类为陆栖脊椎动物730种，淡水鱼类150种、软体动物45科100种、昆虫4580种，是我国3个植物特有现象中心之一，具有全球保护意义。

6.2.1.5 东南热带亚热带季风气候生态区

1. 区域位置与范围

东南热带亚热带季风气候生态区（简称东南生态区）主要包括河南省、安徽省、湖北省、江西省、湖南省、广西壮族自治区、广东省、江苏省、浙江省及海南省10个省（自治区）共142个县。地理位置为15°~35°N，105°~125°E，总面积达125.57万km^2。该区包括大别山区、淮河中下游地区、长江中下游地区、南岭地区、武陵山区及海南岛中部山地生物多样性保护地区等，其中包括重要生态功能区及重点保护地区，如图6-6所示。

2. 气候

总体来看，研究区属于热带亚热带季风气候区，夏季高温多雨，气温较高，从热海洋吹来的东南季风带来丰沛的降水，冬季温和少雨。但由于研究区地理位置跨度较大，不同地区的气候状况呈现不同的特点。大别山区及淮河中下游地区是亚热带向暖温带、湿润气候向半湿润气候的过渡带。自然条件较为优越，雨量充沛，气候温和。年平均气温15~18℃；年均降雨量1000~1700mm，多集中在5~10月，降雨强度大；干湿季明显，干燥度为0.7~0.8。长江中下游及武陵山区年均温14~23℃，绝对最高气温可达38℃以上。年均降雨量充沛，为1000~2000mm，季节分配较匀。该区域属亚热带季风气候，冬季温和少雨，夏季高温多雨（陈建，1991）。该地区干湿季明显，每年4~10月为汛期，7月、8月年均降雨量最大，汛期径流量占全年的70%~80%。南岭地区降水丰富，年均降雨量达1500~

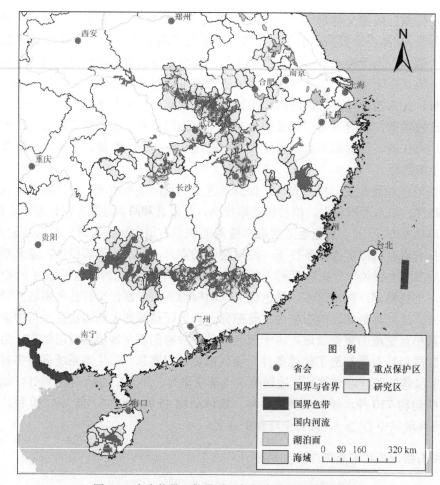

图 6-6　东南热带亚热带季风气候生态区区域概况图

2000mm。由于山岭阻挡作用，南侧降雨比北侧稍多，春季静止锋驻留长达 2 个月之久，春雨尤为丰富；夏秋之交多台风雨，冬季多锋面雨，降水季节分配较匀。而海南岛地处低纬度地区，属于热带海洋季风气候地区。因受季风影响，水热条件和分布情况比典型的热带气候地区要复杂得多，年均降雨量充沛，在 2000~2700mm，年均温由西北向东南逐渐降低，地区差异性不大，主要在 23~26℃。中部山地因受错综复杂的地形影响，山地气候更是复杂多变。

3.地质地貌

研究区内地形地貌情况较为复杂，包括平原山地多种地貌。其中平原地区包括淮河中下游及长江中下游地区，淮河中下游以平原地形为主，地势低平，泄洪不畅，中游地势平缓，多湖泊洼地；下游地势低洼，大小湖泊星罗棋布，水网交错，渠道纵横；长江中下游平原区位于淮河以南，武当山以东，洞庭湖、鄱阳盆地以北，包括汉江平原、鄱阳湖平原、洞庭湖平原等，平均海拔 200~500m，平原上湖泊众多，较大的湖泊有鄱阳湖、洞庭湖。

山地地区包括大别山区、武陵山区、武夷山区、南岭地区及海南省中部山区，大别山位于安徽省、湖北省、河南省3省交界处，横跨湖北、河南、安徽3省，呈东南向西北走向，长 270km，一般海拔 500~800m，山地主要部分海拔 1500m 左右，是长江与淮河的分水岭，该地区地质构造复杂，岩体破碎，造成基岩裸露，地势陡峻，造成该区的生态环境十分脆弱，生态系统稳定性极差，极易造成严重的水土流失；武陵山区属于长江中游地区，山地坡度大，降雨丰富，土壤侵蚀敏感性程度高，多是起伏较小的中山和低山，兼有山原、盆地和宽谷。武陵山区以碳酸盐与碎屑岩多次交替沉积的多溶层结构为主要特色，是我国南方岩溶塌陷最发育的地区之一；武夷山区主要为山地和丘陵地貌，隶属于武夷山脉。该区分为东部区和西部区两部分，东部区是富春江和闽江的发源地，拥有浙江省最高峰黄茅尖；南岭地势不高，海拔仅千余米，地形较破碎，山岭间夹有低谷盆地。西段的盆地多由石灰岩组成，形成喀斯特地貌；东段的盆地多由红色砂砾岩组成，经风化侵蚀后形成丹霞地貌；海南岛中部山地崛起，有 2 列山脉从东北走向西南，北边一列为黎母岭 - 尖峰岭，南边为五指山 - 马咀岭，这两列山脉各长 300km 多，也各有 1000m 的山峰多座，且山脉不连续，该区的高程分布特点是中间高、四周低。最高海拔为 1821m，最低为 −13m，平均海拔在 312m 左右。

4. 生态环境

不同的地形地貌，很大程度上决定了不同地区的生态系统类型、植被分布及土壤类型。淮河中下游地区主要以湿地为主，洪泽湖湿地是淮河流域最大的湖泊型湿地，同时也是我国第四大淡水湖，南望低山丘陵，北枕废黄河，东临大运河，西接岗波状平原（叶正伟等，2005）。自然区划地处我国北亚热带与南暖温带的过渡地带，四季分明，季风显著，动植物资源丰富。该区主要的土壤类型包括水稻土、潮土、砂姜黑土及黄褐土等；长江中下游平原是中国重要的粮、油、棉生产基地，平原区主要土壤为红壤、棕壤和水稻土，一年两熟，丘陵区主要土壤为红壤、黄壤和水稻土，一年两熟至三熟。温暖湿润的自然条件孕育了该区丰富多彩的自然植被和结构复杂的森林生态系统。南部地带性原生植被为常绿阔叶林，北部植被具有亚热带向温带过渡的性质。

武夷山区土壤类型主要有红壤、黄红壤、黄壤和山地草甸土。区内主要植被类型有常绿阔叶林、针叶林和针阔叶混交林 3 种，中亚热带常绿阔叶林保存较为完整，它是我国中亚热带季风气候区的地带性植被（何建源等，2010）。武夷山地区的生物多样性在中国东南部是首屈一指的（陈昌笃，1999）；南岭地区的地带性植被是亚热带常绿阔叶林，多分布在海拔 800m 以下（张璐等，2007），局部有草甸分布。人工栽培林木以杉木和马尾松为主，是中国南方用材林建设基地之一。地带性土壤是红壤，海拔 700m 以上则为黄壤，山顶局部有草甸土发育；海南岛中部山地生物多样性保护区的土壤类型主要有滨海风沙土、潮土、水稻土、红壤、黄壤等；海南岛重要生态功能区主要属于热带和亚热带雨林、季雨林或常绿阔叶林地段。因此，地带性为热带季雨林型的常绿季雨林，其他为落叶季雨林、沟谷雨林、山地雨林和山地常绿落叶林及灌丛、草地等，沿海岸还有红树林及沙生植被。

6.2.2 社会经济发展概况

我国轻重工业经济发展地区主要集中在中国东部地区，主要因为这些地区地理位置优越，人类发展历史悠久和基础雄厚（资源丰富、交通便利、劳动力丰富、农业基础好）等有利条件所形成。例如，辽中南工业区为我国重工业基地，该地区位于环渤海湾区域，交通便利，可通过稠密的铁路、公路和海港进行物质运输。另外，具有丰富的矿产、水能和森林资源，充足的劳动力资源、较优越的科技力量和广阔的市场能实现重工业发展。另外，东北地区是我国最重要的商品粮、甜菜、大豆生产基地，能够为重工业发展提供基本保障。而中国西部草场资源丰富，以畜牧业为主，且畜牧业分布最为广泛。例如，青藏高原地区日照强，温差大，容易优质高产。

6.2.2.1 北方温带季风气候生态区

1. 行政区划

北方温带季风气候生态区主要包括东北三省、华北水源涵养重要区及太行山山脉水土保持重要区，包括9个省（直辖市）共159个县。其中东北三省是指黑龙江、吉林、辽宁3省，地理范围为40°~50°N，120°~135°E，是我国的老工业基地和粮食主产区，具有综合的工业体系、完备的基础设施、丰富的农产品资源、优良的生态环境和雄厚的科教人力资源等优势，是一片极具潜力的富饶之地。研究区县域（行政区域）包括安图县、大洼县、东宁县、敦化市、抚松县、抚远县、富锦市、海林市、和龙市、鹤岗市、虎林市、桦川县、珲春市、浑江市、集贤县、嘉荫县、靖宇县、林口县、凌海市、龙井市、萝北县、密山市、牡丹江市、穆棱县、宁安县、盘锦市、饶河县、尚志市、绥滨县、汤原县、同江市、图们市、汪清县、五常县、延吉市、营口市、长白朝鲜族自治县，总面积19.70万km²。华北水源涵养重要区包括密云水库、官厅水库、于桥水库、潘家口水库等北京市、天津市重要水源地的涵养区，以及西辽河、滦河、潮河上游源头。行政区包括北京市的密云县、内蒙古自治区赤峰市的9个旗县及河北承德市的11个县（区），总面积9.90万km²。太行山山脉水土保持重要区主要分布在河北省西部地区，包括张家口市、保定市、石家庄市、邢台市和邯郸市的部分县（市），共28个县（市），总面积为4.30万km²。

2. 社会经济规模及结构特征

北方生态区的三江平原水田主要发展水稻种植，经过对土地资源、水资源条件及产业结构等各方面的分析，区内水稻种植面积可发展到200万hm²以上，占耕地面积的60%左右。长白山山地主要发展旅游业。辽河三角洲主要发展以石油化工为主体的工业和以水果、花生、水产养殖为特色的农业区域产业结构。太行山山脉水土保持重要区主要分布在河北省西部地区，包括张家口市、保定市、石家庄市、邢台市和邯郸市的部分县（市）。该区域地处华北地块腹地，经历漫长的地史演化，蕴藏了种类繁多的地下宝藏，经研究发现该区矿藏储量丰富，该区工业发达，尤其是以矿业开采开发、制造业为主要产业的重工业发展迅速，成为当地的基础产业。华北水源涵养重要区内的承德是华北地区最大的食用菌生产基地，中国北方地区重要的中药材生产基地。目前已发现的矿产有98种，开发利用50种，是我国除攀枝花外唯一的大型钒钛磁铁矿资源基地，已探明钒钛磁铁矿资源储量3.57亿t，钒、钛、磁铁矿资源量75.59亿t。黄金产量居河北省第一位，钼、银、铜、铅、锌和花岗岩、大理石等资源丰富。赤峰矿产资源也比较丰富，目前已发现各类矿产70余种，矿点千余处，主要有煤、石油、金、银、铜、铅、锌、钨、铁、萤石、大理石等，是国家重点黄金产地，位居全国前三位。黄土高原各省中第一产业仍然占有重要比例，农业依然是影响黄土高原的重要因素。第三产业结构单一，没有形成知名度高的旅游品牌形象，各旅游点层次、服务质量也参差不齐，并没有形成高效的第三产业链，信息、金融等经济主流的第三产业并没有得到很好的发展。

6.2.2.2 西北温带大陆气候生态区

1. 行政区划

西北温带大陆气候生态区包括中国北方 10 省的 132 个县，幅员辽阔，辖区县市多。内蒙古东部草地防风固沙重要区位于内蒙古高原的东部，包括内蒙古自治区的 14 个旗县，分别是多伦县、克什克腾旗、林西县、巴林右旗、巴林左旗、阿鲁科尔沁旗、扎鲁特旗、科尔沁左翼中旗、科尔沁左翼后旗、科尔沁右翼中旗、科尔沁右翼前旗，及河北省的 4 个县（市），总面积 19.40 万 km^2，其中重点生态保护区域面积为 9.70 万 km^2。

西北防风固沙重要区主要由两大部分构成：位于毛乌素沙地和腾格里沙地周边的防风沙带，行政区涉及内蒙古中南部的鄂托克前旗、乌审旗，宁夏中部的盐池县、同心县和中卫县。位于新疆中东部沙漠边缘的绿洲地带，行政区涉及青海省的阿克塞哈萨克族自治县，新疆的若羌县、尉犁县、库尔勒市、轮台县和库车县。总面积 34.10 万 km^2，其中重点生态保护区域面积为 3.04 万 km^2。

新疆北部水源涵养及生物多样性保护重要区位于新疆北部阿勒泰地区和天山山脉地区，行政区涉及阿勒泰、塔城市、巩留县等 16 个县（市），总面积 15.10 万 km^2，其中重点生态保护区域面积为 2.74 万 km^2。

祁连山地水源涵养防风固沙重要区坐落于我国西部八大雪山之一的祁连山及受祁连山冰雪融水所灌溉的河西走廊，涉及 16 个县，总面积 11.50 万 km^2，其中重点生态保护区域面积为 4.29 万 km^2。

2. 社会经济规模及结构特征

在内蒙古东部草地防风固沙重要区，张北县、康保县、林西县、突泉县等地区的人口密度相对于区域其他地区较高，人口密度均大于 $3.50×10^{-3}$ 万人 $/km^2$；西北防风固沙重要区的人口密度分布情况是：库尔勒市、中卫县和宁夏回族自治区等地区的人口密度相对于区域其他地区较高，人口密度均大于 $2.80×10^{-3}$ 万人 $/km^2$，而在若羌县、尉犁县等地区的人口密度相对于区域其他地区较低，最低只有 $0.20×10^{-4}$ 万人 $/km^2$。在新疆北部水源涵养及生物多样性保护重要区中，巩留县、新源县、昌吉市、乌鲁木齐等地区的人口密度相对于区域其他地区较高，人口密度均大于 0.018 万人 $/km^2$，而在布尔津县、吉木乃县、托里县等地区的人口密度相对于区域其他地区较低，最低只有 $0.40×10^{-3}$ 万人 $/km^2$。祁连山地水源涵养重要区的酒泉市、张掖市、武威市、乐都县等地区的人口密度相对于区域其他地区较高，人口密度均大于 $0.74×10^{-2}$ 万人 $/km^2$，而在天峻县、祁连县、门源回族自治县等地区的人口密度相对于区域其他地区较低，最低只有 0.81 人 $/km^2$。尽管每个区的人口分布情况各有差异，但是这在很大程度上与其自身的经济发展和自然资源开采能力具有一定的关系。内蒙古东部草地防风固沙重要区的情形又不太一样，该地区国民经济保持快速增长的势头，近几年来大部分地区生产总值增长率高达 20% 以上。2011 年人均 GDP 达到 57 515 元人民币，比上年增长 13.80%，按年均汇率折算，人均 GDP 逼近 9000 美元，为 8905 美元。其中农业在国民经济中占有很大的比例，大部分地区都在20%以上，而科尔沁草地地区更是高达50%。农业经济增长较第二、第三产业增长得慢，并且基础还不稳固，抵御自然灾害的能力还较弱。因而工业生产依然是该区域的支柱产业，它依托丰富的矿产资源，实现了飞速发展，规模在不断扩大，经济效益明显提高。有色金属、煤炭、石油等为工业带来了巨大的经济效益。与此同时，服务业在经济中的比例也越来越高，部分地区已经超过了40%，而且保持着较快的增长趋势。然而，虽然经济发展速度较快，但经济总量还不大；城乡居民收入水平偏低，收入差距进一步扩大，城乡居民增收难度较大；对自然资源和环境依赖性很高。近几年来，通过国家支持、自身努力和开展对外合作，黄土高原城乡面貌有了很大改善，经济增长步伐明显加快，发展的质量和效益明显增强，整个地区经济和社会呈现增长较快、效益较好、价格平稳、活力增强的良好发展态势。

西北地区深居我国西北内陆，生态环境恶劣，交通不便，沟通闭塞，严重限制了其正常的经济发展，加上西北地区生产设备老化，经济结构不合理，产品深加工能力差，科技含量低，导致西北地区经济发展滞后，一直为我国主要的贫困地区之一。主要表现在：①西北地区经济效率低下。西北地区社会劳动生产率除新疆高于全国1.31万元/人的平均水平外，其余地区普遍低下。而西北地区农业劳动生产率也比较低，农业生产主要在沙漠周边的绿洲上进行，农业机械动力都远低于全国1779.75万kW的平均水平。②西北地区劳动就业比例不合理。西北地区第一产业就业人口比例均在55%以上，均高于全国50%的平均水平，而第三产业就业人口比例除新疆外，其余4省（自治区）均低于全国27.70%的平均水平。③受地理条件限制，西北地区与外界沟通不便，严重制约了西北地区与外界的经济交流，2001年，西北地区无论是进、出口贸易总额还是外商直接投资都远远低于全国平均水平（邵波和陈兴鹏，2005）。

北疆区域属于干旱与半干旱气候，生态环境恶劣，对绿洲资源、水资源的依赖性大，城镇发展的早期以农牧业经济为主。随着边疆军事地位的逐渐凸显，城镇发展的军事性和政治性逐渐占据主导地位，大规模的农业发展和人口聚集，使得城镇中出现了一定规模的商业和手工业，经济地位随之提高。这是北疆地区古代社会经济的主要特征，它不同于中原地区的城镇形成的起源和过程，因此两者在城镇形态、空间分布等方面存在差异。北疆城镇区域2000多年的城镇发展历史表明，城镇兴衰与自然条件、资源禀赋、人文要素、生态环境等都有着直接或间接的相互作用关系，城镇区域发展是一个多主导因素交织作用的复杂过程（邓德芳，2009）。

祁连山地水源涵养重要区坐落在我国西部八大雪山之一的祁连山及受祁连山冰雪融水所灌溉的河西走廊，涉及16个县，总面积为11.50万km²，其中重点生态保护区域面积为4.29万km²。该区域灌溉农业历史悠久，是甘肃省重要农业区之一，人均耕地面积约为2.03亩，它为全省提供2/3以上的商品粮以及几乎全部的棉花和甜菜。区域内矿产资源也比较丰富，主要有玉门石油、山丹煤、金昌镍等资源，当地的煤油产业以及金属制造业也相对发达。

6.2.2.3 青藏高原山地气候生态区

1.行政区划

青藏高原山地气候生态区主要包括格尔木市、比如县、阿坝县、那曲县、索县、杂多县、玛多县、色达县、达日县、安多县等 49 个县（市）。该区包括藏南生物多样性保护重要区、藏北高原的羌塘生物多样性保护重要区及青藏高原水源涵养生态区 3 个区域，跨 26.2°~37.6°N，85.3°~102.9°E，包括全球大江大河、冰川、雪山及高原生物多样性最集中的地区之一的三江源地区，雅鲁藏布江下游和澜沧江、怒江下游地区及青藏高原腹地。

2. 社会经济规模及结构特征

由于海拔高空气稀薄，气候寒冷，不适宜发展农业，终年紫外线辐射较强。该区位于内陆地区，地势高降水少，人口稀少，大部分人口聚集在南部的雅鲁藏布江谷地，以及三江源地区。同时，财政困难也使三江源地区成为青海省贫困人口最集中、贫困程度最深、脱贫任务最艰巨的地区。利用地方特色，积极发展藏药业，2012 年以来扶持、培育了一批畜牧业加工流通经营实体、合作组织。农畜产品深加工和运输、餐饮等乡镇骨干企业发展，第二、第三产业在牧区总产值中的比例不断提高，产业间关联性增强。

近些年以来，西藏地区实施西部大开发战略，大力开展基础设施现设，在藏东南地区建设公路和小水电站等，形成以川藏公路、八邛公路、八盖公路、墨脱公路为骨架的公路网。调整和优化经济结构，发展特色农业，发展食用菌、圣茶、核桃、野桃等绿色食品，逐步形成新的经济增长点。并以旅游业为龙头，带动以服务为主体的第三产业的发展，旅游业发展成为藏东南地区的支柱产业。

6.2.2.4 西南山盆地亚热带季风气候生态区

1. 行政区划

西南山盆地亚热带季风气候生态区包括我国南方的 229 个县，幅员辽阔，辖区县市多，其中行政区涉及四川省南部乐山市和凉山彝族自治州的 11 个县（市）、云南东北部的 24 个县（市）、贵州大部地区共计 69 个县（市）及广西壮族自治区的天峨县、南丹县和河池市 3 个县（市），以及广西西南部 5 县 2 市——那坡县、靖西县、龙州县、宁明县、上思县、防城港市和凭祥市。研究区域内各县（市）均属于人口中等区及人口密集区，其中人口密度较小的县（市）主要分布于区域的西部和西北部，包括理县、稻城县、红原县、乡城县和巴塘县等，另外少数民族较为集中的木里藏族自治县和贡山独龙族怒族自治县同样人口稀少。而该区域中部和东部等地形相对较平缓的地区人口分布较为集中，均为人口密集区，其中万州区、巴南区和贵阳市等县（区、市）人口密度均大于 400 人 /km²。研究发现，人口密度分布与地形地貌及气候条件密切相关。

2. 社会经济规模及结构特征

西南生态区的川贵滇水土保持重要区地理环境的特点，交通不够便利，加之环境极度脆弱，社会经济发展较为落后，区域主要所在省份贵州省 2007 年生产总值为 1133.30 亿元，人均 GDP 为 7200 元，而 2007 年全国人均 GDP 为 18 934.10 元，其不足全国人均 GDP 的一半。该区域恶劣自然环境与科教文卫落后，生产力水平低下，形成全国最大连片贫困带之一。区域聚集生境治理与重建、反贫困、西部开发与可持续发展于一身。在"八七"扶贫攻坚计划的对象和区域中，经 2000 年调整，区内国家级贫困县 24 个，在 44 个市（区、县）中的比例为 54.54%，昭通市贫困面达 90% 以上。至 2006 年年底，六盘水市、毕节市贫困率仍高达 8.80%、8.60%，远大于全国的平均水平，贫困落后显见。城乡二元化、"三农"问题突出，贫富悬殊呈进一步扩大之势。随国家能源、原材料基地建设，能矿资源开发的相关产业发展，该区域的社会经济发展得到了前所未有的机遇，但也为原本脆弱的生态环境带来了巨大的挑战甚至威胁。截至 2011 年贵州省的原煤年产量已经达到 11 642.93 万 t，为新中国成立初期的近 400 倍。贵州省西北部，流域内矿产资源丰富，分布有以煤炭资源开采和利用为主的众多企业，其中六盘水煤田探明储量 139 亿 t；织纳煤田探明储量 154 亿 t，主要是无烟煤，是江南最大的无烟煤基地。2004 年据不完全统计，三岔河流域共开采煤炭资源 1400 万 t 左右，其中有 771 万 t 生产能力的煤矿正在建设之中，占贵州省煤炭开采总量的 1/5 左右。其中仅水城矿务集团公司开采量就达到 555.81 万 t，年经济产量高达 2.6 亿元。如果根据贵州省的实际情况将年产量 3 万 t 以下的煤矿划分为小煤矿，则在三岔河流域年产量在 3 万 t 以下的企业有：毕节地区 9 个其中年产 1 万 t、1.5 万 t、2.5 万 t 的各 1 个和年产 2 万 t 的 6 个；六盘水市 4 个，分别为 3000t、8000t、23 000t、25 000t；安顺市 2 个，分别为 6300t 和 12 000t。

川滇地区由于自然条件、民族文化、社会历史和交通地理等方面的特殊性，经济发展一直处于相对落后的状态。新中国成立以前，在所有少数民族地区，基本上是广种薄收、轮歇丢荒的粗放种植业和完全依赖天然草场的游牧畜牧业，几乎没有现代工业和运输业，仅有的一点手工业也极其简陋。新中国成立以后至现在，经过多年的发展，该区内的工农业均有了相对快速的发展。目前，该区内的经济结构仍是以农业生产为主，工业基础相对薄弱，第三产业特别是近几年的旅游业在川西北和滇北地区发展比较迅速（乔青，2007）。从 2000~2005 年，阿坝藏族羌族自治州、甘孜藏族自治州、凉山彝族自治州的经济总量分别从 2000 年的 35.28 亿元、24.68 亿元、144.55 亿元增长到 2005 年的 75.19 亿元、50.06 亿元、300.23 亿元。经济结构得到一定改善，3 个州的三次产业结构分别从 28.7：35.6：35.7、29.5：28.3：42.2 和 39.1：29.0：31.9 改善为 19.6：40.8：39.6、22.1：33.4：44.5 和 30.7：36.0：33.3。3 个州的第二、第三产业在国内生产总值中的比例有所增加，第一产业的比例有所下降。总体上讲，3 个州的经济发展水平低于全省水平，特别是第二产业发展迟缓，自然资源优势没有充分发挥出来，第二、第三产业在全省的比例明显偏低，反映出民族地区的工业落后，经济发展后劲缺乏（乔青，2007）。

桂西南地区位于云贵高原的边缘，水能和矿产资源十分丰富。流经北部的红水河，可建造装机容量总数 1200 万 kW·h 的 10 个梯级电站，广西红水河 10 个梯级电站中的大化、天生桥二级、岩滩 3 个电站已在建设，其中 40 万 kW·h 的大化水电站已基本建成送电。广西电网在每年高峰期已有少量剩余电力输往广东；矿藏丰富，分布也集中，有色金属方面，锡、锑、钨、铝的储量分别居全国的第一、第二、第三和第四位，稀有贵金属储量也在全国占据重要地位。现在，具有 7 个深水泊位的防城港和全国第一条有国家、地方、企业合资兴建的南宁至方程段的铁路也已建成，从防城港到东南亚、欧洲、非洲的历程最为便捷。

秦巴山地水源涵养重要区矿产资源很丰富，如南阳是中国矿产品最为密集的地区之一，这里的天然碱、蓝晶石、红柱石储量全国第一；南阳独玉是中国四大名玉之一，素有"东方翡翠"之称，黄金、石油储量丰富且分布集中，组合良好，具有较高的开采价值。还有安康的汞、锑、钛、锌储量居全国前列，襄阳的金红石储量亚洲第一，磷矿可采储量居全国首位。旅游资源点多面广且相对集中，既有号称"基因库"的神农架自然保护区，又有世界遗产的武当山、南阳伏牛山世界地质公园；世界人与自然生物圈保护区——宝天曼；丹江口水库风景区以亚洲第一大水库和南水北调的渠首源头为世人关注，另外还有南阳境内发现的大面积恐龙蛋化石群轰动世界。楚秦巴地区位于四川、重庆、陕西、湖北、河南5省交界处，在行政区划上，包括今天陕西汉中、安康、商洛，湖北襄阳、十堰、荆门、随州、神农架林区，四川达州、巴中，重庆万州以及河南南阳等地。该区有东西走向的秦岭、大巴山横亘其中，有长江最长的支流汉水流贯其间，具有地理上的完整性和自然-生态条件的一致性，而且由于长期的历史发展导致该区内部经济联系十分密切，经济发展水平颇为接近。在当今西部大开发的热潮中，作为接受东部经济辐射的入口和西部大开发前哨阵地的秦巴地区，受到了人们的瞩目。一些专家、学者献计献策，倡言建立秦巴经济走廊、秦巴经济联合体，以实现该地区经济的腾飞。地形因素、土地类型是该区域基本形态格局构建的支配和决定因素，它影响土地生态系统的物质循环和能量转化。例如，陕西省可明显分为关中、陕北和陕南三大区域，这三大区域经济发展极不平衡（安树伟等，2008）。关中依托高新技术和制造业率先发展，陕北因能源基地成为全省的财富板块。陕南除了"三线"建设时期国家布局的几家国防科技工业、钢铁工业外基本无现代工业，这里集中了全省70%的水资源、森林资源、生物资源，区域经济整体上是以农业经济为主，迄今为止，仍然是我国贫困县集中连片的贫困地区之一（张建肖，2009）。

6.2.2.5 东南热带亚热带季风气候生态区

1. 行政区划

东南热带亚热带季风气候生态区包括179个县（市），主要有豫皖鄂交界山地水源涵养重要区、长江中下游生物多样性保护重要区、南岭地区水源涵养重要区、淮河中下游湿地生物多样性保护重要区、武陵山区生物多样性保护重要区、浙闽赣交界山地生物多样性保护重要区和海南岛中部山地生物多样性保护重要区。

豫鄂皖交界山地水源涵养重要区位于中国湖北省、河南省、安徽省交界处，区域总面积18.11万km^2，包括湖北的随州市、广水市、大悟县、红安县、麻城市、罗田县、英山县、黄梅县；河南省的泌阳县、桐柏县、确山县、信阳市、罗山县、光山县、新县、商城县；安徽省的金寨县、霍山县、岳西县、太湖县、宿松县21个县（市）。该区是大别山和桐柏山的所在地，其北部为淮河发源地，南部为长江的发源地，是长江、淮河的分水岭，因此是我国重要的水源涵养区之一。

长江中下游生物多样性保护重要区横跨湖南、湖北、江西、安徽4省，县域（行政区域）包括安庆市、安乡县、安义县、鄱阳县、枞阳县、大冶市、德安县、东至县、都昌县、鄂州市、公安县、贵池市、含山县、汉寿县、和县、洪湖市、湖口县、华容县、嘉鱼县、进贤县、九江市、九江县、临湘市、南昌市、南昌县、南县、彭泽县、蕲春县、石首市、望江县、无为县、武汉市、新建县、星子县、永修县、余干县、沅江市、岳阳县共39个县（市），总面积为91.59万km^2。

南岭地区水源涵养重要区是湖南、江西两省南部、广西东北部和广东北部山地的总称，主要由五岭山脉（大庚岭、骑山岭、萌渚岭、都庞岭、越城岭）组成，是长江和珠江两大水系的分水岭。南岭地区即湖南、江西、广东、广西边界地区，在行政区划上共涵盖郴州市、永州市、赣州市、韶关市、清远市、贺州市、桂林市 7 个市 81 个县。

淮河中下游湿地生物多样性保护重要区行政区涉及安徽省的颍上县、霍邱县、寿县、长丰县、五河县、嘉山县（现已改名为明光市）6 个县（市）和江苏省的泗洪县、泗阳县、淮阴县、淮安市、洪泽县 5 个县（市），面积为 2.37 万 km²。

武陵山区生物多样性保护重要区主要位于湖南省的石门市、桑植县和大庸市，面积为 0.97 万 km²，重点生态保护区域面积为 118.72km²。

浙闽赣交界山地生物多样性保护重要区包括江西的弋阳县、横峰县、铅山县；福建的崇安县；浙江省的常山县、开化县、江山市、云和县、庆元县、景宁畲族自治县、松阳县、遂昌县和龙泉市等 21 个县（市），区域总面积 2.38 万 km²。

海南岛中部山地生物多样性保护重要区主要有 6 县和 2 市，包括白沙黎族自治县、保亭黎族苗族自治县、乐东黎族自治县、屯昌县、琼中黎族苗族自治县、昌江黎族自治县、三亚市和东方市。区内分属汉、黎、苗、回、藏、彝、壮、满、侗、瑶、白、泰、佤、畲、水、京、土、蒙古、布依、朝鲜、土家、哈尼、傈僳、高山、锡伯、门巴、纳西、仫佬、哈萨克、鄂伦春等 30 多个民族。世居的有黎、苗、回、汉等族。

2. 社会经济规模及结构特征

豫鄂皖交界山地水源涵养重要区主要位于大别山及桐柏山区，该区位于中原腹地，人口 2181 万，人口密度 367 人/km²，其中绝大部分是农村人口，是我国著名的革命老区、贫困山区、落后山区。区内有 18 个国家级贫困县（区）。人均耕地面积 0.06km²，人均纯收入 1500~1700 元。

长江中下游生物多样性保护重要区主要位于长江中下游平原地区，该地区处于人口密集区（>100 人/km²），其中人口密度最小的为东至县，人口密度为 164 人/km²，但也属于人口密集区（>100 人/km²）。而武汉市人口密度最高，可达 968 人/km²。该地区城市化水平较高。相对而言，研究区东北部区域城市化明显较小。

南岭地区水源涵养重要区紧临粤港澳经济发达地区，是我国东南沿海向中西部内地延伸的过渡地带，也是内地通向东南沿海的重要通道，有着共同的地缘关系，又是瑶、壮、畲等少数民族聚居地区。该地区是一个以初级农产品为主的地区，工业主要是依托自身资源建立起来的农林产品加工、矿产开掘及一些建材工业。近年由于自身的区位优势，正逐步成为沿海发达地区劳动密集型企业的承接地，工业发展迅速，但工业化进程仍处于初级阶段。另外，随着工业的发展，南岭地区第三产业发展迅速，在产业结构内比例逐年上升，但第三产业的发展仍然带有明显的初级特征（周生来，2005）。在第三产业的 GDP 构成中，交通运输、邮电通信、批发和零售贸易、餐饮业所占的比例最大，而农林服务业、综合技术服务业所占的比例很小（滕玉香，2009）。

淮河中下游湿地生物多样性保护重要区包括安徽和苏北的 11 个县（市），平均人口密度是全国人口密度的 4.8 倍，居各大江大河流域人口密度之首。其日常生活主要以农业为主，然而由于淮河是一条极为特殊和十分复杂的河流，是我国水旱灾害频发的地区，因此经济收入非常不稳定，属经济欠发达地区。

武陵山区生物多样性保护重要区由于交通、通信、电力、供水、灌溉等基础设施建设落后成为该区经济发展的瓶颈因素。另外，劳动者素质不高，人才紧缺是制约武陵山区经济发展的关键因素，特别是经营人才和管理人才的缺乏限制了武陵山区经济的发展。以湘西为例，在农村劳动力中，小学及小学以上文化程度的比例为48.19%，比全省平均水平高6.1个百分点，高中及高中以上文化程度比例为2.9%，比全省平均水平低8.87个百分点。农民接受新观念、新思想、新技术的能力很弱，生产效益低下，劳动报酬收入低。

浙闽赣交界山地生物多样性保护重要区的县（市）均离省会城市距离远，造成与中心的相互作用弱，是真正的省域政治、经济、文化边缘地带。该区域位于浙江温台经济发达地区、福建闽南经济发达地区、江西经济发达地区的弱辐射区，由于交通滞后、信息闭塞、观念陈旧、科技意识薄弱、人才资源相对匮乏等诸多因素，经济基础十分薄弱，经济发展与浙江、福建、江西3省平均水平相比有较大差距，区域内有不少原属省级和国家级的贫困县，目前尚有10%~20%的人口生活在贫困线以下。

海南岛中部山地生物多样性保护重要区人口密度处于人口密集区（>100人/km²），其中仅有琼中黎族苗族自治县和白沙黎族自治县人口密度处于人口中等区（25~100人/km²），而三亚市人口密度最高，可达297.24人/km²。近年来，全区人民生活有了很大改善，医疗卫生和保健事业水平不断提高，全区的人口死亡率大大下降。到2010年，重要生态功能区共有252.200万人，城市化率可达43.81%。

6.3 全国重要生态功能区资源环境承载力评价分析

6.3.1 全国重要生态功能区生态支撑力评价分析

6.3.1.1 生态支撑力单指标现状分析

1. 年均降雨量分析

根据全国水文站年均降雨量数据进行插值，再将五大重要生态功能区年均降雨量排序，可得图6-7。2010年全国重要生态功能区年均降雨量的空间分布的总趋势是从东南沿海向西北内陆递减。研究表明，东南和西南生态区年均降雨量均高于全国平均年均降雨量（630mm）水平，约占重要生态功能区面积的31.46%，其他68.54%面积的平均水平低于全国线。说明东西南水资源量充足，易于植物生长。东南生态区年均降雨量最为充沛，为975.6~2441.8mm；西南生态区年均降雨量其次，为942.8~1529.9mm；北方生态区年均降雨量为428.3~721.6mm；青藏高原生态区年均降雨量为448.5~587.7mm；西北生态区年均降雨量最低，为156.9~370.1mm。

1）西北生态区

由图6-7可知，该研究区的年均降雨量大致由西北向东南逐渐增加，区域各县的年均降雨量为368mm。区域内降雨差异大，最高与最低年均降雨量差异为420mm。其中年均降雨量最大的是位于区域东北的科尔沁右翼前旗和科尔沁右翼中旗，年均降雨量达到488mm以上，中部门源回族自治县和西北的尼勒克县的降水也很高。位于区域西北的若羌县、尉犁县年均降雨量最小，仅有62mm左右。

2）青藏高原生态区

如图6-7所示，该研究区年均降雨量呈现出由东南向西北减小趋势，各县年均降雨量

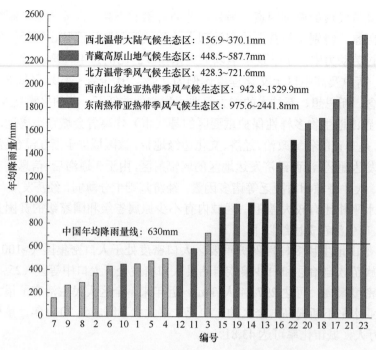

图 6-7　五大重要生态功能区年均降雨量排序图

平均值为 514.6mm。藏东南地区年均降雨量超过 800mm，而最小的区域是西北县（市），仅为 300mm 左右。

3）北方生态区

如图 6-7 所示，该研究区年均降雨量呈现由东向西、由北向南逐渐降低的趋势，区域各县的年均降雨量为 516.0mm。尤其是位于黑龙江省三江源及吉林长白山的区域年均降雨量最高，超过 1200mm，而位于研究区西南部的黄土高原年均降雨量最低，仅为 200mm 左右。

4）西南生态区

如图 6-7 所示，该研究区的年均降雨量由东南向西北递减，区域各县的年均降雨量为 1002.42mm。区域内降水差异大，最高与最低年均降雨量差异为 1837.54mm。其中年均降雨量最大的是位于区域东南角的防城港市和上思县，年均降雨量达到 2000mm 以上。位于区域西北角的礼县、宕昌县和岷县年均降雨量最小，仅有 400~500mm。

5）东南生态区

如图 6-7 所示，该区域年均降雨量分布呈现出一定的规律，即由西北向东南递增，主要原因是该地区属于热带亚热带季风气候区，越靠近海洋，纬度越低，年均降雨量越大。大别山地区及淮河中下游地区年均降雨量为 1000~1500mm，而长江中下游及武陵山区年均降雨量为 1000~2000mm，南岭地区年均降雨量更为丰富，为 1500~2000mm，由于受山岭阻挡作用，南侧降雨比北侧稍多，而海南岛由于地处低纬度地区，属于热带海洋季风气候区，年均降雨量最为充沛，在 2000~2700mm。

2.年均温分析

先将全国水文站年均温数据进行插值，再将五大重要生态功能区年均温进行排序，可得图 6-8。2010 年全国重要生态功能区年均温呈现从南部向北部逐渐降低的趋势。2010

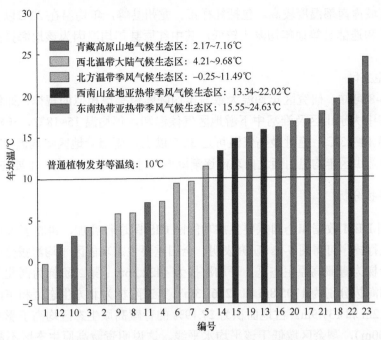

图 6-8　五大重要生态功能区年均温排序图

年平均气温为 10.37℃，高于普通植物发芽等温线，说明该年植物较易生长。其中，东南生态区和西南生态区均高于普通植物发芽等温线（10℃），剩余 68.54% 面积的平均水平低于 10℃，这说明东南生态区和西南生态区易于植物生长和发育。最高的是东南生态区，年均温为 15.55~24.63℃；其次是西南生态区为 13.34~22.02℃；北方生态区的年均温为 –0.25~11.49℃；西北生态区为 4.21~9.68℃；最低年均温是青藏高原生态区，为 2.17~7.16℃。

1）青藏高原生态区

由图 6-8 可知，研究区年均温最高不超过 10℃。研究区北部青藏高原水源地区各县（市）年均温 0℃以下，而藏东南地区的县（市）则接近 10℃，空间趋势呈现为由南向北逐渐减小。

2）西北生态区

如图 6-8 所示，该研究区的温度水平存在较大差异，年均温整体上由东北向西北递增。区域内年平均气温为 6.47℃，年均温差异达到 11.47℃，这与研究区域内不同地区的海拔差异有关。区域内中西部温度较高，包括乌审旗和鄂托克前旗，以及若羌县和尉犁县等，年均温在 8~11℃。而区域内东北部新巴尔虎左旗和新巴尔虎右旗等地由于高纬度的缘故，年均温比较低，其中科尔沁右翼前旗年均温在 –0.69℃左右。

3）北方生态区

如图 6-8 所示，研究区年均温大致与年均降雨量呈现相似的规律，即纬度越低，年均温越高，其中大别山区及淮河中下游地区气候温和，年均温 15~18℃，长江中下游及武陵山区年均温 14~23℃，绝对最高气温可达 38℃以上，而南岭地区年均温 17~25℃，最南端的海南岛中部山区年均温由西北向东南逐渐降低，地区差异性不大，主要在 23~26℃。

4）西南生态区

由图 6-8 可知，该研究区温度水平存在较大差异，年均温整体上由东南向西北递减。区域内年平均气温为 15.05℃，年均温差异达到 17.92℃，这与研究区域内不同地区的海拔差异有关。区域内南部温度较高,包括凭祥市、龙州县等,年均温在 22℃以上。而区域内西北部红原县和迭部县等地年均温比较低,其中红原县年均温因为该地海拔高等原因,在 5℃以下。

5)东南生态区

根据图 6-8 可知,研究区年均温大致与年均降雨量呈现相似的规律,即纬度越低,年均温越高,其中大别山区及淮河中下游地区气候温和,年均温 15~18℃,长江中下游及武陵山区年均温 14~23℃,绝对最高气温可达 38℃以上,而南岭地区年均温 17~25℃,最南端的海南岛中部山区年均温由西北向东南逐渐降低,地区差异性不大,主要在 23~26℃。

3. 平均海拔分析

先将全国 DEM 数据和全国重要生态功能区 GIS 图进行叠加,再将五大重要生态功能区平均海拔进行排序可得图 6-9。研究表明,全国重要生态功能区平均海拔分布为三级阶梯分布。第一阶梯为青藏高原生态区,平均海拔为 4422.36m;第二阶梯为西北生态区和西南生态区,平均海拔分别为 1705.8m 和 1256.23m;第三阶梯为北方生态区和东南生态区,平均海拔为 692.2m 和 137.9m。占地面积为 27.19% 的青藏高原生态区均高于影响植物开花流蜜等高线(800m),剩余区域低于该平均水平线。这说明青藏高原生态区不易于植物生长和发育。

1)青藏高原生态区

根据图 6-9 可知,青藏高原生态区平均海拔最高,为 4422.36m,呈现由西北向东南逐渐减小的趋势。

2)西北生态区

根据图 6-9 可知,西北生态区的地势大致上呈现西高东低的趋势,区域各县的平均海拔为 1382.44m。区域内海拔差异很大,最高与最低海拔差异为 5000m,并且区域中部的天峻县和乐都县等是区域内海拔最高的县,其中天峻县海拔达到 6180m 以上,区域东北部的新巴尔虎左旗、新巴尔虎右旗及其周边一些县(市)海拔最低,仅有 160m 左右。

3)西南生态区

根据图 6-9 可知,西南生态区的地势大体西高东低,区域各县的平均海拔为 1486.44m。区域内海拔差异很大,最高与最低海拔差异为 6237.05m,并且稻城县、九龙县是区域内海拔最高的 2 个县,其中稻城县海拔达到 6000m 以上,防城港市、龙州县地势平坦,海拔最低,仅有 100m 或者 200m。

4)北方生态区

根据图 6-9 可知,北方生态区平均海拔 692.2m,其西南方向黄土高原属于高原地区,海拔较高超过 2000m,西北方向的大小兴安岭及燕山和长白山地区属于山地,海拔在 1000m 左右,而位于东北方向的三江平原及辽河三角洲地区地势较低,属于平原地区,海拔不超过 200m,整个研究区呈现西高东低、南高北低的趋势。

5)东南生态区

根据图 6-9 可知,东南生态区地形地貌较为复杂,包括山地、平原多种地貌,其中淮河中下游及长江中下游地区以平原为主,海拔普遍较低,平均海拔 200~500m,并且平原上湖泊较多,包括鄱阳湖、洞庭湖及洪泽湖等。而山地海拔普遍较高,尤其是南岭地区东

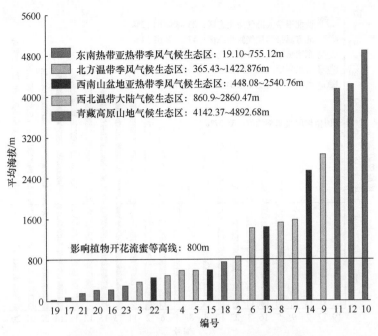

图 6-9　五大重要生态功能区平均海拔排序图

部及大别山区等区域海拔超过 1000m。相对而言，武陵山区、武夷山区等地区多是丘陵、起伏较小的中山和低山，海拔相对较低。

4.植被覆盖率分析

植被覆盖率是指单位面积内植被的垂直投影面积所占的比例，是一个描述区域生态环境质量的重要性指标。由图 6-10 可知，2010 年全国重要生态功能区植被覆盖率大致上呈现南部高于北部的趋势。这主要是因为生物生存的生态因子主要是水因子和温度因子，而南方生态区的年均降雨量和年均温明显高于全国水平，甚至高于其他重要生态功能区，所以出现南方重要生态功能区的植被覆盖率要明显高于其他地区水平。此外，西北生态区植被覆盖率最低，平均值为 45.50%，北方生态区平均植被覆盖率为 57.11%，东南生态区平均植被覆盖率为 55.20%，青藏高原生态区平均植被覆盖率为 66.79%，最高的西南生态区平均植被覆盖率为 77.95%。重要生态功能区平均植被覆盖率高于全国植被覆盖率，说明重要生态功能区的生态环境质量优越于全国水平。

1）西南生态区

西南生态区的植被覆盖率高的是西部山区，这里的大面积的县（区、市）的森林覆盖达到 99%，包括那坡县、留坝县和宁陕县等多个地区。而中巴南县、汉中县、涪陵县和忠县的森林覆盖度都较低，均在 40% 以下，主要是由于此区域人类活动的影响较大，为了发展经济不断地砍伐树、开垦草地，城镇化速度过快，导致当地的森林覆盖度不断降低。

2）青藏高原生态区

由图 6-10 可以看出，研究区植被覆盖率由东南向西北逐渐降低，由于降水、气温等自然因素的影响，形成的植被类型复杂多样，东南区域的县（市）降水较多、气温较高适合植被发育，而青藏高原水源涵养区县（市）是长江黄河源头，水源涵养量较强，植被覆盖较好。

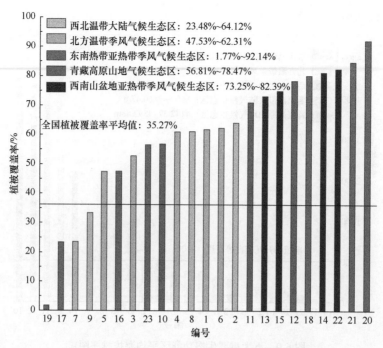

图 6-10　五大重要生态功能区植被覆盖率排序图

3）东南生态区

武夷山区、南岭地区及海南中部山地等山区植被覆盖率普遍较高，其中资源县、崇义县、桑植县等部分县（市）植被覆盖率最高，最高可达 97% 左右，这些地区植被覆盖率高的很大一部分原因是区域内分布多个自然保护区；而长江中下游地区及大别山部分县（市）植被覆盖率较低，其中南县、洪湖市、公安县等县（市）较小，最小不足 1%。

4）北方生态区

由图 6-10 可以看出，研究区植被覆盖率差异性比较大，研究区内的山地森林地带如长白山、大小兴安岭及燕山地区植被覆盖率较高，而黄土高原的植被覆盖率较小，不过黄土高原东部的个别县（市）植被覆盖率要好于西部，研究区东北部的三江平原和辽河三角洲地区植被覆盖率较低。整体来看，东北三省的各个县（市）的植被覆盖率情况要好于研究区其余地区，这主要是气候和地形条件决定的。其中植被覆盖面积较大的大小兴安岭及长白山地区最高可达 98% 左右，这些地区植被覆盖率高的很大一部分原因是区域内分布多个自然保护区；而辽河三角洲三江平原以及黄土高原的部分县（市）植被覆盖率较低，最小不足 1%。其中比较典型的长白山地区植被以云杉、冷杉和鱼鳞松为主，太行山区由于受季风气候的影响，中山区降水充沛，空气湿润，植被茂密，多青山绿水，丘陵台地降水较少，气温偏高，蒸发潜力较大，空气暖干，人为影响较重，植被覆盖率较差，多黄山秃岭。在海拔大于 1500m 的山地发育亚高山草甸。而平原地区主要植被有大宽叶香蒲、长苞香蒲、毛果薹草、薹草、罗布麻。还有盐沼群落以灰绿碱蓬为优势种。毗邻地区的主要植被是白茅草地和稻田及柳树和白杨树。大小兴安岭水源涵养及生物多样性保护区的土壤主要有棕色针叶林土、暗棕壤、草甸土和沼泽土等。黄土高原森林分布不均匀，整体看，植被覆盖率大大低于全国平均水平，而草地退化率大大高于全国平均水平。生态系统单一，脆弱，抗干扰能力低。由于地势起伏大，千沟万壑，支离破碎，土地类型空间分布极不均匀，地表侵蚀严重、土壤瘠薄、肥力低下，土地生产力水平较低，生态环境十分脆弱，气候干旱，雨量稀少，河水暴涨暴落，泥沙含量大，水土流失严重，多数地区尚未脱贫，抗灾能力不强。

5）西北生态区

西北生态区的大面积县（区、市）的森林覆盖达到 90% 左右，包括新巴尔虎右旗、新巴尔虎左旗和科尔沁右翼前旗等多个地区。而若羌县、尉犁县、轮台县和库车县的森林覆盖度都较低，最低甚至只有 18%，主要是由于此区域原本自然条件较为恶劣，其次经济发展带来的越来越剧烈的人类活动，对区域的影响较大，为了发展经济不断地砍伐树、开垦草地，城镇化速度过快，导致当地的森林覆盖度不断降低。

5. 叶面积指数分析

叶面积指数是表征植被冠层特征的重要参数，同时也是决定生态系统净初级生产力的重要因子，它对全球变化和生态系统碳循环研究具有重要意义。由于叶面积指数分布主要受水分条件限制，而且中国区域植被生长的季节变化受季风影响显著，与气温及地表太阳辐射的季节变化趋势相一致。所以，叶面积指数的趋势整体呈现东南部高西北部低的趋势。再由图 6-11 可知，叶面积指数最高的生态区为西南生态区，平均值为 4.069m²/m²。其次是 3.959m²/m² 的东南生态区和 3.541m²/m² 的北方生态区；低于重要生态功能区叶面积指数平均值 3.015m²/m² 水平的有青藏高原生态区和西北生态区。由于青藏高原生态区和西北生态区的年均降雨量和年均温均低于全国水平，因此受水分条件限制和气温影响的叶面积指数也出现低于重要生态功能区平均水平的趋势。

1）西北生态区

从图 6-11 可以看出，西北生态区叶面积指数差异很大，最大叶面积指数可以达到 4.4m²/m²。其中科尔沁右翼前旗和科尔沁右翼中旗叶面积指数最高。若羌县、尉犁县和民勤县叶面积指数最低。

2）青藏高原生态区

从图 6-11 可以看出，叶面积指数由东南向西北逐渐减小，指数最大的区域位于研究区藏东南地区，其次是青藏高原水源涵养地区，叶面积指数最小的位于研究区西北部地区。

3）北方生态区

从图 6-11 可以看出，区域内叶面积指数分布与植被状况分布保持一致，即由北至南，叶面积指数逐渐增加。叶面积指数最大的区域位于研究区北部的大小兴安岭区域，其次是位于研究区东部的长白山区域，最大为 5.0m²/m² 左右；位于研究区西南部的黄土高原区域叶面积指数较小，叶面积指数最小的部分县（市）为 1.7m²/m² 左右。

4）东南生态区

从图 6-11 可以看出，区域内叶面积指数由北至南分布，叶面积指数逐渐增加。长江中下游地区、武陵山区、南岭及海南中部山地等地区叶面积指数较大，其中九江市、洪湖市、琼中黎族苗族自治县等部分县（市）叶面积指数较大，最大为 5.4m²/m² 左右；而淮河中下游地区及大别山区等区域叶面积指数较小，其中淮阴市、洪泽县、泗阳县等部分县（市）较小，最小为 1.7m²/m² 左右。

5）西南生态区

从图 6-11 可以看出，区域内叶面积指数差异不大，该研究区域的平均叶面积指数为

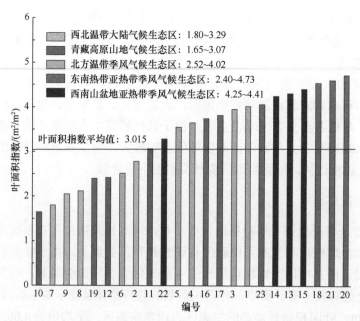

图 6-11 五大重要生态功能区叶面积指数排序图（单位：m²/m²）

4.3m²/m²。其中留坝县、佛坪县和宁陕县的叶面积指数最高，六盘水市和防城港市叶面积指数最低。

6. 生物丰度指数分析

由于本研究基于土地利用类型来确定生物丰度指数，因此生物丰度指数与地形地势较为契合。而叶面积指数是从垂直分布上来探讨植被覆盖情况，在一定程度上说明生物丰度指数情况。因为植被覆盖率越大，说明植被种类和所依赖生存的动物也越多，所以生物丰度指数值也越大。如图 6-12 所示，生物丰度指数呈现东南高西北低的趋势。生物丰度指数最高的生态区为西南生态区，平均值为 83.07%。其次是 71.23% 的东南生态区和 64.88% 的北方生态区；青藏高原生态区和西北生态区低于重要生态功能区生物丰度指数，平均值分别为 52.97% 和 39.43%。

1）西北生态区

从图 6-12 可知，研究区内的生物丰度指数的空间分布由西北向东北递增，生物丰度指数与地区关系很大，主要反映在植被覆盖上，生物丰度指数大致在 3%~88% 浮动。

2）青藏高原生态区

从图 6-12 可知，生物丰度指数由东南向西北逐渐降低，最高的区域位于研究区藏东南地区，而最低的区域位于研究区西北部的羌塘生物多样性保护重要区的各个县（市）。

3）北方生态区

从图 6-12 可得该区生物丰度指数与植被状况分布相一致，生物丰度指数具有显著的空间变化趋势，最高的区域位于研究区北部大小兴安岭东北部的长白山地区，而最低的区域位于研究区西南部的黄土高原区域。

4）东南生态区

从图 6-12 可得该区生物丰度指数与植被状况分布相一致，南岭地区、武夷山区、武陵

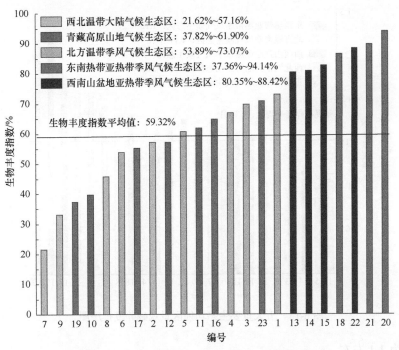

图 6-12　五大重要生态功能区生物丰度指数排序图

山区、海南中部山地等地区生物丰度指数较大,其中崇义县、开化县、和平县等县生物丰度指数最高,原因是这些区域分布有多个自然保护区,动植物资源丰富;而长江中下游、淮河中下游等地区生物丰度指数较小,其中淮阴市、颍上县、长丰县等县(市)生物丰度指数最小。

5)西南生态区

从图 6-12 可得研究区内的生物丰度指数的空间分布没有显著差异,生物丰度指数与地区关系不大,生物丰度指数大致在 50%~100% 浮动。

7. 景观破碎度分析

景观破碎度主要反映景观中嵌块体分离程度。我国约占 34.52% 面积的重要生态功能区的景观破碎度出现轻度水平,这说明我国大部分重要生态功能区出现景观破碎度现象。由图 6-13 可知,东南生态区的景观破碎度最轻,平均水平可达 1.01。其次是北方生态区的景观破碎度平均值达 1.16 和西南生态区的平均景观破碎度为 1.16。这 3 个地区的植被覆盖率、叶面积指数和生物丰度指数的水平在全国重要生态功能区水平中也属于偏上,说明人类对这 3 个生态系统的影响较其他两个重要生态功能区小,因此景观破碎度程度也较其他地方小。相比之下,西北生态区和青藏高原生态区的景观破碎度较为严重,主要是因为这些地区的平均海拔偏高,生态系统较海拔低的地方稳定性差。

1)东南生态区

长江中下游地区、南岭地区部分县(市)景观破碎度较大,其中九江市、临湘市、德安县等部分县(市)景观破碎度最大,景观破碎度指数最大为 1.33 左右,分析其原因,景观破碎度较大的地区人类活动较为强烈,经济较为发达;而大别山区、武夷山区及海南中部山区等地区景观破碎度最小,其中江山市、横峰县、罗田县等部分县(市)景观破碎度

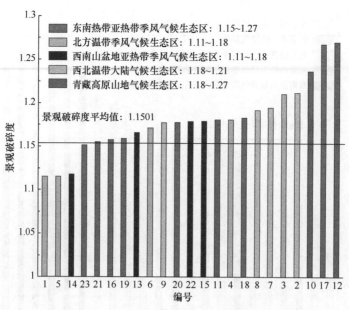

图6-13　五大重要生态功能区景观破碎度排序图

较小，最小为 1.1 左右。

2）北方生态区

由于人类活动较为强烈和经济较为发达的缘故，长白山地区、三江源平原及黄土高原地区部分县（市）景观破碎度较大，景观破碎度指数最大为 1.33 左右；而大兴安岭及太行山等地区景观破碎度较小，其中部分县（市）景观破碎度最小，最小为 1.1 左右。

3）西南生态区

景观破碎度在区域内存在差异，北部和中部人口密集，景观破碎度较高，包括丹凤县、平利县和商南县，景观破碎度均在 1.23 以上，而得容县、蒙自县等县的景观破碎度相对较低，均在 1.1 以下，说明与人类活动对这些地区造成的影响有关系。人们大量地利用土地进行农业生产，对土地进行人为分割，使得地区景观破碎度变大。

4）西北生态区

景观破碎度在区域内的差异比较分散，东部、中部和西部的人口密集地区景观破碎度较高，包括的县有科尔沁右翼前旗、鄂托克前旗和阿勒泰市等，景观破碎度均在 1.26 左右，而塔城县、轮台县和酒泉市等县（市）的景观破碎度相对较低，均在 1.14 左右，说明与人类活动对这些地区造成的影响有关系。人们大量地利用土地进行农业生产，对土地进行人为分割，使得地区景观破碎度变大。

5）青藏高原生态区

青藏高原生态区的生态系统比较单一，虽然人口稀少，但是景观破碎度较大，而藏东南地区生态系统较为完整，因此该区域景观破碎度较小。

8. 净第一性生产力分析（NPP）

我国重要生态功能区的 NPP 呈现由东南向西北递减的趋势。由图6-14可知，我国东南生态区的 NPP 平均值为 1945.79g/（m²·a），从西南生态区的 1524.22g/（m²·a）到北

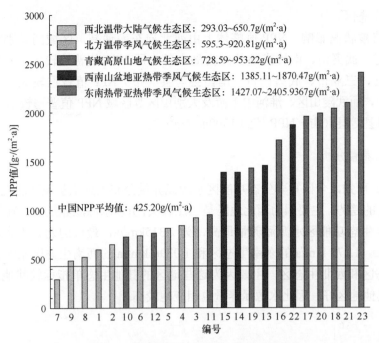

图 6-14　五大重要生态功能区 NPP 排序图

方生态区的 783.08g/（m²·a）。而在我国西北重要生态功能区，青藏高原生态区的 NPP 可达 815.64g/（m²·a）和西北生态区的 NPP 可达 487.71g/（m²·a）。这与朴世龙和方精云（2003）对中国陆地生态系统 NPP 的研究成果基本一致。另外，中国陆地植被 NPP 与年均降雨量和年均温呈相关性。我国西北生态区、青藏高原生态区和北方生态区的年均温相对较低，年均降雨量将从气温、光照等方面制约植被光合作用。而我国东南生态区和西南生态区不仅年均降雨量增多而对植被生长有利，气温上升也对植被生长有利。

1）西北生态区

从图 6-14 可知，研究区 NPP 整体上分布由西北部向东北部递增，区域差异大。东部 NPP 数值较高，其中的新巴尔虎左旗和新巴尔虎右旗 NPP 值较高，分别达到了 830.8g/（m²·a），相反若羌县和尉犁县的 NPP 值非常低，在 121.7g/（m²·a）左右。

2）北方生态区

由于受植被状况影响，NPP 值最大的区域位于研究区东部长白山区域，最主要是因为该区域的降水丰富；而位于研究区北部的大小兴安岭 NPP 值最小，出现这个变化的原因主要是该区域的温度最低。

3）青藏高原生态区

由于受植被状况影响，NPP 值最大的区域位于研究区东南部的藏东南地区，最主要是因为该区域的降水丰富植被覆盖率较高。而位于研究区西北部羌塘生物多样性保护重要区，NPP 值较低主要是这个区域的温度最低。

4）西南生态区

从图 6-14 可以看出，NPP 值整体上由东部向西部递减，区域差异大。东部 NPP 数值较高，其中的防城港市和上思市 NPP 值较高分别达到了 2346.31g/（m²·a）、2227.78g/（m²·a），相反的礼县、宕昌县和岷县的 NPP 值非常低，在 750~850g/（m²·a）。

5）东南生态区

由于受植被状况影响，NPP 值整体上由西北向东南递减，区域间差别较大，其中长江中下游地区、武夷山、南岭南部及海南岛中部山区 NPP 值普遍较大，其中东方市、昌江黎族自治县、三亚市、武夷山市、南昌县等县（市）NPP 值普遍较大，最高可以达到 2400g/（m²·a），而武陵山区、淮河中下游及大别山区等区域 NPP 值普遍较小，其中五河县、泗洪县、淮阴县等县（市）NPP 值约 1300g/（m²·a）。

9. 水源涵养量分析

由图 6-15 可知，全国重要生态功能区水源涵养量分布大致上呈现西北地区水源涵养量高于东南地区的趋势。主要因为西北地区是三江源头，所以水源涵养量高于其他地区。其中，我国青藏重要生态功能区水源涵养量最高，为 2.315km³/a，最低的北方生态区水源涵养量为 0.784 km³/a。1.173 km³/a 的东南生态和 1.0396 km³/a 的西南生态区水源涵养量高于其他的北方生态区和西北生态区，主要因为这些地区的其他生态单指标较其他地区好，说明生态环境较其他地区好，因此水源涵养量也相应地较高。

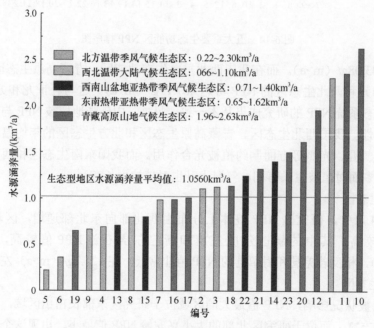

图 6-15 五大重要生态功能区水源涵养量排序图

1）北方生态区

由图 6-15 可知，研究区北部区域的水源涵养量最大，水源涵养总量由北向南逐渐降低。其中位于大兴安岭区域的部分县（市）水源涵养量最大，最大可达 8.8km³/a 左右；而位于黄土高原及太行山脉的部分县（市）水源涵养量相对较小，最小为 0.015km³/a 左右。

2）西北生态区

图 6-15 表明研究区内中部地区的水源涵养量非常低，这与该地城市化程度高、人口密集、水资源量较少有很大的关系，然而西部托里县和尼勒克县，以及东北部的科尔沁右翼前旗等县水源涵养量非常大，主要与当地地形地貌有关系。研究区域内不同地区的水源涵

养量差异很大，东北部的水源涵养量最大县是区域中部最小县的 50 倍之多。

3）西南生态区

如图 6-15 所示，研究区内东北部地区和中部的水源涵养量非常低，这与该地城市化程度高、人口密集、水资源量较少有很大的关系，然而西部康定县、澜沧拉祜族自治县、木里藏族自治县和礼县的水源涵养量非常大，主要与当地地形地貌有关系。研究区域内不同地区的水源涵养量差异很大，康定县的水源涵养量是六盘水市的 80 倍之多。

4）东南生态区

如图 6-15 所示，武陵山区、武夷山及海南中部山地等山地分布区域水源涵养量普遍较大，其中鄱阳县、贺州市、琼中黎族苗族自治县等部分县（市）水源涵养量最大，最大可达 3.02km³/a 左右；而淮河中下游、长江中下游及南岭地区部分县（市）水源涵养量相对较小，其中淮阴县、韶关市、九江市等部分县（市）水源涵养量最小，最小为 0.1km³/a 左右。

5）青藏高原生态区

如图 6-15 所示，东南部植被覆盖率较高，因此水源涵养量最大，作为三江源地区湿地资源丰富，水源涵养总量较高。其中位于藏东南生态保护区的部分县（市）水源涵养量最大，最大可达 80km³/a 左右；而位于青藏高原中部的部分县（市）水源涵养量相对较小，最小为 0.61km³/a 左右。

10. 固碳释氧量分析

如图 6-16 所示，全国重要生态功能区固碳释氧量大致上呈现西北地区固碳释氧量高于东南地区的趋势。主要是因为西北地区是三江源头，其水源涵养量高于其他地方，新陈代谢能力也强于其他地方，所以固碳释氧量高于其他地区。其中，青藏高原山地生态区的固碳释氧量值最高。

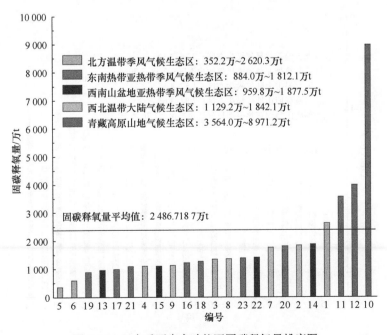

图 6-16　五大重要生态功能区固碳释氧量排序图

1）北方生态区

固碳释氧量较高的是大小兴安岭与长白山地区，固碳释氧量较低的是黄土高原与太行山地区各个县（市），空间整体呈现北高南低趋势，与 NPP 的分布趋势基本一致。

2）东南生态区

区域间固碳释氧量分布差别较大，固碳释氧量最小的包括淮阴市、韶关市、九江市等市，固碳释氧量最小为 $1.5×10^6$ t/a 左右；而固碳释氧量最大的包括贺州市、随州市、武汉市等市，固碳释氧量最大约为 $3×10^7$ t/a。

3）西南生态区

固碳释氧量较强的是礼县和木里藏族自治县，都达到了 $4.5×10^7$ t/a，而六盘水市的固碳释氧量很低，仅为 $5.7×10^6$ t/a。

4）西北生态区

固碳释氧量较强的是若羌县、新巴尔虎右旗和新巴尔虎左旗，都达到了 $9.01×10^7$ t/a，而同心县和乐都县的固碳释氧量很低，只有 $2.0×10^6$ t/a。

5）青藏高原生态区

固碳释氧量除青藏高原水源涵养区域的县（市）外研究区其余县（市）较高，空间分布呈现的规律为研究区西北部和东南部县（市）较高，而研究区东北部与西南部的县（市）较小。

11. 土壤侵蚀度分析

由图 6-17 可知，全国重要生态功能区土壤侵蚀度大致上呈现西北地区土壤侵蚀度高于东南地区的趋势。主要是西南地区和青藏高原地区的平均海拔和坡度高于其他地区，导致较其他地方容易侵蚀。其中，西南地区的土壤侵蚀度值最高。

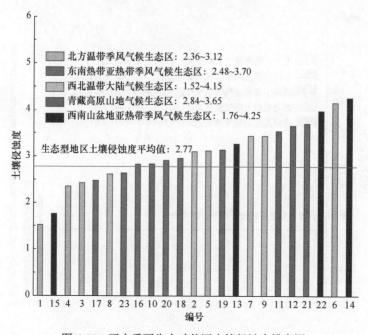

图 6-17　五大重要生态功能区土壤侵蚀度排序图

1）北方生态区

整个研究区土壤侵蚀危险度最高的区域位于西南部的黄土高原区域，这与区域特征显著相关，而剩余地区土壤侵蚀度较低。

2）东南生态区

不同区域之间土壤侵蚀状况差别较大，其中淮河中下游地区、大别山区、武夷山区及南岭地区部分县（市）土壤侵蚀比较严重，其中遂昌县、松阳县、开化县等部分县土壤侵蚀最为严重，土壤侵蚀度最大为4.4左右，而造成这些地区土壤侵蚀较为严重的原因除了降水、地貌和植被覆盖等自然因素外，更大程度上是由于人为因素的影响，如毁林毁草开荒严重、耕地方式粗放等。而长江中下游地区、武陵山区及海南中部山地等地区土壤侵蚀程度较轻，其中安乡县、兴宁市、余干县等部分县（市）土壤侵蚀相对较轻，土壤侵蚀度最小为2.2。

3）西北生态区

该区域西部和东北部的几个县（市）的土壤侵蚀度非常高，其中若羌县、尉犁县和轮台县等大面积区域的土壤侵蚀度均在3~4，东北部的新巴尔虎右旗和新巴尔虎左旗也达到了该值。区域东南部、中部和西北部一些地区土壤侵蚀状况良好，这些区域土壤侵蚀度相对较低，最低的是布尔津县和阿勒泰市，指数在2.4左右。

4）青藏高原生态区

整个研究区土壤侵蚀危险度最高的区域位于研究区东北部的青藏高原水源涵养地区，也就是三江源地区的个别县（市）。

5）西南生态区

该区域西部山区的土壤侵蚀度非常高，其中泸水县、麻栗坡县等大面积区域的土壤侵蚀度均在4以上。北部偏东地区土壤侵蚀状况良好，这些区域相对较低，最低的是商南县和凤县，指数在1左右。

6.3.1.2　生态系统特征分析

在全国层面上对研究区生态系统进行特征分析，具体方法是将研究区生态支撑力的单指标与全国水平或者重要生态功能区水平相对应的平均值进行比较，并通过雷达图的径向轴线由圆心到半径的长度表征归一化取值由0~1的变化趋势，并分别对正负指标进行极差化标准化。全国平均水平根据文献调研所得，而有些指标采用重要生态功能区平均水平，主要因为这些指标缺少文献调研数据（表6-2）。由于指标存在正向和负向性，正向指标值越大说明该指标状态越好。本研究将负向指标（平均海拔、景观破碎度和土壤侵蚀度）进行负向标准化，以达到与正向指标相同方向的表达方式。如果负向指标在雷达图上反映出比全国平均值或者重要生态功能区大，那么说明该指标对生态系统的负向影响小于全国水平。

1. 北方生态区

由图6-18可知研究区的土壤侵蚀度、平均海拔、叶面积指数和植被覆盖率的极差归一化值高于全国或者重要生态功能区平均值，尤其以生态结构准则层植被覆盖率和叶面积指数最为明显，说明北方生态区生态结构较其他生态区优越。另外，研究区年均温及固碳释氧量要低于全国平均水平，说明年均温是北方生态区生态系统的制约因素。又因为固碳释氧力和植物的光合作用日同化量息息相关，固碳释氧力弱说明植物的新陈代谢能力较弱，

表 6-2 生态支撑力单指标平均水平

名称	尺度	平均水平
年均降雨量	全国	630mm
年均温	全国	10℃
平均海拔	全国	800m
植被覆盖率	全国	35.27%
叶面积指数	重要生态功能区	3.015m²/m²
生物丰度指数	重要生态功能区	59.32%
景观破碎度	重要生态功能区	1.1501
净第一性生产力（NPP）	全国	425.20 g／（m²·a）
水源涵养量	重要生态功能区	1.0560km³/a
固碳释氧量	重要生态功能区	2486.72 万 t
土壤侵蚀度	重要生态功能区	2.77

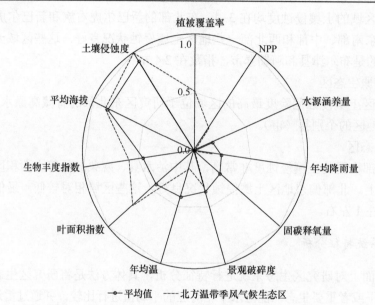

图 6-18　北方温带季风气候生态区生态支撑力雷达图

自身生长速度和繁衍能力较其他地方弱。因此，一旦生态系统被破坏，恢复其原貌的速度也会相较于其他地方缓慢。

2. 西北生态区

图 6-19 反映出除植被覆盖率的极差归一化值高于全国平均值外，其他研究区各项指标基本上低于全国或者重要生态功能区平均值，尤其以土壤侵蚀度最为明显。由此说明，该地区生态系统良好，具备重要生态功能区高植被覆盖率特点。而土壤侵蚀度明显低于重要生态功能区水平，说明西北重要生态功能区的土壤侵蚀严重，制约当地生态系统发展。

3. 青藏高原生态区

由图 6-20 反映出青藏高原生态区的植被覆盖率、NPP、水源涵养量和固碳释氧量的极

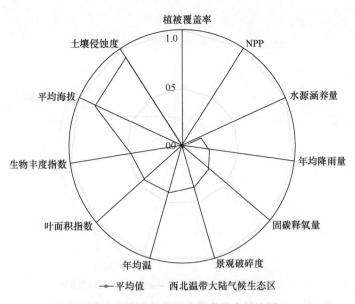

图 6-19 西北生态区生态支撑力雷达图

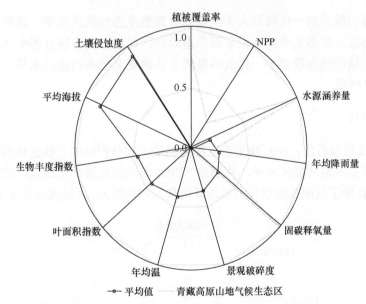

图 6-20 青藏高原山地气候生态区生态支撑力雷达图

差归一化值高于全国或者重要生态功能区水平，尤其以植被覆盖率和水源涵养量最为明显。另外，研究区的叶面积指数及平均海拔、年均温等指标分别小于重要生态功能区水平和全国平均水平。植被覆盖率高于全国水平，说明该地区因属于重要生态功能区而具备良好的生态系统。水源涵养量高于其他重要生态功能区，主要是青藏重要生态功能区是三江源头的缘故。而植被覆盖率低主要是因为青藏高原的平均海拔高于影响植物开花流蜜的 800m，影响到植被的垂直分布；年均温低也因平均海拔高导致地面辐射少。

4. 西南生态区

由图 6-21 可知，西南生态区的植被覆盖率、NPP、叶面积指数、生物丰度指数、年均

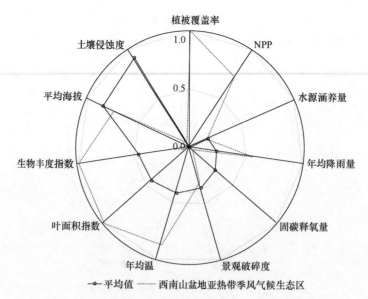

图 6-21　西南山盆地亚热带季风气候生态区生态支撑力雷达图

降雨量及年均温的极差归一化值都大于全国或者重要生态功能区水平。说明该区年均降雨量充沛和温度适宜，生态系统较其他重要生态功能区优越，具有较好的生态功能服务。该区负向指标的土壤侵蚀度极差归一化值明显低于其他重要生态功能区水平，也说明该区受到土壤侵蚀灾害严重。

5. 东南生态区

通过图 6-22 可以看出，在反映生态支撑力的绝大部分指标中，该区域的指标值都大于全国水平或者重要生态功能区水平，特别是 NPP、年均降雨量、年均温、植被覆盖率等指标。分析其原因，除了反映气候状况的年均降雨量及年均温外，区域内分布多个自然保护区，

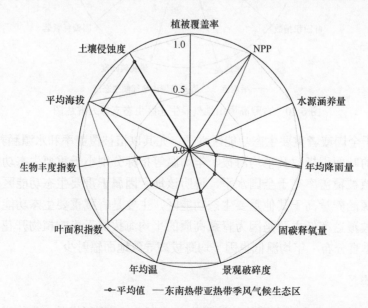

图 6-22　东南热带亚热带季风气候生态区生态支撑力的雷达图

且拥有丰富的森林生态系统，动植物资源丰富，因此反映植被状况的相关指标如 NPP、植被覆盖率等远高于全国水平。而负向指标中平均海拔较全国平均海拔较低，景观破碎度状况优于全国平均水平。土壤侵蚀状况略高于全国平均水平，这又说明土壤侵蚀度影响着该区的生态系统稳定性。

6.3.1.3　生态支撑力指数的计算

1. 权重的确定

熵权法是一种在综合考虑各因素提供信息量的基础上计算一个综合指标的数学方法。作为客观综合定权法，其主要根据各指标传递给决策者的信息量大小来确定权重。熵权法能准确反映生态支撑力评价指标所含的信息量，可解决区域生态支撑力评价各指标信息量大、准确进行量化难的问题（周利军和张淑花，2008）。因此，本研究采用熵权法来确定其权重值，根据式（3-6）~ 式（3-13），结果如表 6-3~ 表 6-7 所示。

1）北方生态区

表 6-3　北方生态区生态支撑力权重值

评价指标	权重	排序
平均海拔	0.12	3
年均降雨量	0.10	4
年均温	0.07	9
景观破碎度	0.08	7
叶面积指数	0.07	8
生物丰度指数	0.14	2
植被覆盖率	0.09	5
NPP	0.06	10
土壤侵蚀度	0.14	1
固碳释氧量	0.08	6
水源涵养量	0.05	11

2）西北生态区

表 6-4　西北生态区生态支撑力权重值

评价指标	权重	排序
NPP	0.07	7
固碳释氧量	0.20	1
年均降雨量	0.07	6
景观破碎度	0.05	9
平均海拔	0.03	11
年均温	0.04	10
生物丰度指数	0.08	4
水源涵养量	0.20	2
土壤侵蚀度	0.07	8
叶面积指数	0.08	5
植被覆盖率	0.11	3

3）青藏高原生态区

表 6-5　青藏高原生态区生态支撑力权重值

评价指标	权重	排序
年均降雨量	0.11	3
年均温	0.07	7
平均海拔	0.06	11
景观破碎度	0.14	1
植被覆盖率	0.13	2
生物丰度指数	0.09	5
叶面积指数	0.11	3
NPP	0.07	7
水源涵养量	0.08	6
固碳释氧量	0.07	7
土壤侵蚀度	0.07	7

4）西南生态区

表 6-6　西南生态区生态支撑力指标权重

评价指标	权重	排序
NPP	0.092	6
固碳释氧量	0.088	9
年均降雨量	0.091	7
景观破碎度	0.091	8
平均海拔	0.093	1
平均气温	0.092	3
生物丰度指数	0.092	5
水源涵养量	0.088	11
土壤侵蚀度	0.088	10
叶面积指数	0.092	2
植被覆盖率	0.093	4

5）东南生态区

表 6-7　东南生态区生态支撑力指标权重

评价指标	权重	排序
平均海拔	0.033	11
年均降雨量	0.113	3
年均温	0.083	5
景观破碎度	0.043	10
生物丰度指数	0.061	7
叶面积指数	0.050	9
植被覆盖率	0.075	6
NPP	0.092	4
土壤侵蚀度	0.060	8
固碳释氧量	0.194	2
水源涵养量	0.196	1

2. 生态支撑力指数确定

根据生态支撑力指数的定义，生态支撑力指数的大小取决于生态系统的自然驱动、生态结构和生态功能。五大区的生态支撑力指数根据式（3-5）计算如下所述。

1）北方生态区

北方生态区各县（市）的生态支撑力值如表 6-8 所示。

表 6-8　北方生态区生态支撑力指数值

县（市）名称	行政代码	生态支撑力值	县（市）名称	行政代码	生态支撑力值
安塞县	610624	0.21	鹤岗市	230400	0.26
安图县	222426	0.33	黑河市	231100	0.34
敖汉旗	150430	0.23	横山县	610823	0.20
白城市	220800	0.15	呼玛县	232721	0.42
白山市	220600	0.35	虎林市	230381	0.26
陈巴尔虎旗	150725	0.28	华池县	621023	0.21
承德市	130800	0.25	桦川县	230826	0.19
承德县	130821	0.30	怀安县	130728	0.20
赤峰市	150400	0.23	环县	621022	0.21
崇礼县	130733	0.23	珲春市	222404	0.31
崇信县	620823	0.20	会宁县	620422	0.18
磁县	130427	0.19	吉县	141028	0.23
大宁县	141030	0.22	集贤县	230521	0.20
大洼县	211121	0.20	佳县	610828	0.20
定边县	610825	0.19	嘉荫县	230722	0.29
定西市	621100	0.21	泾川县	620821	0.20
东宁县	231024	0.31	井陉县	130121	0.24
敦化市	222403	0.35	靖边县	610824	0.19
额尔古纳市	150784	0.35	靖宇县	220622	0.32
鄂伦春自治旗	150723	0.50	靖远县	620421	0.12
鄂温克族自治旗	150724	0.31	静宁县	620826	0.13
丰宁满族自治县	130826	0.30	喀喇沁旗	150428	0.25
抚松县	220621	0.35	开鲁县	150523	0.19
抚远县	230833	0.20	库伦旗	150524	0.21
府谷县	610822	0.21	宽城满族自治县	130827	0.28
阜平县	130624	0.26	涞水县	130623	0.23
富锦市	230882	0.20	涞源县	130630	0.26
甘谷县	620523	0.14	林口县	231025	0.24
甘泉县	610627	0.24	临城县	130522	0.22
根河市	150785	0.33	临县	141124	0.18
固原市	640400	0.18	灵寿县	130126	0.21
海拉尔区	150702	0.19	灵台县	620822	0.21
海林市	231083	0.31	凌海市	210781	0.24
海原县	640522	0.14	柳林县	141125	0.20
行唐县	130125	0.18	龙井市	222405	0.28
和龙市	222406	0.31	隆化县	130825	0.31

县（市）名称	行政代码	生态支撑力值	县（市）名称	行政代码	生态支撑力值
陇西县	621122	0.21	图们市	222402	0.37
滦平县	130824	0.29	万全县	130729	0.19
萝北县	230421	0.24	汪清县	222424	0.32
满城区	130607	0.21	围场满族蒙古族自治县	130828	0.30
米脂县	610827	0.20	翁牛特旗	150426	0.23
密山市	230382	0.24	吴堡县	610829	0.21
密云县	110228	0.25	吴起县	610626	0.21
漠河县	232723	0.33	五常市	230184	0.27
牡丹江市	231000	0.24	武安市	130481	0.21
穆棱市	231085	0.29	武山县	620524	0.16
奈曼旗	150525	0.22	西峰区	621002	0.19
讷河市	230281	0.20	西吉县	640422	0.15
内丘县	130523	0.22	隰县	141031	0.20
嫩江县	231121	0.29	邢台县	130521	0.24
宁安市	231084	0.29	兴隆县	130822	0.29
宁城县	150429	0.24	兴县	141123	0.19
盘锦市	211100	0.20	宣化县	130721	0.20
平泉县	130823	0.28	逊克县	231123	0.36
平山县	130131	0.26	牙克石市	150782	0.34
齐齐哈尔市	230200	0.21	延安市	610600	0.23
迁西县	130227	0.25	延川县	610622	0.21
秦安县	620522	0.13	延吉市	222401	0.17
清涧县	610830	0.22	延长县	610621	0.22
清水县	620521	0.17	伊春市	230700	0.40
庆城县	621021	0.21	易县	130633	0.24
曲阳县	130634	0.18	营口市	210800	0.25
饶河县	230524	0.25	永和县	141032	0.20
沙河市	130582	0.20	榆林市	610800	0.17
尚志市	230183	0.29	榆中县	620123	0.17
涉县	130426	0.25	元氏县	130132	0.19
神木县	610821	0.20	赞皇县	130129	0.23
石楼县	141126	0.18	张家川回族自治县	620525	0.19
顺平县	130636	0.22	张家口市	130700	0.17
绥滨县	230422	0.17	漳县	621125	0.20
绥德县	610826	0.21	长白朝鲜族自治县	220623	0.34
孙吴县	231124	0.27	镇赉县	220821	0.19
塔河县	232722	0.32	镇原县	621027	0.18
泰来县	230224	0.18	志丹县	610625	0.21
汤原县	230828	0.22	庄浪县	620825	0.16
唐县	130627	0.23	涿鹿县	130731	0.22
天镇县	140222	0.20	子长县	610623	0.20
通辽市	150500	0.17	子洲县	610831	0.20
通渭县	621121	0.21	遵化市	130281	0.20
同江市	230881	0.20			

2）西北生态区

西北生态区各县（市）的生态支撑力值如表6-9所示。

表6-9　西北生态区生态支撑力指数值

县（市）名称	行政代码	生态支撑力值	县（市）名称	行政代码	生态支撑力值
阿克塞哈萨克族自治县	620924	0.08	库尔勒市	652801	0.13
阿勒泰市	654301	0.20	乐都区	630202	0.18
阿鲁科尔沁旗	150421	0.25	林西县	150424	0.20
巴林右旗	150423	0.23	轮台县	652822	0.14
巴林左旗	150422	0.21	玛纳斯县	652324	0.17
布尔津县	654321	0.22	门源回族自治县	632221	0.21
昌吉市	652301	0.20	民乐县	620722	0.14
多伦县	152531	0.20	民勤县	620621	0.10
鄂托克前旗	150623	0.22	尼勒克县	654028	0.25
巩留县	654024	0.20	祁连县	632222	0.21
沽源县	130724	0.19	若羌县	652824	0.27
哈巴河县	654324	0.19	沙湾县	654223	0.19
呼图壁县	652323	0.20	尚义县	130725	0.18
互助土族自治县	630223	0.20	肃南裕固族自治县	620721	0.18
吉木乃县	654326	0.20	塔城市	654201	0.21
嘉峪关市	620200	0.08	特克斯县	654027	0.21
酒泉市	620900	0.09	天峻县	632823	0.21
康保县	130723	0.16	天祝藏族自治县	620623	0.20
科尔沁右翼前旗	152221	0.35	同心县	640324	0.10
科尔沁右翼中旗	152222	0.24	突泉县	152224	0.26
科尔沁左翼后旗	150522	0.23	托里县	654224	0.21
科尔沁左翼中旗	150521	0.19	尉犁县	652823	0.13
克什克腾旗	150425	0.28	乌鲁木齐县	650121	0.17
库车县	652923	0.13	乌审旗	150626	0.16
盐池县	640323	0.14	武威市	620600	0.11
永昌县	620321	0.10	新巴尔虎右旗	150727	0.23
扎鲁特旗	150526	0.24	新巴尔虎左旗	150726	0.23
张北县	130722	0.18	新源县	654025	0.21
昭苏县	654026	0.20	张掖市	620700	0.10
中卫县	640500	0.11			

3）青藏高原生态区

青藏高原生态区各县（市）的生态支撑力值如表6-10所示。

表6-10　青藏高原生态区生态支撑力指数值

县（市）名称	行政代码	生态支撑力值	县（市）名称	行政代码	生态支撑力值
阿坝县	513231	0.24	碧土乡	540327	0.28
安多县	542425	0.25	波密县	540424	0.33
巴青县	542429	0.24	察隅县	540425	0.51
班戈县	542428	0.34	称多县	632723	0.21
班玛县	632622	0.28	错那县	542232	0.41
比如县	542423	0.24	达日县	632624	0.24

县（市）名称	行政代码	生态支撑力值	县（市）名称	行政代码	生态支撑力值
德格县	513330	0.28	芒康县	540328	0.28
定结县	540231	0.13	米林县	540422	0.30
定日县	540223	0.20	墨脱县	540423	0.50
改则县	542526	0.39	那曲县	542421	0.25
甘德县	632623	0.22	囊谦县	632725	0.27
甘孜县	513328	0.23	尼玛县	542430	0.42
格尔木市	632801	0.30	聂拉木县	540235	0.18
吉隆县	540234	0.18	曲麻莱县	632726	0.31
加查县	542229	0.23	壤塘县	513230	0.24
江达县	540321	0.23	若尔盖县	513232	0.24
久治县	632625	0.23	色达县	513333	0.24
朗县	540426	0.28	申扎县	542426	0.22
巴宜区	540402	0.29	石渠县	513332	0.27
隆子县	542231	0.22	索县	542427	0.23
炉霍县	513327	0.23	盐井纳西民族乡	540328	0.25
碌曲县	623026	0.24	玉树市	632701	0.26
玛多县	632626	0.25	杂多县	632722	0.32
玛沁县	632621	0.23	治多县	632724	0.26
玛曲县	623025	0.24			

4）西南生态区

西南生态区各县（市）的生态支撑力值如表 6-11 所示。

表 6-11　西南生态区生态支撑力指数值

县（市）名称	行政代码	生态支撑力值	县（市）名称	行政代码	生态支撑力值
安康市	610900	0.79	大理白族自治州	532900	2.05
安龙县	522328	0.74	大姚县	532326	0.73
安顺市	520400	1.14	丹巴县	513323	0.79
巴东县	422823	0.95	丹凤县	611022	1.13
巴南区	500113	29.21	丹寨县	522636	1.47
巴塘县	513335	0.95	宕昌县	621223	3.54
白河县	610929	1.28	道孚县	513326	0.93
宝鸡市	610300	5.02	稻城县	513337	0.95
宝兴县	511827	0.67	得荣县	513338	1.15
北川羌族自治县	510726	0.71	德钦县	533422	0.69
毕节市	520500	0.84	迭部县	623024	1.95
宾川县	532924	0.99	东川区	530113	1.20
布拖县	513429	1.00	都匀市	522701	0.74
成县	621221	1.45	独山县	522726	0.71
城固县	610722	1.05	峨边彝族自治县	511132	0.74
城口县	500229	0.97	峨眉山市	511181	1.24
大方县	520521	0.90	洱源县	532930	0.82
大关县	530624	1.26	万秀区	450403	2.29

县（市）名称	行政代码	生态支撑力值	县（市）名称	行政代码	生态支撑力值
丰都县	500230	0.98	开阳县	520121	0.87
凤冈县	520327	0.84	凯里市	522601	1.15
凤县	610330	1.16	康定市	513301	0.76
奉节县	500236	0.92	康县	621224	1.08
佛坪县	610730	1.45	兰坪白族普米族自治县	533325	0.51
涪陵区	500102	1.51	岚皋县	610925	1.02
福贡县	533323	0.54	蓝田县	610122	1.23
福泉市	522702	0.95	澜沧拉祜族自治县	530828	0.52
贡山独龙族怒族自治县	533324	0.52	雷波县	513437	0.85
古蔺县	510525	0.79	礼县	621226	2.61
关岭布依族苗族自治县	520424	0.87	理塘县	513334	0.75
贵定县	522723	0.89	理县	513222	1.09
贵阳市	520100	0.91	丽江市	530700	0.50
汉阴县	610921	1.27	荔波县	522722	0.64
汉中市	610700	6.03	两当县	621228	1.66
河池市	451200	0.65	留坝县	610729	1.23
河口瑶族自治县	532532	0.90	六盘水市	520200	23.43
赫章县	520527	0.89	六枝特区	520203	0.93
鹤庆县	532932	0.93	龙里县	522730	1.05
黑水县	513228	0.82	龙州县	451423	0.94
红原县	513233	0.95	泸定县	513322	0.93
华宁县	530424	1.72	泸水县	533321	0.67
华坪县	530723	1.01	泸西县	532527	1.20
黄平县	522622	0.91	鲁甸县	530621	1.57
徽县	621227	1.23	陆良县	530322	1.12
会东县	513426	0.70	禄劝彝族苗族自治县	530128	0.74
会理县	513425	0.62	罗甸县	522728	0.54
会泽县	530326	0.74	洛南县	611021	1.10
惠水县	522731	0.69	绿春县	532531	0.52
剑川县	532931	0.76	略阳县	610727	1.04
金川区	620302	0.77	麻江县	522635	1.24
金口河区	511113	2.62	麻栗坡县	532624	0.75
金平苗族瑶族傣族自治县	532530	0.60	马边彝族自治县	511133	0.69
金沙县	520523	0.84	马尔康县	513229	0.78
金阳县	513430	1.28	马关县	532625	0.70
景洪市	532801	0.54	茂县	513223	0.67
靖西市	451081	0.53	湄潭县	520328	0.86
九龙县	513324	0.66	蒙自市	532503	1.13
筠连县	511527	1.53	勐海县	532822	0.64
开县	500234	1.12	勐腊县	532823	0.45

县（市）名称	行政代码	生态支撑力值	县（市）名称	行政代码	生态支撑力值
孟连傣族拉祜族佤族自治县	530827	0.74	思茅区	530802	0.57
弥勒市	532504	0.79	松潘县	513224	0.89
勉县	610725	1.02	绥阳县	520323	0.74
冕宁县	513433	0.58	太白县	610331	1.16
岷县	621126	3.47	腾冲市	530581	0.44
木里藏族自治县	513422	0.61	天峨县	451222	0.56
那坡县	451026	0.70	天全县	511825	0.65
纳雍县	520525	0.94	天水市	620500	3.23
南丹县	451221	0.56	通江县	511921	0.65
南江县	511922	0.74	万州区	500101	1.03
九寨沟县	513225	0.98	万源市	511781	0.79
南郑县	610721	0.94	望谟县	522326	0.55
内乡县	411325	1.00	威宁彝族回族苗族自治县	520526	0.86
宁明县	451422	1.21	威信县	530629	1.13
宁南县	513427	1.07	维西傈僳族自治县	533423	0.54
宁强县	610726	0.90	文山壮族苗族自治州	532600	0.88
宁陕县	610923	1.01	文县	621222	1.22
攀枝花市	510400	0.98	汶川县	513221	0.60
盘县	520222	0.68	瓮安县	522725	0.90
平坝区	520403	1.83	巫山县	500237	1.03
平利县	610926	0.95	巫溪县	500238	0.91
平塘县	522727	0.64	武定县	532329	0.92
平武县	510727	0.65	武都区	621202	2.00
凭祥市	451481	2.88	西畴县	532623	1.10
普安县	522323	1.03	西和县	621225	2.31
普定县	520422	1.37	西盟佤族自治县	530829	0.97
黔西县	520522	0.93	西峡县	411323	0.97
巧家县	530622	0.83	西乡县	610724	0.94
青川县	510822	1.05	息烽县	520122	1.53
清镇市	520181	1.21	淅川县	411326	1.14
晴隆县	522324	1.18	乡城县	513336	0.87
曲靖市	530300	0.87	小金县	513227	0.94
仁怀市	520382	1.08	兴仁县	522322	0.86
山阳县	611024	1.02	兴山县	420526	1.09
商南县	611023	1.11	兴义市	522301	0.78
商州区	611002	1.18	修文县	520123	1.56
上思县	450621	1.56	宣威市	530381	0.71
施秉县	522623	0.98	旬阳县	610928	0.88
石林彝族自治县	530126	1.52	寻甸回族彝族自治县	530129	0.84
石泉县	610922	1.29	雅江县	513325	0.79
水城县	520221	0.79	盐津县	530623	0.88

县（市）名称	行政代码	生态支撑力值	县（市）名称	行政代码	生态支撑力值
盐源县	513423	0.67	镇巴县	610728	0.88
洋县	610723	0.89	镇宁布依族苗族自治县	520423	0.94
漾濞彝族自治县	532922	0.94	镇坪县	610927	1.29
盈江县	533123	0.50	镇雄县	530627	0.78
永仁县	532327	1.02	织金县	520524	0.99
永胜县	530722	0.72	香格里拉市	533401	0.60
余庆县	520329	0.98	忠县	500233	1.47
元谋县	532328	1.67	舟曲县	623023	2.86
云龙县	532929	0.53	周至县	610124	1.06
云阳县	500235	0.87	卓尼县	623022	2.49
郧西县	420322	0.98	秭归县	420527	1.06
郧阳区	420304	0.91	紫阳县	610924	0.94
柞水县	611026	1.17	紫云苗族布依族自治县	520425	0.71
长顺县	522729	0.99	遵义市	520300	4.61
贞丰县	522325	1.54	遵义县	520321	0.62
镇安县	611025	1.02			

5）东南生态区

东南生态区各县（市）的生态支撑力值如表 6-12 所示。

表 6-12　东南生态区生态支撑力指数值

县（市）名称	行政代码	生态支撑力值	县（市）名称	行政代码	生态支撑力值
安庆市	340800	0.31	罗田县	421123	0.36
安乡县	430721	0.28	麻城市	421181	0.36
安义县	360123	0.35	梅州市	441400	0.40
安远县	360726	0.42	沁阳市	410882	0.26
白沙黎族自治县	469025	0.48	明光市	341182	0.24
保亭黎族苗族自治县	469029	0.43	南昌市	360100	0.34
鄱阳县	361128	0.44	南昌县	360121	0.34
昌江黎族自治县	469026	0.41	南县	430921	0.29
常山县	330822	0.42	南雄市	440282	0.39
城步苗族自治县	430529	0.39	宁远县	431126	0.39
池州市	341700	0.37	彭泽县	360430	0.37
崇义县	360725	0.42	平远县	441426	0.39
枞阳县	340823	0.32	蕲春县	421126	0.36
大悟县	420922	0.32	铅山县	361124	0.46
大冶市	420281	0.31	庆元县	331126	0.44
张家界市	430800	0.41	琼中黎族苗族自治县	469030	0.52
大余县	360723	0.39	曲江区	440205	0.44
道县	431124	0.38	全南县	360729	0.41
德安县	360426	0.37	全州县	450324	0.40

县（市）名称	行政代码	生态支撑力值	县（市）名称	行政代码	生态支撑力值
定南县	360728	0.41	确山县	411725	0.27
东安县	431122	0.36	仁化县	440224	0.40
东方市	469007	0.42	融水苗族自治县	450225	0.44
东至县	341721	0.41	乳源瑶族自治县	440232	0.42
都昌县	360428	0.37	三江侗族自治县	450226	0.40
鄂州市	420700	0.29	三亚市	460200	0.38
富川瑶族自治县	451123	0.34	桑植县	430822	0.43
公安县	421022	0.28	商城县	411524	0.29
恭城瑶族自治县	450332	0.39	上犹县	360724	0.39
灌阳县	450327	0.39	韶关市	440200	0.36
光山县	411522	0.26	石门县	430726	0.42
广水市	421381	0.30	石首市	421081	0.28
含山县	340522	0.28	始兴县	440222	0.40
汉寿县	430722	0.34	寿县	341521	0.25
和平县	441624	0.44	双牌县	431123	0.40
和县	340523	0.28	泗洪县	321324	0.22
贺州市	451100	0.46	泗阳县	321323	0.20
横峰县	361125	0.40	松阳县	331124	0.40
红安县	421122	0.30	绥宁县	430527	0.39
洪湖市	421083	0.33	随州市	421300	0.37
洪泽县	320829	0.21	遂昌县	331123	0.43
湖口县	360429	0.32	太湖县	340825	0.37
华容县	430623	0.30	桐柏县	411330	0.29
淮安市	320800	0.19	屯昌县	469022	0.44
淮阴区	320804	0.20	望江县	340827	0.31
黄梅县	421127	0.31	无为县	340225	0.30
霍邱县	341522	0.27	五河县	340322	0.20
霍山县	341525	0.36	武汉市	420100	0.32
嘉鱼县	421221	0.30	武穴市	421182	0.31
江华瑶族自治县	431129	0.42	武夷山市	350782	0.47
江山市	330881	0.42	新建区	360112	0.35
江永县	431125	0.38	新宁县	430528	0.38
蕉岭县	441427	0.38	新县	411523	0.34
金寨县	341524	0.36	信阳市	411500	0.30
进贤县	360124	0.38	星子县	360427	0.32
景宁畲族自治县	331127	0.41	兴安县	450325	0.39
九江市	360400	0.35	兴宁市	441481	0.40
九江县	360421	0.37	宿松县	340826	0.33
开化县	330824	0.44	寻乌县	360734	0.41
蓝山县	431127	0.40	宜章县	431022	0.39
乐昌市	440281	0.38	弋阳县	361126	0.42
乐东黎族自治县	469027	0.42	英山县	421124	0.36

县（市）名称	行政代码	生态支撑力值	县（市）名称	行政代码	生态支撑力值
连平县	441623	0.42	颍上县	341226	0.21
连山壮族瑶族自治县	441825	0.40	永修县	360425	0.37
临武县	431025	0.38	永州市	431100	0.35
临湘市	430682	0.38	余干县	361127	0.38
灵川县	450323	0.40	沅江市	430981	0.30
龙川县	441622	0.43	岳西县	340828	0.38
龙南县	360727	0.41	岳阳县	430621	0.37
龙泉市	331181	0.45	云和县	331125	0.41
龙胜各族自治县	450328	0.39	长丰县	340121	0.24
罗山县	411521	0.27	资源县	450329	0.39

6.3.1.4 生态支撑力评价分析

1. 生态支撑力区域差异性分析

由熵权法得出生态支撑力值在区间 [0，1]，无量纲，并通过聚类分析将相似性最大的数据分在同一级，差异性最大的数据分在不同级的自然间断点分级法，将全国重要生态功能区生态支撑力分为 5 个等级，如图 6-24 所示：区间在 [0.08，0.18] 的生态支撑力，为生态支撑力极不稳定等级。区间在 [0.19，0.25] 的生态支撑力，为生态支撑力不稳定等级。区间在 [0.26，0.32] 的生态支撑力，为生态支撑力较稳定等级。区间在 [0.33，0.38] 的生态支撑力，为生态支撑力中稳定等级。区间在 [0.39，0.52] 的生态支撑力，为生态支撑力极稳定等级。

如图 6-23 和图 6-24（彩图附后）所示，中国重要生态功能区生态支撑力呈自沿海向内地

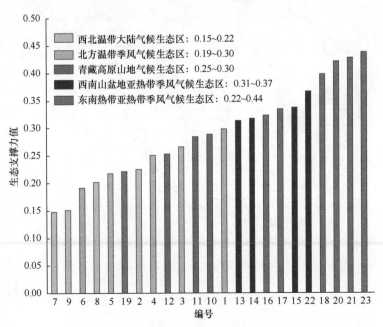

图 6-23 五大重要生态功能区生态支撑力排序图

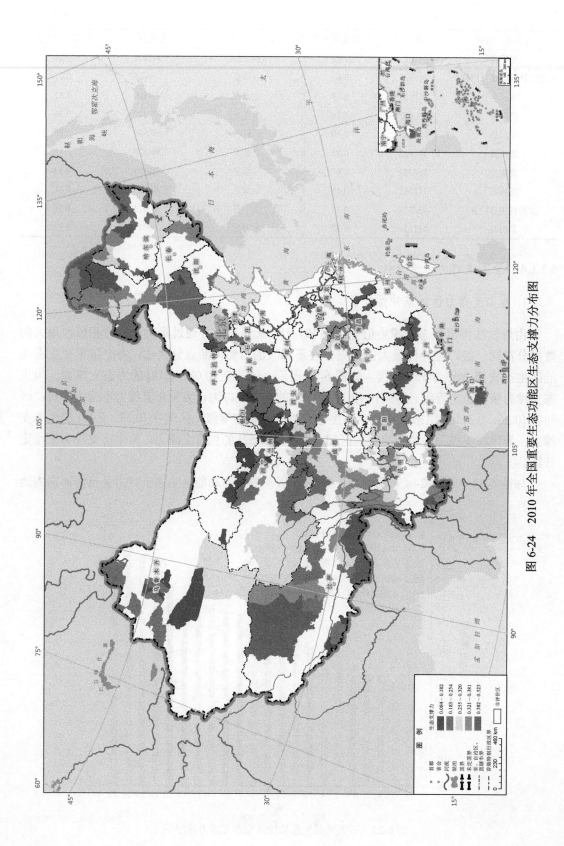

图 6-24 2010 年全国重要生态功能区生态支撑力分布图

图例

生态支撑力
- 0.084 ~ 0.182
- 0.183 ~ 0.254
- 0.255 ~ 0.320
- 0.321 ~ 0.381
- 0.382 ~ 0.523
- 非评价区

- ★ 首都
- ● 省会
- 河流、湖泊
- 国界
- 未定国界
- 省、自治区、直辖市界
- 香港特别行政区界

0   230   460 km

和自东南向西北递减的特点。其中，北方生态区在总体上生态支撑力水平最低，其值在[0.15，0.30]，而东南生态区在总体上生态支撑力水平最高，其值在[0.32，0.44]。如图6-7和图6-8所示，生态支撑力空间分布与年均降雨量和年均温相似。在年均降雨量排序图中，西南生态区和东南生态区的年均降雨量平均高于中国年均降雨量630mm，而在年均温排序图中，西南生态区和东南生态区的年均温高于普通植物发芽等温线10℃。其中，水因子和温度因子是主要制约生物生存的生态因子。因此年均降雨量高于全国平均水平（630mm），年均温高于普通植物发芽等温线（10℃），易于植物发芽和发育。植物在生态系统结构属于生产者，其他生物均依赖于植物群落的发展情况。所以，植物群落发展越好，生态系统相对稳定，生态支撑力也相对较高。所以，西南生态区和东南生态区的生态支撑力水平位于全国较高水平。

1）北方生态区

由图6-24可知，生态支撑力最大的区域主要分布在吉林省的东部长白山地区及大小兴安岭地区，以敦化市、抚松县和浑江市为主，主要是因为长白山地区完整的森林生态系统，具有较为丰富的植被覆盖率和涵养水源能力，而三江平原由于湿地功能退化，生态支撑力较小。太行山地区南部和东部，经济较发达，农耕田密集，作物种类单一，使得土壤更易受到侵蚀，从而破坏生态系统的稳定性因此生态支撑力较小，而华北水源涵养地区生态支撑力大的地区主要分布在敖汉旗、承德市、赤峰市、围场满族蒙古族自治县、丰宁满族自治县及宁城县和迁西县等中部区域。东北部和西南部区域相对承载力较小，尤其是最北部的通辽市与最南部的遵化市，生态支撑力相对较小。研究区生态支撑力最小的地区应该是西南方向的黄土高原地区，该区域是我国人口、资源、环境矛盾最集中的区域之一，也是世界上水土流失最严重的地区，自然生态系统极其不稳定，因此生态支撑力最小。

2）西北生态区

区域生态支撑力评价的空间区域等级如图6-24所示。其中，指数分布在0.081~0.133的面积约为17.2万km²，占13.4%的比例；在0.134~0.183的面积约为5.2万km²，占4%的比例；在0.184~0.224的面积约为16.2万km²，约占12.6%的比例；在0.225~0.281的面积有将近84.1万km²，占65.3%的比例；在0.282~0.352的面积有6万km²，约占4.7%的比例。从图6-24中可以看出，生态支撑力大的地区主要分布在新巴尔虎左旗和新巴尔虎右旗等东北区域，以及西北的若羌县等少数县。冬季高山阻断来自欧亚高原上的西伯利亚寒流，夏季则受到来自太平洋的暖湿气流，良好的水热条件使得这些地区森林发育良好，植被覆盖率高，因此森林的生态服务功能较好，生态支撑力较高；而生态支撑力小的地区主要分布在研究区的中部民勤县和武威市一带。这些地区自然生态环境恶劣，生态脆弱，即使受人类社会经济活动压力很小，但生态支撑力本身也不大，地区景观破碎度高，生态系统较脆弱，因而生态支撑能力低。

3）青藏高原生态区

由图6-24可以看出，生态支撑力总体趋势由西向东逐渐减小，生态支撑力较大的区域主要分布于藏西北和藏东南地区，生态支撑力较小的区域主要分布于藏西南及青海与四川交界地区。生态支撑力最大值是察隅县0.51。最小值为定结县0.13。造成生态支撑力分布规律的主要原因是在藏西北和藏东南地区为人口稀少地区，人为破坏较少，植被覆盖率及其他植被较多，因此该地区的生态支撑力较大。而生态支撑力较小的地区如藏西南地处高原，紧靠喜马拉雅山脉，各种植被相对较少，并且人口较多，所以该地区的生态支撑力较小。

4）西南生态区

区域生态支撑力的空间区域等级如图 6-24 所示。其中，0.21~0.27 的生态支撑力占整个区域面积的 9.1%，而 0.28~0.31 及 0.32~0.34 的生态支撑力值则分别占区域面积的 32.3% 和 32.1%，是该区生态支撑力值的主要组成部分，而 0.35~0.38 和 0.39~0.45 则分别占 20.0% 和 6.1%，因此生态支撑力较大值（>0.35）占整个区域面积的 1/4 左右。从图中可以看出，生态支撑力大的地区主要分布于腾冲县、贡山独龙族怒族自治县和盈江县等该区域的西部边缘，防城港市、澜沧拉祜族自治县、腾冲县、勐腊县、上思县和靖西县等该区域的南部边缘，其次在万源县和城口县等该区域的北部县（市）的生态支撑力也较为理想。植被覆盖率高，因此森林的生态服务功能较好，生态支撑力较高；而生态支撑力小的地区主要集中分布在研究区的西北部，主要县（市）有礼县、岷县、宕昌县、舟曲县、西和县和卓尼县，其中承载力最小的是礼县和岷县。其他生态承载力小的县（市）零星分布在整个区域。这些地区自然生态环境较差，生态脆弱，即使受人类社会经济活动压力很小，但生态支撑力本身也不大，地区景观破碎度高，生态系统较脆弱，因而生态支撑能力低。

5）东南生态区

运用综合评价法得到东南生态区的生态支撑力评价结果（图 6-24），从图 6-24 中可以看出，由北至南，生态支撑力逐渐变大，其中，淮河中下游地区、大别山区、长江中下游地区生态支撑力相对较小，而武夷山区、武陵山区、南岭地区及海南中部山区等县（市）生态支撑力普遍较大，分析其原因，纬度越低，平均气温与年均降雨量越大，而气温与年均降雨量均对生态支撑力产生影响；分析生态支撑力较大的地区，可以发现，这些地区植被覆盖率、叶面积指数、生物丰度指数及 NPP 等指标较大，反之，生态支撑力小的地区，如大别山区、淮河中下游地区近年来由于乱砍滥伐严重，并且湖泊河流纵横，土壤结构疏松，抗蚀性较差，容易受到水流侵蚀，导致土壤侵蚀较为严重。

2. 生态支撑力主控因子分析

1）全国重要生态功能区主控因子分析

如表 6-13 所示，将生态支撑力与平均海拔、年均降雨量、年均温、NPP、固碳释氧量、水源涵养量、土壤侵蚀度、景观破碎度、叶面积指数、植被覆盖率和生物丰度指数进行 pearson 相关分析，可知生态支撑力与年均降雨量、NPP、叶面积指数和生物丰度指数有显著相关性，说明全国范围内生态支撑力的主控因子为年均降雨量、NPP、叶面积指数

表 6-13　全国重要生态功能区生态支撑力主控因子分析

主控因子		平均海拔	年均降雨量	年均温	NPP	固碳释氧量	水源涵养量	土壤侵蚀度	景观破碎度	叶面积指数	植被覆盖率	生物丰度指数
生态支撑力	pearson 相关性	0.208**	0.772**	0.561**	0.785**	0.231**	0.443**	0.202**	-0.033	0.753**	0.496**	0.748**
	显著性	0.000	0.000	0.000	0.000	0.000	0.000	0.000	0.399	0.000	0.000	0.000
	N	638	638	638	638	638	638	638	638	638	638	638

** 在 0.01 水平（双侧）上显著相关。

注：主控因子为年均降雨量、NPP、叶面积指数和生物丰度指数

和生物丰度指数。其中，年均降雨量是生态系统类型的主要决定因素之一，多数数据表明热带森林生态系统对气候变化没有很强的自更新活力，尤其是应对降水减少和干旱增加的恢复能力相对较弱。而 NPP 与生态系统自更新力呈正相关还存在异议，但与生产力密切相关。叶面积指数和生物丰度指数都在一定程度上反映生物多样性，现阶段对生物多样性与自更新力之间的关系也存在异议。所以，采用年均降雨量来表征自更新力，NPP 表征生产力，生物多样性和叶面积指数在一定程度上表征生物多样性。因此，生态支撑力又分别从自更新力、生产力和生物多样性来描述。

根据生态支撑力的主控因子可分析，西北防风固沙重要区西北部的年均降雨量、NPP和生物丰度指数、植被覆盖率均在全国范围内处于低水平，说明该地区的自更新力弱、生产力低、生物多样性贫瘠；祁连山地水源涵养重要区的年均降雨量、NPP 和生物丰度指数、植被覆盖率处于全国低水平，说明该地区的自更新力弱、生产力低、生物多样性贫瘠；黄土高原水土保持重要区的年均降雨量在全国范围处于低水平，NPP 和生物丰度指数、植被覆盖率在全国范围内处于较低水平，说明该地区自更新力弱、生产力较低、生物多样性较贫瘠；新疆北部水源涵养及生物多样性保护重要区的年均降雨量、NPP 和生物丰度指数、植被覆盖率在全国范围内处于低水平，说明该地区自更新力弱、生产力低、生物多样性贫瘠；太行山山脉水土保持重要区的年均降雨量处于全国低水平，NPP 处于全国较低等水平和生物丰度指数、植被覆盖率处于全国中低等水平，说明该地区自更新力弱、生产力较低、生物多样性适中；内蒙古东部草地防风固沙重要区的年均降雨量处于全国低水平、NPP 处于全国中低等水平，生物丰度指数和植被覆盖率基本上处于全国中等水平，说明该地区自更新力弱、生产力较低和生物多样性适中，藏南生物多样性保护重要区西部的年均降雨量、生物丰度指数和植被覆盖率低，NPP 处于较低水平，说明该地区自更新力低，生产力较低和生物多样性贫瘠；青藏高原水源涵养重要区和川滇生物多样性保护重要区交界地的年均降雨量低，NPP 较低，生物丰度指数和叶面积指数中低等，说明该地区自更新力弱，生产力较低和生物多样性中低等。由此可见，生态支撑力低和较低地区的自更新力弱，生产力较低，生物多样性较贫瘠。

西北防风固沙重要区（7 区）东部的年均降雨量处于全国低水平，NPP 处于全国低水平，生物丰度指数处于全国低水平和叶面积指数处于全国低水平。西北防风固沙重要区东部的生态支撑力虽然处于全国中等水平，然而该地区的自更新力弱、生产力低和生物多样性贫瘠，说明该地区不仅自然资源较恶劣，还存在一些适量的人为活动。青藏高原水源涵养重要区（12 区）的年均降雨量处于低水平，NPP 处于低和较低的水平，生物丰度指数处于低水平和叶面积指数处于中等水平，其中青藏高原水源涵养区南部的自然情况较北部有优势，总体来说青藏高原水源涵养重要区的自更新力弱、生产力低和生物多样性适中。其中叶面积指数较生物丰度指数处于较高水平，说明该地区的植被多样性更丰富，其他生物的多样性因为海拔、年均温等生境因素而相对较少。川滇生物多样性保护重要区（14 区）中部的NPP 处于中等水平，年均降雨量较低，生物丰度指数较高和叶面积指数处于中高等水平，说明该地区的自更新力较弱，生产力适中，生物多样性较丰富。因此该地区的生态系统的恢复力较弱，所以要在保护生态系统的稳定性的前提下，进行可持续发展。川贵滇水土保持重要区（13 区）中部年均降雨量处于较低和中等水平，NPP 处于高水平，生物丰度指数处于中高水平，叶面积指数处于中高水平，说明该地区的自更新力适中，生产力强和生物多样性较丰富。豫鄂皖交界山地水源涵养重要区（16区）北部的年均降雨量处于中等水平，NPP处于较高水平，生物丰度指数和叶面积指数处于中等水平，说明该地区的自更新力适中，生产力较高和生物多样性适中。内蒙古东部草地防风固沙重要区（2区）和华北水源涵养重要区（4区）的交界处的年均降雨量处于低等水平，NPP处于中低等水平，生物丰度指数处于高等水平和叶面积指数处于较高和高等水平，说明该地区的自更新力弱，生产力适中和生物多样性丰富。大小兴安岭生物多样性保护重要区（1区）南部的年均降雨量和NPP处于低水平，生物丰度指数处于中高等水平和叶面积指数处于高等水平，该地区的自更新力弱，生产力弱和生物多样性丰富。说明该地区的生态系统的恢复力弱，有一定的人为活动导致生态支撑力处于中等水平，需要加以控制。东北三省国界线生物多样性保护重要区（3区）中北部的年均降雨量处于低和较低水平，NPP处于低水平，生物丰度指数处于中高等水平和叶面积指数处于高等水平，说明该地区的自更新力弱，生产力低和生物多样性较丰富。

大小兴安岭生物多样性保护重要区的年均降雨量和NPP处于全国低水平，生物丰度指数、植被覆盖率大部分处于全国高等级，说明该地区自更新力弱、生产力低和生物多样性丰富。羌塘生物多样性保护重要区西部的年均降雨量、NPP、生物丰度指数和叶面积指数处于全国低水平，说明该地区自更新力弱、生产力低和生物多样性贫瘠。结合该地区限制因子可知，因固碳释氧量处于全国范围高和较高水平而生态支撑力较高，说明该地区的生态支撑力虽然高，但脆弱性也很高，生态系统一旦破坏不容易恢复。藏南生物多样性保护重要区东部的年均降雨量处于全国较低水平，NPP处于全国中等水平，生物丰度指数和植被覆盖率大部分处于较高水平，说明该地区的自更新力较弱，生产力适中和生物多样性较丰富。南岭地区水源涵养重要区的年均降雨量处于较高水平，NPP处于高水平，生物丰度指数和植被覆盖率大部分处于高水平，说明该地区的自更新力较强、生产力高和生物多样性丰富。浙闽皖交界山地生物多样性保护重要区的年均降雨量、NPP、生物丰度指数和植被覆盖率大部分处于高水平，说明该地区的自更新力强、生产力高和生物多样性丰富。武陵山区生物多样性保护重要区的年均降雨量处于较高水平，NPP、生物丰度指数和植被覆盖率处于高水平，说明该地区的自更新力较强、生产力高和生物多样性丰富。海南岛中部山地生物多样性保护重要区的年均降雨量和NPP处于高水平，生物丰度指数和叶面积指数处于较高和高水平，说明该地区的自更新力强、生产力高和生物多样性较丰富。秦巴山地水源涵养重要区的年均降雨量、NPP、生物丰度指数和植被覆盖率基本上处于中等水平，说明该地区自更新力、生产力和生物多样性中等。川滇生物多样性保护重要区南部的年均降雨量较低、NPP处于中等水平、生物丰度指数和植被覆盖率处于较高水平，自更新力较低、生产力适中和生物多样性较丰富。川贵滇水土保持重要区南部的年均降雨量适中、NPP、生物丰度指数与植被覆盖率较高，说明该地区自更新力适中、生产力较高和生物多样性较丰富。豫鄂皖交界山地水源涵养重要区的年均降雨量处于较高水平、NPP处于高水平、生物丰度指数和植被覆盖率处于中等水平，该地区自更新力较强、生产力高和生物多样性适中。长江中下游生物多样性保护重要区的年均降雨量和NPP处于高水平，生物丰度指数和植被覆盖率处于中等水平，说明该地区自更新力强，生产力高和生物多样性适中。由此可见生态支撑力较高和高的地区大致分为3类情况，自更新力弱地区、自更新力适中地区和自更新力强地区。自更新力弱的地区有大小兴安岭生物多样性保护重要区、羌塘生物多样性保护重要区西部、藏南生物多样性保护重要区东部和川滇生物多样性保护重要区南部。这些地区虽然生态支撑力高,一旦破坏就很难恢复,所以需要设定保护区。自更新力适中的地区有川贵滇水土保持重要区南部,说明该地区需要适度发展。自更新力强的地区有南岭地区水源涵养重要区、武陵山区生物多样性保护重要区、海南岛中部山地生物多样性和长江中下游生物多样性保护重要区,说明这些地区恢复力强,可持续发展社会经济。

2)五大重要生态功能区主控因子分析

（1）北方生态区。

运用 SPSS18.0 对评价体系中各指标和生态支撑力作相关性分析,从表 6-14 看出,与生态支撑力相关性较高的是生物丰度指数、叶面积指数及植被覆盖率,由于研究区森林和灌木面积较大,因此,生物丰度指数及叶面积指数等指标在很大程度上影响着区域生态支撑力的大小。

表 6-14　北方重要生态功能区生态支撑力与各指标相关性

指标值	与生态支撑力相关系数
平均海拔	0.376
年均降雨量	0.471
年均温	−0.105
固碳释氧量	0.203
植被覆盖率	0.865
NPP	0.238
水源涵养量	0.581
土壤侵蚀度	−0.557
景观破碎度	0.181
生物丰度指数	0.908
叶面积指数	0.815

由表 6-15 可以看出,年均降雨量、植被覆盖率、水源涵养量、生物丰度指数和叶面积指数与生态支撑力呈极显著相关关系,为生态支撑力的主控因子。年均降雨量也会发生变化,对当地生态系统的形成具有重要作用,不论是湿地的形成还是森林、平原的形成,都与年均降雨量有重大关系,因此年均降雨量也可以作为生态支撑力的主控因子,年均降雨量越大,生态支撑力越大。降雨的多少会直接影响植被覆盖率与水源涵养量,进而对生态功能因子生物丰度指数与叶面积指数产生影响。研究区跨度较大,温度的变化会影响植被覆盖进而影响生态支撑力,不过同为大陆季风气候区虽呈负相关不过影响较小;土壤是生物生存的基础,因此,土壤侵蚀与生态支撑力呈负相关。研究区较典型的地貌特征为平原与山地,山地区生态系统较为完整,因此生态支撑力较大,而平原区由于人为的影响,生态系统遭到破坏因此支撑力较小,海拔对生态支撑力有影响。

（2）西北生态区。

运用 SPSS22.0,对评价体系中各指标和生态支撑力作相关性分析,结果如表 6-15 所示。与该大区生态支撑力相关性较高的生态支撑力单因子指标是生物丰度指数,相关系数为 0.82, 其次是植被覆盖率和叶面积指数的相关系数, 也达到了 0.81 和 0.63, 几乎所有正向指标均与支撑力呈现出一定的正相关性, 而负向指标如年均温与支撑力的负相关性明显, 相关系数为 –0.55, 表明该指标对支撑力的负向影响力较大。

表 6-15　西北生态区生态支撑力相关性分析

指标值	与生态支撑力相关系数
平均海拔	0.2201
年均降雨量	0.5208
年均温	–0.5481
NPP	0.5222
固碳释氧量	0.5943
水源涵养量	0.6217
植被覆盖率	0.8127
土壤侵蚀度	0.4977
景观破碎度	–0.3626
生物丰度指数	0.8225
叶面积指数	0.6328

（3）青藏高原生态区。

运用 SPSS18.0 对评价体系中各指标和生态支撑力做相关性分析, 结果如表 6-16 所示。与生态支撑力相关性最高的是生物丰度指数、叶面积指数及植被覆盖率, 由于研究区森林和灌木面积较大, 因此, 生物丰度指数及叶面积指数等指标在很大程度上影响着区域生态支撑力大小。

由表 6-16 可以看出, 水源涵养量、固碳释氧量、年均温、叶面积指数、NPP、年均降雨量、生物丰度指数与生态支撑力呈极显著相关关系, 为生态支撑力的主控因子。年均降雨量也会发生变化, 对当地生态系统的形成具有重要作用, 不论是湿地的形成还是森林、平原的

表 6-16　青藏高原生态区生态支撑力相关性分析

指标	与生态支撑力相关系数
平均海拔	–0.428
年均降雨量	0.279
年均温	0.466
固碳释氧量	0.651
植被覆盖率	0.044
NPP	0.307
水源涵养量	0.757
土壤侵蚀度	–0.079
景观破碎度	0.011
生物丰度指数	0.227
叶面积指数	0.433

形成，都与年均降雨量有重大关系，因此年均降雨量也可以作为生态支撑力的主控因子，年均降雨量越大，生态支撑力越大。降水的多少会直接影响NPP、固碳释氧量与水源涵养量，进而对生态功能因子生物丰度指数与叶面积指数产生影响。研究区跨度较大，温度的变化会影响植被覆盖进而影响生态支撑力，不过同为大陆季风气候区虽成负相关不过影响较小；土壤是生物生存的基础，因此，土壤侵蚀与生态支撑力成负相关。研究区较典型的地貌特征为平原与山地，山地区生态系统较为完整，因此生态支撑力较大，而平原区由于人为的影响，生态系统遭到破坏因此支撑力较小，高程对生态支撑力有影响。

（4）西南生态区。

对评价体系中各指标和生态支撑力作相关性分析，结果如表6-17所示，与生态支撑力相关性较高的是年均降雨量、生物丰度指数及NPP，同时这三者与生态支撑力的相关性大致保持平衡，相关程度均在0.43~0.45。再从表6-17可以看出，与该大区生态支撑力相关性较高的生态支撑力单因子指标是年均降雨量、生物丰度指数以及NPP，它们与生态支撑力的拟合度接近0.44，而其他的生态支撑力指标与生态支撑力之间的拟合度较低，并且几乎所有正向指标均与生态支撑力呈现出一定的正相关性，而负向指标如年均温与生态支撑力的负相关性明显，表明该指标对生态支撑力的负向影响力较大。

表6-17　西南生态区生态支撑力相关性分析

指标值	相关系数
平均海拔	0.2201
年均降雨量	0.4392
平均气温	−0.2481
NPP	0.4453
固碳释氧量	0.3943
水源涵养量	0.3217
植被覆盖率	0.2127
土壤侵蚀度	0.2977
景观破碎度	−0.3626
生物丰度指数	0.4372
叶面积指数	0.2453

（5）东南生态区。

运用SPSS18.0对评价体系中各指标和生态支撑力作相关性分析，结果如表6-18所示，与生态支撑力相关性较高的是生物丰度指数、叶面积指数及植被覆盖率，由于研究区森林和灌木面积较大，因此，生物丰度指数及叶面积指数等指标在很大程度上影响着区域生态支撑力的大小。

3）全国重要生态功能区生态支撑力尺度效应分析

研究表明，中国重要生态功能区生态支撑力存在尺度效应。以呼伦贝尔市的陈巴尔虎旗县域为例，如表6-13与表6-14所示。在全国尺度上，由于各指标特征性稳定，各地区年均降雨量在这些指标中水平差距最大，直接影响其显著性，所以与年均降雨量相关性高的NPP、叶面积指数和生物丰度指数影响因素高。而在县域尺度水平，各指标影响能力的表

表 6-18　东南生态区生态支撑力相关性分析

指标	与生态支撑力相关系数
平均海拔	0.433
年均降雨量	0.726
年均温	0.590
景观破碎度	0.004
生物丰度指数	0.851
叶面积指数	0.834
植被覆盖率	0.826
NPP	0.801
土壤侵蚀度	0.216
固碳释氧量	0.449
水源涵养量	0.602

达更丰富，相较于全国尺度不稳定。此时，年均降雨量反而在县域级别表达更为稳定，其他指标的显著性就更为突出。因此，年均温、景观破碎度、叶面积指数和生物丰度指数为主控因子。由于陈巴尔虎旗属于北方针叶林，适合年均温低的森林生态系统生产和繁衍。生态支撑力与年均温呈负相关，陈巴尔虎旗年均温较其他区域高，相比之下不适合针叶林繁衍，从而影响到呈正相关的叶面积指数和生物丰度指数，而这两者属于较低水平。另外，景观破碎度较高也制约了陈巴尔虎旗的生态支撑力。由此可见，县域主控因子往往是限制因子，对策建议依据这些限制因子制定，显得更为科学与客观，如表 6-19 所示。

表 6-19　全国重要生态功能区的生态支撑力主控因子分析表

区号	类型	基于生态支撑力主控因子的提高生态支撑力的对策建议	
		主控因子	对策建议
1	水源涵养 生物多样性	固碳释氧量	加大林区保护力度；控制人口，提高人口素质，生态移民；发挥绿色优势，发展绿色产业；建立林价制度，确立森林生态系统补偿机制；开发水能资源；保护生物多样性
2	防风固沙	固碳释氧量 生物丰度指数 植被覆盖率	持续不断推进生态防护林建设；通过优化畜种、畜群结构，发展高效畜牧业提高草地的生产能力，并减少对草地的人为破坏；保障湿地在草地生态系统中的作用
3	水源涵养	年均降雨量 固碳释氧量 生物丰度指数	建立生态功能保护区，严禁乱砍滥伐，加强政府监督和管理，认真贯彻相关制度；加强生态环境监测；加强生态环境宣传教育，提高公众意识
4	水源涵养	年均降雨量 生物丰度指数 水源涵养量	通过自然修复和人工抚育措施，建立防护林，减缓沙化速度；改变水库周边生产经营方式，发展生态农业，控制面源污染；上游地区加快产业结构的调整，控制污染行业，鼓励节水产业发展，严格水利设施的管理
5	水源涵养	土壤侵蚀度	加快小流域工程建设，进行水土流失综合防治；实施保护天然林、草工程，恢复重建生态系统；加强自然保护建设，改善生态脆弱性；调整农业产业结构，提高生态系统生产力；加快城镇化进程，缓解农业生态压力；建立宣传和考核体系，提高水土保持意识
6	水土保持	植被覆盖率 平均海拔 固碳释氧量	创新建设人工植被；完善退耕还林(草)工程；出台"黄土高原土地特区"政策；适度加大财政扶持力度；完善建设淤地坝相关政策措施，尽可能降低工程的实施成本

区号	类型	基于生态支撑力主控因子的提高生态支撑力的对策建议	
		主控因子	对策建议
7	防风固沙	生物丰度指数 植被覆盖率 水源涵养量	禁止在干旱和半干旱区发展高耗水产业；在出现江河断流流域禁止新建引水和蓄水工程，合理利用水资源，保障生态用水，保护沙区湿地；发展草业，恢复生态植被；改变生产方式；进行生态封育修复
8	水源涵养 生物多样性	生物丰度指数 水源涵养量 平均海拔	转变牧民观念，严格限制载畜量，推广科学放牧；优化资源配置，开发新的饲草料生产能力，充分利用农业饲养能力，改革农作制度，变单一种植业为农畜制；着重绿洲-荒漠过渡带的生态修复
9	水源涵养	年均降雨量 生物丰度指数 水源涵养量	识别多样性保护的关键区域建立自然保护区；严防沙化问题；严控载畜量，发展人工草场
10	生物多样性	年均降雨量 植被覆盖率 叶面积指数	加大自然保护区建设；减少人为破坏，生态极脆弱区实施生态移民工程；草地退化严重区域退牧还草，划定轮牧区和禁牧区，适度发展高寒草地牧业
11	生物多样性	年均温 生物丰度指数 叶面积指数	实施整体保护战略，建设国家生态公园；加大现有自然生态系统保护的力度；加强生态环境敏感性地区退化生态环境恢复与重建工作；加快以林特生物产品为特色食品与以藏药业为基础特色的生态经济类型区建设
12	水源涵养	年均温 植被覆盖率 年均降雨量	采取多种植被恢复措施防止生态系统恶性演替，解决水量持续下降、水土流失、雪线后退等关键问题；建立科学研究基地，促进当地社会经济发展和生态环境建设；加强鼠害治理，促进草场生态系统的恢复
13	水土保持	NPP 年均降雨量	严格资源开发和建设项目的生态监管，控制人为干扰；全面实施保护天然林、退耕还林、退牧还草工程，严禁陡坡垦殖和过度放牧；开展石漠化区域和小流域综合治理，恢复和重建退化植被
14	生物多样性	年均降雨量 NPP 固碳释氧量	保护生物多样性；严防沙化问题；严控载畜量，发展人工草场
15	水源涵养	水源涵养量	严格控制人口增长，提高人口素质，增强环保意识；进一步落实退耕还林政策；加快农村城镇化的进程，组织生态移民，加大扶贫力度；改善能源消费结构和调整产业结构，实现开发与保护并重
16	水源涵养	固碳释氧量 水源涵养量	加强森林资源管理，加快森林植被建设；积极防治水土流失；因地制宜发展经济，使百姓尽快脱贫致富
17	生物多样性	叶面积指数 生物丰度指数 水源涵养量	加强生态恢复与生态建设，大力开展水土流失综合治理，采取造林与封育相结合的措施，提高森林水源涵养量，加强洪水调蓄生态功能区的建设，保护湖泊、湿地生态系统，退田还湖，平垸行洪，增加调蓄能力
18	水源涵养	平均海拔 年均温 水源涵养量	封山育林自然恢复，减少人为干扰；严防森林火灾、森林病虫害
19	生物多样性	NPP 年均降雨量	加强洪水调蓄生态功能区的建设，保护湖泊、湿地生态系统，退田还湖，平垸行洪，严禁围垦湖泊湿地，增加调蓄能力；加强流域治理，恢复与保护上游植被，控制土壤侵蚀，减少湖泊、湿地萎缩；控制水污染，改善水环境
20	生物多样性	景观破碎度	加快小流域工程建设，进行水土流失综合防治；实施保护天然林、草工程，恢复重建生态系统；加强自然保护建设，改善生态脆弱性；调整农业产业结构，提高生态系统生产力；加快城镇化进程，缓解农业生态压力；建立宣传和考核体系，提高水土保持意识
21	水土保持	年均降雨量	进一步完善退耕还林（草）工程相关政策；出台"黄土高原土地特区"政策；适度加大财政扶持力度，加快贫困山区居民脱贫致富速度；完善建设淤地坝相关政策措施，尽可能降低工程的实施成本

区号	类型	基于生态支撑力主控因子的提高生态支撑力的对策建议	
		主控因子	对策建议
22	生物多样性	水源涵养量	保护好现有的自然生态系统，促进地方经济繁荣，提高当地人民的生活水平，促进生态小城镇的建设；加强环境保护宣传教育，提高公民意识
23	生物多样性	生物丰度指数	建立中部山区生态补偿机制和生态保护考核机制；推进天然林资源保护及退耕还林等生态工程建设；促进中部山区和海南岛沿海地区横向区域经济技术协作

6.3.2 全国重要生态功能区社会经济压力评价分析

6.3.2.1 社会经济压力单指标现状分析

1. 人口密度分析

人口密度是表征人口对资源能源压力的指标，是单位面积土地上居住的人口数。它是表示区域内各地人口的密集程度的指标。通常以每平方千米或每公顷内的常住人口为计算单位。相关数据可通过查阅区域统计年鉴获取。我国重要生态功能区的人口密度分布呈现明显的东南高、西北内陆低的特征。而人口分布特征必定与资源消耗及污染排放压力密切相关。

五大重要生态功能区的各县（市）分别按照所在区域求平均值，可估算 23 个生态型地区的人口密度值，如图 6-25 所示。从图 6-25 来看，重要生态功能区的人口密度平均线为 0.156×10^3 人 $/km^2$。青藏高原生态区的人口密度最低，为 $0.003 \times 10^3 \sim 0.005 \times 10^3$ 人 $/km^2$，东

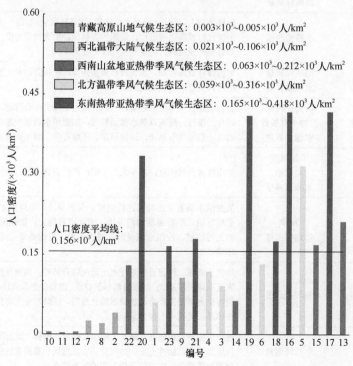

图 6-25　2010 年五大生态功能区人口密度分布排序图

南生态区的人口密度最大，为 $0.165×10^3$~$0.418×10^3$ 人 /km^2。

1）西北生态区

如图 6-25 所示，该地区各县（市）均属于人口密度中等偏小地区，其中人口密度较小的县（市）主要分布于区域的西部和东北部，包括若羌县、门源回族自治县、新巴尔虎右旗和新巴尔虎左旗等。而该区域东南部和中部等地势相对较平缓、经济较为发达的地区人口分布较为集中，其中乐都县、酒泉市和张北县等县（区、市）人口密度均大于 0.038 万人 /km^2。研究趋势表明人口密度分布与地形地貌及气候条件密切相关。

2）青藏高原生态区

如图 6-25 所示，该研究区内人口密度最高的区域位于研究区东南部的青海、四川及西藏交界处，该区域属于青藏高原水源涵养区，人口较为密集，研究区其余地区除了藏东南个别县（市）外基本属于无人区。研究趋势发现，人口密度分布与地形地貌及气候条件密切相关。

3）北方生态区

如图 6-25 所示，该研究区内人口密度最高的区域位于研究区中部河北省和天津市的县（市），其次是位于研究区西南部的黄土高原区，而北部的大部分区域人口密度都较低，特别是东部地区的长白山地区和大小兴安岭地区。研究趋势发现，人口密度分布与地形地貌及气候条件密切相关。

4）西南生态区

如图 6-25 所示，该地区各县（市）均属于人口中等区及人口密集区，其中人口密度较小的县（市）主要分布于区域的西部和西北部，包括理县、稻城县、红原县、乡城县和巴塘县等，另外少数民族较为集中的木里藏族自治县和贡山独龙族怒族自治县同样人口稀少。而该区域中部和东部等相对较平缓的地区人口分布较为集中，均为人口密集区，其中万州区、巴南区和贵阳市等县（市、区）人口密度均大于 400 人 /km^2。研究趋势表明，人口密度分布与地形地貌及气候条件密切相关。

5）东南生态区

如图 6-25 所示，该地区各县（市）均属于人口中等区及人口密集区，其中人口密度较小的县（市）主要分布于海南中部山地、南岭地区、大别山区、武陵山区等，特别是少数民族较为集中的连山壮族瑶族自治县、琼中黎族苗族自治县、白沙黎族自治县人口最为稀少。而长江中下游及淮河中下游等平原地区人口分布较为集中，均为人口密集区，其中长江中下游地区绝大部分县（市）人口密度均大于 300 人 /km^2。研究趋势发现，人口密度分布与地形地貌及气候条件密切相关。

2. 能耗指数分析

能耗指数是表征反映单位面积上消耗能源量的指标，它是表征经济发展与能源消耗关系的指标，计算公式为能耗总量 / 区域总面积，相关数据可由统计年鉴直接查得。能耗总量一般折算成标准煤当量。无法直接获取的数据，可以由单项能源使用总量，如用电量、天燃气使用量等折算成标准煤当量后再相加。如果单项能源使用量也无法获得，本研究采用通用法：以县（市）GDP 与市或省的 GDP 之比来分配计算能耗总量。华北、华中南部的能耗压力较大。而西北部、东北部区域的能耗压力较低。另外，五大重要生态功能区的各县（市）分别按照所在区域求平均值，可估算出 23 个生态型地区的能耗指数值，如图 6-26 所示。重要生态功能区的能耗指数平均线为 28.93kg 标准煤 /km²，能耗指数最高的为北方生态区 12.33~109.41kg 标准煤 /km²，最低的为青藏高原生态区 0.55~48.22kg 标准煤 /km²。

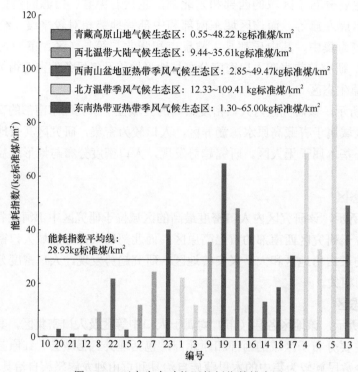

图 6-26 五大生态功能区能耗指数排序图

1）西北生态区

如图 6-26 所示，该区轮台县和酒泉市等地区的能耗指数普遍较高，能耗指数均大于 0.1 万 t 标准煤 /km²，由于这些地区均为区域经济中心或者资源型城市，资源能源消耗指数大，因此能耗指数必然偏高；若羌县、天峻县和门源回族自治县等地区的能耗指数相对于区域其他地区极低，最低不足 0.0001 万 t 标准煤 /km²，结合人口密度可以看出这些地区无一例外处于人口密度低的地区。

2）青藏高原生态区

如图 6-26 所示，该区能耗指数普遍较低，作为西部内陆的高原地区，受制于交通、政策等因素研究区内经济基础薄弱，大部分属国家贫困县，财政窘迫，能耗指数较低，不过青海的格尔木市与四川省的各县（市）能耗指数相对于该区其他县（市）较高。

3）北方生态区

如图 6-26 所示，能耗指数大小与区域经济发展水平密切相关，能耗指数最高的区域位于研究区中部河北省和天津市的县（市），其次是位于研究区西南部的黄土高原区，而北部大部分区域能耗指数都较低，另外研究区能耗指数分布趋势也与人口密度分布趋势基本一致。

4）西南生态区

如图 6-26 所示，文山县、贵阳市、仁怀县等地区的能耗指数普遍较高，能耗指数均大于 0.2 万 t 标准煤 /km²，由于这些地区均为区域经济中心或者资源型城市，资源能源消耗指数大，因此能耗指数必然偏高；而理县、稻城县和道孚县等地区的能耗指数相对于区域其他地区极低，最低不足 0.0003 万 t 标准煤 /km²，结合人口密度可以看出这些地区无一例外处于人口密度低的地区。

5）东南生态区

如图 6-26 所示，能耗指数大小与区域经济发展水平密切相关，其中长江中下游地区、大别山区及淮河中下游地区部分县（市）能耗指数较大，其中东方市、淮阴市、泗阳县等县（市）能耗指数最大，最大为 0.11 万 t 标准煤 /km²；而武夷山区、武陵山区、南岭地区及海南中部山地部分县（市）等经济发展水平较为落后的贫困山区能耗指数较低，其中龙泉市、庆元县、开化县等县（市）能耗指数最小，最小不足 0.0006 万 t 标准煤 /km²。

3. 水耗指数分析

水耗指数是表征经济发展与水资源消耗压力关系的指标，计算公式为用水总量 / 区域总面积。相关数据可由统计年鉴查得。长江流域生态区的水耗指数明显高于全国其他重要生态功能区。水耗指数并不是水资源丰富即可降低，其与人均消耗量、工业耗水量等密切相关。五大重要生态功能区的各县（市）分别按照所在区域求平均值，可估算出 23 个生态型地区的水耗指数值，如图 6-27 所示，重要生态功能区的水耗指数平均线为 8.27 万 t/km²。东南生态区的水耗指数压力最大，达到 7.59 万 ~32.89 万 t/km²，青藏高原生态区的水耗指数最小，为 0.10 万 ~0.64 万 t/km²。现阶段水耗指数同样与区域的社会经济发展呈现明显的正相关。

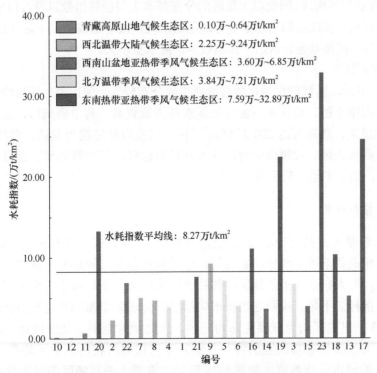

图 6-27　五大重要生态功能区水耗指数排序图

1）西北生态区

如图 6-27 所示，区域的水耗指数最高和最低差异大。自西向东，新源县、库车县、轮台县、肃南裕固族自治县、祁连县和武威市等地区的水耗指数较高，其中最高水耗指数达到 36.23 万 t/km^2。由于区域用水总量基本上由生活用水及工业用水、农业用水构成，因此以上地区的分布基本上与能耗指数及人口密度分布一致；而在若羌县、尉犁县和天峻县水耗指数普遍较低，最低只有 0.06 万 t/km^2，主要原因是这些地区经济普遍较落后，耕地较少，需水量不大。

2）青藏高原生态区

如图 6-27 所示，水耗指数最大的区域分布比较零散，与耕地面积的大小有一定的相关性，这表示水耗指数的大小可能受耕地分布影响较大，研究区水耗指数较大的县（市）主要分布在藏东南各县（市）。

3）北方生态区

如图 6-27 所示，区域的水耗指数与能耗指数分布基本一致，都与区域经济发展水平密切相关，首先是研究区中部河北省和天津市的县（市），其次是位于研究区西南部的黄土高原区，由于这些县（市）经济较为发达，因此需水量较大。不过辽河三角洲、黑龙江的东部部分县（市）及三江平原地区的水耗指数也较大。

4）西南生态区

如图 6-27 所示，区域的水耗指数最高和最低差异大。大理白族自治州和文山县等地区的水耗指数较高，其中大理白族自治州的水耗指数达到 89 万 t/km^2，文山县的水耗指数达到 20 万 t/km^2，其他高水耗地区大约在 10 万 t/km^2。由于区域用水总量基本上由生活用水及工业用水、农业用水构成，因此以上地区的分布基本上与能耗指数以及人口密度分布一致；而在红原县、理县、雅江县和马尔康县等地区的水耗指数普遍较低，不足 0.13 万 t/km^2，主要原因是这些地区经济普遍较落后，耕地较少，需水量不大。

5）东南生态区

如图 6-27 所示，区域的水耗指数与能耗指数分布较为一致，都与区域经济发展水平密切相关，即淮河中下游、长江中下游等地区水耗指数较高，其中鄂州市、南昌市、武汉市等市水耗指数最高，最高可达 200 万 t/km^2，由于这些市经济较为发达，因此需水量较大。而南岭地区、武夷山区、武陵山区等地区水耗指数较低，其中淮阴市、遂昌县、确山县等县（市）最小，最小不足 1.5 万 t/km^2。

4. 城市化指数分析

城市化指数是表征社会经济发展程度的指标，计算公式为非农业人口数／总人口数／区域总面积。相关数据可由统计年鉴查得。由于城市化率只能反映区域非农业人口数与总人口数的比例，而人口基数小的地区，其社会经济压力并不与城市化率成正比，因此为了克服城市化率指标的不足，我们选用城市化指数作为表征资源能源消耗的指标之一。由于本次选取的 23 个研究区均为重要生态功能区，因此相对全国其他区域而言城市化压力较小。另外，五大重要生态功能区的各县（市）分别按照所在区域求平均值，可估算出 23 个生态型地区的城市化指数值，如图 6-28 所示，重要生态功能区的城市化指数平均线为 0.83×10^{-5} 万人／（万人·km^2）。其中，压力最大的是东南生态区，压力指数为 0.52×10^{-5} 万～ 2.47×10^{-5} 万人／（万人·km^2），压力最小的是青藏高原生态区，为 0.05×10^{-5} 万～0.19×10^{-5} 万人／（万人·km^2）。西南生态区和北方生态区的城市化指数压力状态相近。

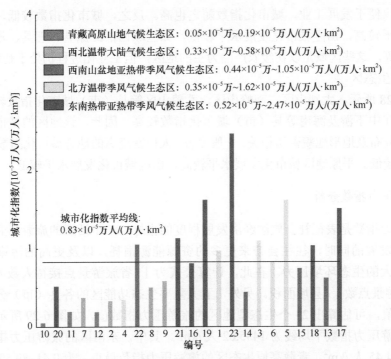

图例：
- 青藏高原山地气候生态区：$0.05×10^{-5}$万~$0.19×10^{-5}$万人/(万人·km²)
- 西北温带大陆气候生态区：$0.33×10^{-5}$万~$0.58×10^{-5}$万人/(万人·km²)
- 西南山盆地亚热带季风气候生态区：$0.44×10^{-5}$万~$1.05×10^{-5}$万人/(万人·km²)
- 北方温带季风气候生态区：$0.35×10^{-5}$万~$1.62×10^{-5}$万人/(万人·km²)
- 东南热带亚热带季风气候生态区：$0.52×10^{-5}$万~$2.47×10^{-5}$万人/(万人·km²)

城市化指数平均线：
$0.83×10^{-5}$万人/(万人·km²)

纵轴：城市化指数/[10^{-5}万人/(万人·km²)]
横轴：编号

图 6-28　五大重要生态功能区城市化指数排序图

1）西北生态区

城市化发展水平与人口密度分布及地形地貌密切相关，一般而言，人口密度高的地方城市化指数较高，该区域中部和东部凭祥市、金口河区、峨眉山市和凯里市等地区地势平坦，人口密度高，便于发展工业，城市化指数随之也高，最高达到了 $3.088×10^{-5}$ 万人/（万人·km²）；反之，城市化指数较低，平原地区城市化发展水平较高，林区或者沙漠地区城市化发展水平较低，如区域西部尉犁县、若羌县和东部的科尔沁右翼前旗和扎鲁特旗等，这些区域是以初级农产品为主的地区，工业化进程处于初级阶段，最低的县（市）只有 $0.013×10^{-5}$ 万人/（万人·km²）。

2）青藏高原生态区

如图 6-28 所示，研究区城市化指数空间分布基本与研究区人口密度分布变化趋势相同，由于城市化指数与区域经济发展水平相挂钩，因而研究区内位于四川省的县（市）城市化率明显高于其余各省。

3）北方生态区

如图 6-28 所示，位于研究区中部即河北省的县（市）的城市化指数最高，其次是位于研究区西南部宁夏回族自治区的县（市），其他大部分区域的城市化率不高。因此，该地区的城市化发展水平与人口密度分布及地形地貌密切相关，一般而言，人口密度高的地方城市化指数较高，反之，城市化指数较低。平原地区城市化发展水平较高，山区城市化发展水平较低。

4）西南生态区

城市化发展水平与人口密度分布及地形地貌密切相关，一般而言，人口密度高的地方城市化指数较高，该区域中部和东部凭祥市、金口河区、峨眉山市和凯里市等地区地势平坦，人口密度高，便于发展工业，城市化指数随之也高。反之，城市化指数较低，平原地区城市化发展水平较高，山区城市化发展水平较低，如区域西部红原县、理县、丹巴县、康定县和巴塘县等，这些区域是以初级农产品为主的地区，但工业化进程仍处于初级阶段。

5) 东南生态区

如图 6-28 所示，大别山区、南岭山区、武陵山区等县（市）城市化指数较低，而淮河中下游、长江中下游及海南等县（市）城市化指数较高。因此，该地区的城市化发展水平与人口密度分布及地形地貌密切相关，一般而言，人口密度高的地方城市化指数较高，反之，城市化指数较低。平原地区城市化发展水平较高，山区城市化发展水平较低。

5. 旅游压力指数分析

旅游压力指数是表征社会旅游经济发展程度的指标，一个活跃的旅游产业在促进区域的社会经济发展的同时，往往会带来更多的资源能源消耗，以及更高的污染排放，从而预示着有更大的生态环境压力。在此，计算公式为［（省旅游景点接待人数 / 省旅游景点数）× 县旅游景点数］/ 县域面积。另外，五大重要生态功能区的各县（市）分别按照所在区域求平均值，可估算出 23 个生态型地区的旅游压力指数值，如图 6-29 所示。重要生态功能区的旅游压力指数平均线为 1435.62 人 /km²。其中，东南区的旅游压力指数最大，为 1349.88~3214.45 人 /km²，青藏高原生态区的旅游压力指数最小，为 0.41~89.59 人 /km²。其余依次为西北生态区、北方生态区及西南生态区。

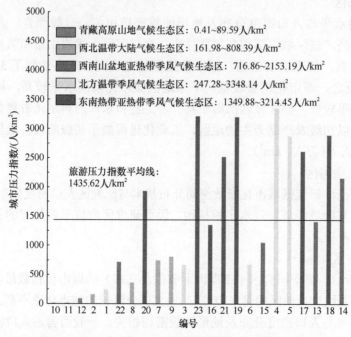

图 6-29　五大重要生态功能区旅游压力指数排序图

1) 西北生态区

乌鲁木齐市和同心县的旅游压力指数较高，均大于 4696 人 /km²，这些地区自然风光和人文风光，吸引了大批人口，而且其面积普遍不大，因此其旅游压力指数普遍较大；而若羌县和尉犁县等地区经济较落后、面积较大，旅游压力指数相对较低，有些县（市）甚至接近 0 人 /km²，一方面由于这些地区未开发旅游景点，另一方面县（市）本身不利于旅游。

2）青藏高原生态区

近些年以来，西藏地区实施西部大开发战略，大力开展基础设施建设，在藏东南地区建设公路和小水电站等，形成以川藏公路、八邛公路、八盖公路、墨脱公路为骨架的公路网。调整和优化经济结构，发展特色农业，发展食用菌、圣茶、核桃、野桃等绿色食品，逐步形成新的经济增长点。并以旅游业为龙头，带动以服务为主体的第三产业的发展，旅游业发展成为藏东南地区的支柱产业。从区域旅游压力指数评价结果可以得出，旅游压力指数较大的区域是青藏高原水源涵养区域的县（市），该区域属于长江黄河发源地，旅游业发展较好，除此之外研究区内旅游业发展较好的是藏东南地区的个别县（市），利用当地特色资源带动了旅游业的发展。

3）北方生态区

如图 6-29 所示，位于研究区中部即河北省的县市的城市化率最高，其次是位于研究区西南部宁夏回族自治区的县市，其他大部分区域的城市化率不高。因此，该地区的城市化发展水平与人口密度分布及地形地貌密切相关，一般而言，人口密度高的地方城市化指数较高，反之，城市化指数较低。平原地区城市化发展水平较高，山区城市化发展水平较低。

4）西南生态区

如图 6-29 所示，大理白族自治州、峨眉山市和石林彝族自治县等地区的旅游压力指数较高，均大于 10 000 人 /km²，分析可知，这些地区自然风光和人文风光，吸引了大批人口，而且其面积普遍不大，因此其旅游压力指数普遍较大；而文县、河池市和理县等地区经济较落后、面积较大，旅游压力指数相对较低，均小于 50 人 /km²。其中南丹县、丹寨县、普定县、会东县、布拖县、东川区、巧家县等地区经济落后，旅游压力指数均为 0，这些地区未开发旅游景点。

5）东南生态区

如图 6-29 所示，三亚市、南昌市等地区旅游压力指数较高，这些地区的自然风光和人文风光，吸引了大批人口，而且其面积普遍不大，因此其旅游压力指数普遍较大；而明光市、望江县、池州市等县（市）由于经济落后，且未开发旅游景点，因此旅游压力指数为 0。

6. 人均耕地面积分析

人均耕地面积是表征耕地面积与人口总量之比，它属于资源容纳能力指标，反映了生态系统为人类提供食物、维持人类生存的能力，过高的耕地压力指数将威胁区域的粮食安全。我国东北部区域的人均耕地面积较大，而中部、南部重要生态功能区的人均耕地面积较小，呈现明显的北高南低态势。另外，五大重要生态功能区的各县（市）分别按照所在区域求平均值，可估算出 23 个生态型地区的人均耕地面积值，如图 6-30 所示，重要生态功能区的人均耕地面积平均值为 20.93km²/ 万人。其中，人均耕地面积指数压力较大的是北方生态区 8.34~111.33km²/ 万人，最小的是青藏高原生态区 5.28~9.52km²/ 万人。

1）西北生态区

如图 6-30 所示，天峻县和科尔沁右翼前旗等地区人均耕地面积较大，均大于

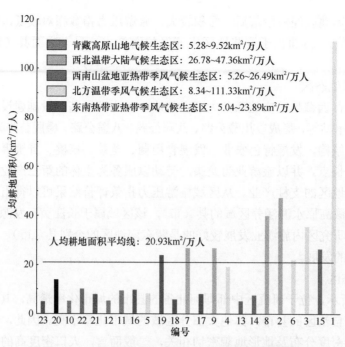

图 6-30 五大重要生态功能区人均耕地面积排序图

195.78km²/万人，其中科尔沁右翼中旗和新源县的人均耕地面积极大，由于这些地区人口相对较少，而且耕地面积较大，因此其人均耕地面积相对较大；而新巴尔虎右旗和祁连县等地区人均耕地面积较小，均在 0.66km²/万人以下，造成这些地区人均耕地面积较小的原因分为两类，一类是有的城市为地区的政治、经济中心城市，本身耕地较少，再加之人口众多；另一类是由于自然地理情况造成其耕地较少，尤其是一些石漠化地区，耕地面积更为稀少。

2）青藏高原生态区

如图 6-30 所示，研究区中部的耕地开发程度较低，由于研究区人口密度较小其差别较大，因此研究区内的人均耕地面积分布情况较为零散，基本无规律可循，不过可以看出人口密度较大的四川省的县（市）人均耕地面积较小。

3）北方生态区

如图 6-30 所示，中部的耕地开发程度较低，而位于研究区北部的大小兴安岭区域及三江平原区域人均耕地面积较大，个别县（市）的人均耕地面积超过 800km²/万人，这与区域的主导经济形式有很大关系。而研究区中部区域以工业和城市发展为主的京津冀及太行山地区，人均耕地面积较小，个别县（市）不足 1km²/万人。

4）西南生态区

如图 6-30 所示，城口县、淅川县和两当县等地区人均耕地面积较大，均大于 15km²/万人，其中徽县的人均耕地面积极大，由于这些地区人口相对较少，而且耕地面积较大，因此其人均耕地面积相对较大；而贵阳市、西峡县、红原县和大理白族自治州等地区人均耕地面积较小，均在 3km²/万人以下，造成这些地区人均耕地面积较小的原因分为两类，一类是有的城市为地区的政治、经济中心城市，本身耕地较少，再加之人口众多；另一类是由于自然地理情况造成其耕地较少，尤其是一些石漠化地区，耕地面积更为稀少。

5）东南生态区

如图 6-30 所示，大别山区、淮河中下游地区、长江中下游地区及武陵山区等地区人均耕地面积较大，其中颍上县、霍邱县、桐柏县等县（市）人均耕地面积较大，最大为 50km²/万人，由于这些地区人口相对较少，而且耕地面积较大，因此其人均耕地面积相对较大；而梅州市、霍山县及淮阴市人均耕地面积较小，最小不足 1km²/万人。

7. 单位耕地面积农药化肥量分析

单位耕地面积农药化肥量是反映农业发展过程中对生态环境污染的状态指标。计算公式为农用化肥施用量/耕地面积，相关数据可由统计年鉴查得。对无法直接获取的数据，采用市农用化肥施用量×县粮食产量/市粮食产量的关系间接折算获得。湖北、湖南、贵州、广州等地的农肥施用压力较大。农药的过度施用会影响土壤环境质量，进而影响水体生态环境。因此农肥施用量较高的地区被认为有可能面临更高的生态环境压力。另外，五大重要生态功能区的各县（市）分别按照所在区域求平均值，可估算出 23 个生态型地区的单位耕地面积农药化肥量值，如图 6-31 所示，重要生态功能区的单位面积化肥施用量平均为 41.55t/km²，其中西南生态区单位耕地面积农药化肥量最大为 4.50~196.53t/km²，青藏高原生态区施用量最小为 0.10~24.33t/km²。

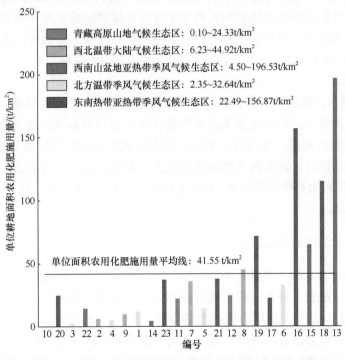

图 6-31　五大重要生态功能区单位耕地面积农用化肥量排序图

1）西北生态区

如图 6-31 所示，区域内西部的农药化肥施用量大，东部林区和中部城市集中区施用量很小。若羌县和尉犁县等地区的单位耕地面积农药化肥量较大，均大于 87t/km²，通过对比该区域耕地面积数据，可以得出单位耕地面积农药化肥量与区域耕地面积呈正相关，即耕地面积较大的地区，其农药化肥施用量较大；巴林右旗、扎鲁特旗等东北地区的单位耕地面积农药化肥量较小，最小不足 6.618t/km²，这些地区在林区，耕种地少。

2）青藏高原生态区

如图 6-31 所示，藏东南地区的各个县（市）及青藏高原水源涵养区域的县（市）农药化肥施用量最高，其中施用量最大的县（市）超过 125t/km²，其他区域的农药化肥施用量空间差异较小，最小的县（市）不超过 1t/km²。通过对比该区域耕地面积数据，可以得出单位耕地面积农药化肥量与区域耕地面积之间的相关性不大，青藏高原生态区人口密度本身较小，农药化肥的施用量基本与人口密度的变化趋势相吻合。

3）北方生态区

如图 6-31 所示，西南部的黄土高原区域的农药化肥施用量最高，其中施用量最大的县（市）超过 76t/km²，而最小的县（市）不超过 1t/km²。通过对比该区域耕地面积数据，可以得出单位耕地面积农药化肥量与区域耕地面积之间的相关性不大，主要是由于东北地区森林资源比较丰富，人口稀少且黑土地比较肥沃，因此化肥施用量较小，而黄土高原地区的县（市）本身人均耕地面积较小承载的人口数量较大，因此导致农药化肥的施用量较大。

4）西南生态区

如图 6-31 所示，区域中部的农药化肥施用量大，西部山区施用量很小。西峡县、绥阳县和余庆县等地区的单位耕地面积农药化肥量较大，均大于 340t/km²，通过对比该区域耕地面积数据，可以得出单位耕地面积农药化肥量与区域耕地面积呈正相关，即耕地面积较大的地区，其农药化肥施用量较大；而理县、稻城县和红原县等地区的单位耕地面积农药化肥量较小，最小不足 0.35t/km²，这些地区在山区，不利于耕种。

5）东南生态区

如图 6-31 所示，淮河中下游、长江中下游及南岭地区东部等区域单位耕地面积农药化肥量较大，其中梅州市、广水市及英山县等县（市）施用量最大，最大为 360t/km²，通过对比该区域耕地面积数据，可以得出单位耕地面积农药化肥量与区域耕地面积呈正相关，即耕地面积较大的地区，其农药化肥施用量较大；而武陵山区、武夷山区及海南中部山地等地区单位耕地面积农药化肥量较大，其中东至县、安庆市、东方市等县（市）施用量最小，最小的不足 1t/km²。

8. 单位面积生活污水排放量分析

单位面积生活污水排放量是反映单位面积上的生活污染排放的指标。相关数据可由统计年鉴查得。若无法查得可由上级区域数据与人口总量的比例求出：市生活污水排放量×县人口总数/市人口总数。该压力指数的分布情况与人口密度分布密切相关，呈现明显的中东部高、西北部低的态势。另外，五大重要生态功能区的各县（市）分别按照所在区域求平均值，可估算出 23 个生态型地区的单位面积生活污水排放量值，由图 6-32 可知，重要生态功能区的单位面积生活污水排放量平均线为 0.373 万 t/km²。其中，东南生态区的生活污水排放量指数压力最大，为 0.471 万 ~1.210 万 t/km²，青藏高原生态的压力最小，为 0.003 万 ~0.013 万 t/km²，西南生态区与北方生态的压力相近。

1）西北生态区

如图 6-32 所示，武威市和酒泉市等地区的单位面积生活污水排放量较大，不难看出这

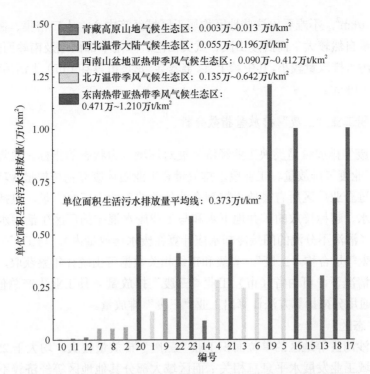

图6-32　五大重要生态功能区单位面积生活污水排放量排序图

些地区均属于区域经济中心，人口密集、需水量较大，其生活污水排放量自然较大；而若羌县、轮台县和乌审旗等地广人稀的地区其单位面积生活污水排放量很低。

2）青藏高原生态区

如图6-32所示，整个研究区的差异不大，生活污水排放量较小，其中排放量值较大位于研究区东南部四川省各个县（市）。其他区域的生活污水排放量相对较低，因此整个研究区内的生活污水排放造成的影响可能较小。单位面积生活污水排放量最大的县（市），最大可达0.06万t/km²，而单位面积生活污水排放量较小的县（市），最小不足0.001万t/km²。

3）北方生态区

如图6-32所示，排放量值较大的区域位于研究区中部京津冀的县（市）及辽河三角洲的县（市），由于这些地区人口比较密集，因此整个研究区内的生活污水排放造成的影响可能较小。单位面积生活污水排放量最大的县（市），最大可达1.2万t/km²，不难看出这些地区均属于区域经济中心，人口密集、需水量较大，其生活污水排放量自然较大；而大小兴安岭长白山及三江平原地区的县（市）单位面积生活污水排放量较小，最小不足0.1万t/km²。

4）西南生态区

如图6-32所示，万州区、巴南区和忠县等地区的单位面积生活污水排放量较大，不难看出这些地区均属于区域经济中心，人口密集、需水量较大，其生活污水排放量自然较大；而理县、稻城县和红原县等地广人稀的地区其单位面积生活污水排放量很低。

5）东南生态区

如图6-32所示，淮河中下游、长江中下游及大别山区、南岭部分县（市）单位面积生活污水排放量较大，其中霍山县、武汉市、淮阴市等县（市）生活污水排放量最大，最大可达 4.21 万 t/km², 不难看出这些地区均属于区域经济中心, 人口密集、需水量较大, 其生活污水排放量自然较大；而武陵山区、武夷山区、海南中部山地及南岭西部部分县（市）单位面积生活污水排放量较小, 其中颍上县、金寨县、龙泉市等县（市）生活污水排放量最小, 最小不足 0.1 万 t/km²。

9. 单位面积工业"三废"排放量指数分析

工业"三废"排放量是反映工业经济发展对环境压力状态的指标。通常意义上的工业"三废"包括工业废气排放量、工业废水排放量和工业固体废弃物排放量 3 项内容, 一般统计报告期内经过企业厂区所有排放口排到企业外部的工业"三废"量, 包括生产废水、外排的直接冷却水、超标排放的矿井地下水和与工业废水混排的厂区生活污水, 不包括外排的间接冷却水（清污不分流的间接冷却水应计算在废水排放量内）, 与工厂生产活动产生的固体废物量和废气量合称"三废"。省级和市级相关数据可由统计年鉴获取, 在少数县级指标无法获取的情况下, 可由省（市）工业"三废"排放量×县工业生产总值/省（市）工业生产总值的通用分摊折算方法计算出工业"三废"排放量。

1）西北生态区

昌吉市和沙湾县等地区的单位面积工业"三废"排放量较大, 均大于 25 750t/km², 其分布规律与区域工业发展水平息息相关；而区域大部分其他地区等经济较不发达的地区其单位面积工业"三废"排放量较小。

2）青藏高原生态区

研究区内工业"三废"的排放量极低, 由于研究区工业发展受地理位置政策的限制, 发展极为缓慢, 因此工业"三废"的排放量很低。其中仅四川的两个县（市）及格尔木市的工业"三废"排放量超过了 1 万 t/km², 其余县（市）的排放量均不足 1 万 t/km²。

3）北方生态区

工业"三废"排放量没有显著的区域特征, 排放量最高的区域位于河北省的几个县（市）, 而其他区域的工业"三废"的排放量较低。

4）西南生态区

巴南区、涪陵市和仁怀县等地区的单位面积工业"三废"排放量较大, 均大于 30 000t/km², 其分布规律与区域工业发展水平息息相关；而道孚县、稻城县和理县等经济较不发达的地区其单位面积工业"三废"排放量较小。

5）东南生态区

单位面积工业"三废"排放量分布规律与区域工业发展水平息息相关, 即长江中下游、淮河中下游及南岭部分县（市）单位面积工业"三废"排放量较大, 其中南昌市、武汉市和南昌县等地区工业"三废"排放量最大, 最大可至 10 万 t/km²；而海南中部山地、武夷山区等地区单位面积工业"三废"排放量较小, 其中琼中黎族苗族自治县、金寨县等县（市）工业"三废"排放量最小, 最小不足 0.03 万 t/km²。

6.3.2.2 社会经济压力特征分析

在全国层面上对研究区的社会经济压力进行特征分析, 具体方法是将研究区社会经济压力的各相关单指标与重要生态功能区水平相对应的平均值进行比较, 在进行比较时, 采用极值法对各个指标的数据进行标准化，反映在雷达图上的结果即区域指标值大于重要生态功能区平均值，则表示在重要生态功能区相关指标所产生的社会经济压力大于重要生态功能区平均水平。通过雷达图径向轴线由圆心到半径长度表征归一化取值由0~1的变化趋势，分别对正负指标进行极差化标准化。指标采用重要生态功能区平均水平（表6-20），由于指标存在正向性和负向性，正向指标值越大说明该指标状态越好。社会经济压力指数的各项指标均为正向指标。

表6-20 社会经济压力各项指标平均标准值

名称	尺度	平均水平
人口密度	重要生态功能区	$0.156×10^3$ 人 $/km^2$
能耗指数	重要生态功能区	28.93kg 标准煤 $/km^2$
水耗指数	重要生态功能区	8.27 万 t/km^2
城市化指数	重要生态功能区	$0.83×10^{-5}$ 万人 / （万人·km^2）
旅游压力指数	重要生态功能区	1435.62 人 $/km^2$
人均耕地面积	重要生态功能区	20.93km^2/ 万人
单位耕地面积农药化肥施用量	重要生态功能区	41.55t/km^2
单位面积生活污水排放量	重要生态功能区	0.373 万 t/km^2

1. 西北生态区

图6-33 反映了各项指标除单位面积工业"三废"排放量和人均耕地面积高于全国平均值外，其他指标取值均低于重要生态功能区平均值，尤其以能耗指数最为明显。据此可以认为西北生态区属于以工业生产为主导类型的重要生态功能区。

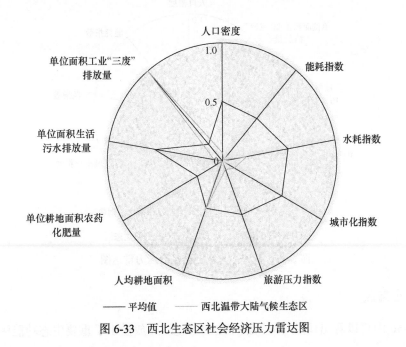

图6-33 西北生态区社会经济压力雷达图

2. 青藏高原生态区

由图 6-34 可知，青藏地区各指标值与生态区平均值的差异情况，单位面积工业"三废"排放量指数的压力比较突出。

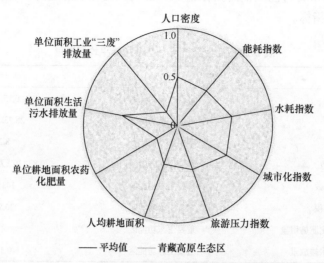

图 6-34　青藏高原生态区社会经济压力雷达图

3. 北方生态区

由图 6-35 反映各项指标值均高于重要生态功能区平均值，尤其以能耗指数及人均耕地面积最为明显，即属于以农业耕地为主导类型的重要生态功能区。

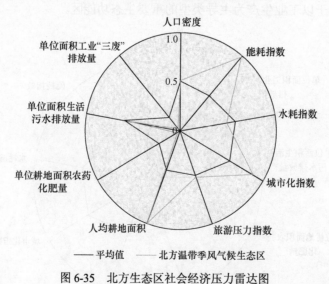

图 6-35　北方生态区社会经济压力雷达图

4. 西南生态区

由图 6-36 中可以看出，除了单位面积工业"三废"排放量小于重要生态功能区水平之外，

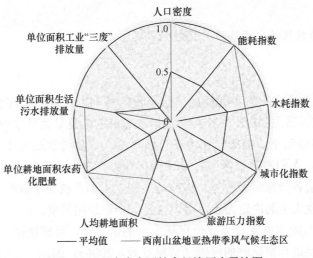

图 6-36　西南生态区社会经济压力雷达图

其他的社会经济压力指标均大于重要生态功能区水平，因此可以看出在该区中环境污染和资源消耗两方面都对社会经济压力有较大贡献。

5. 东南生态区

通过图 6-37 可以看出，在反映社会经济压力的指标中，区域的人口密度、水耗指数、城市化指数、旅游压力指数及单位面积生活污水排放量等指标均大于重要生态功能区平均水平，特别是水耗指数和单位面积生活污水排放量等指标。这主要是由于该区域大部分地区位于全国发达地区，社会经济发展水平较高，人口密集，需水量大，导致反映经济发展水平的相关指标尤为突出；而能耗指数、人均耕地面积、单位耕地面积农药化肥量及单位面积工业"三废"排放量等指标低于重要生态功能区水平，主要是由于该地区多处于自然保护区及山区，人均耕地面积较少，并且产业结构中工业所占比例较小，多为技术密集型及劳动密集型产业。

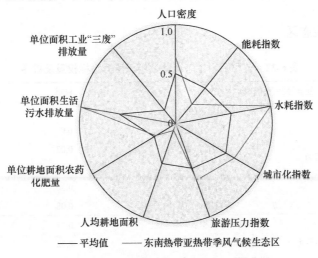

图 6-37　东南生态区社会经济压力雷达图

6.3.2.3 重要生态功能区社会经济压力指数的计算

1. 权重的确定

熵权法是一种在综合考虑各因素提供信息量的基础上计算一个综合指标的数学方法。作为客观综合定权法，其主要根据各指标传递给决策者的信息量大小来确定权重（白艳芬等，2008）。在信息论的带动下，熵概念逐步在自然科学、社会科学及人体学等领域得到应用。在各种评价研究中，人们常常要考虑每个评价指标的相对重要程度，表示重要程度最直接和简便的方法就是给各指标赋予权重。按照熵思想，人们在决策中获得信息的多少和质量，是决策精度和可靠性大小的决定因素，而熵就是一个理想的尺度。

熵权法能准确反映生态支撑力评价指标所含的信息量，可解决区域生态支撑力评价各指标信息量大、准确进行量化难的问题（贾艳红等，2006）。因此，本研究采用熵权法来确定其权重值，根据式（3-6）~式（3-13）计算，所得结果如表6-21~表6-25所示。又因为社会经济压力的两准则层分别为三维状态空间的两轴，所以两准则层的权重值各为1。

1）西北生态区

表6-21 西北生态区社会经济压力各指标权重及排序

社会经济评价指标		权重	排序
资源能源消耗对生态环境压力	人口密度	0.18	2
	能耗指数	0.12	5
	水耗指数	0.18	2
	人均耕地面积	0.18	2
	城市化指数	0.12	5
	旅游压力指数	0.22	1
环境污染排放对生态环境压力	单位耕地面积农药化肥量	0.50	1
	单位面积生活污水排放量	0.25	2
	单位面积工业"三废"排放量	0.25	3

2）青藏高原生态区

表6-22 青藏高原生态区社会经济压力指标权重及排序

社会经济评价指标		权重	排序
资源消耗对生态环境压力	人口密度	0.42	1
	能耗指数	0.03	5
	水耗指数	0.02	6
	城市化指数	0.09	3
	旅游压力指数	0.36	2
	人均耕地面积	0.08	4
环境污染排放对生态环境压力	单位耕地面积农药化肥量	0.55	1
	单位面积生活污水排放量	0.32	2
	单位面积工业"三废"排放量	0.13	3

3）北方生态区

表 6-23　北方生态区社会经济压力指标权重及排序

社会经济评价指标		权重	排序
资源消耗对生态环境压力	人口密度	0.12	3
	能耗指数	0.23	2
	水耗指数	0.09	4
	城市化指数	0.09	4
	旅游压力指数	0.39	1
	人均耕地面积	0.08	6
环境污染排放对生态环境压力	单位耕地面积农药化肥量	0.11	3
	单位面积生活污水排放量	0.32	2
	单位面积工业"三废"排放量	0.57	1

4）西南生态区

表 6-24　西南生态区社会经济压力指标权重及排序

社会经济评价指标		权重	排序
资源能源消耗对生态环境压力	人口密度	0.16	5
	能耗指数	0.17	1
	水耗指数	0.17	1
	人均耕地面积	0.17	1
	城市化指数	0.17	1
	旅游压力指数	0.16	5
环境污染排放对生态环境压力	单位耕地面积农药化肥量	0.33	2
	单位面积生活污水排放量	0.33	2
	单位面积工业"三废"排放量	0.34	1

5）东南生态区

表 6-25　东南生态区社会经济压力指标权重及排序

社会经济评价指标		权重	排序
资源能源消耗对生态环境压力	人口密度	0.080	5
	能耗指数	0.117	4
	水耗指数	0.056	6
	城市化指数	0.172	3
	旅游压力指数	0.254	2
	人均耕地面积	0.321	1
环境污染排对生态环境压力	单位耕地面积农药化肥施用量	0.203	3
	单位面积生活污水排放量	0.309	2
	单位面积工业"三废"排放量	0.488	1

2. 社会经济压力指数的确定

根据社会经济压力指数的定义，社会经济压力各指数的大小取决于研究区的资源能源消耗情况与区域的环境污染排放情况。社会经济压力指数根据式（3-14）计算，结果如下所述。

1）西北生态区

西北生态区各县（市）社会经济压力评价结果如表6-26所示。

表6-26　西北生态区各县（市）社会经济压力评价结果

县（市）名称	行政代码	社会经济压力值	县（市）名称	行政代码	社会经济压力值
阿克塞哈萨克族自治县	620924	0.0058	民乐县	620722	0.0262
阿勒泰市	654301	0.0167	民勤县	620621	0.0086
阿鲁科尔沁旗	150421	0.0122	尼勒克县	654028	0.0120
巴林右旗	150423	0.0175	祁连县	632222	0.0048
巴林左旗	150422	0.0178	若羌县	652824	0.0045
布尔津县	654321	0.0136	沙湾县	654223	0.0230
昌吉市	652301	0.0325	尚义县	130725	0.0252
多伦县	152531	0.0298	肃南裕固族自治县	620721	0.0287
鄂托克前旗	150623	0.0167	塔城市	654201	0.0412
巩留县	654024	0.0563	特克斯县	654027	0.0124
沽源县	130724	0.0223	天峻县	632823	0.0343
哈巴河县	654324	0.0174	天祝藏族自治县	620623	0.0106
呼图壁县	652323	0.0239	同心县	640324	0.0332
互助土族自治县	630223	0.0256	突泉县	152224	0.0275
吉木乃县	654326	0.0155	托里县	654224	0.0079
嘉峪关市	620200	0.0800	尉犁县	652823	0.0090
酒泉市	620900	0.0960	乌鲁木齐县	650121	0.0331
康保县	130723	0.0198	乌审旗	150626	0.0257
科尔沁右翼前旗	152221	0.0240	武威市	620600	0.0649
科尔沁右翼中旗	152222	0.0276	新巴尔虎右旗	150727	0.0042
科尔沁左翼后旗	150522	0.0200	新巴尔虎左旗	150726	0.0161
科尔沁左翼中旗	150521	0.0255	新源县	654025	0.0193
克什克腾旗	150425	0.0103	盐池县	640323	0.0256
库车县	652923	0.0173	永昌县	620321	0.0222
库尔勒市	652801	0.0577	扎鲁特旗	150526	0.0160
乐都区	630202	0.0255	张北县	130722	0.0288
林西县	150424	0.0278	张掖市	620700	0.0735
轮台县	652822	0.0121	昭苏县	654026	0.0139
玛纳斯县	652324	0.0212	中卫市	640500	0.0575
门源回族自治县	632221	0.0123			

2）青藏高原生态区

青藏高原生态区各县（市）社会经济压力评价结果如表6-27所示。

表 6-27　青藏高原生态区各县（市）社会经济压力评价结果

县（市）名称	行政代码	社会经济压力值	县（市）名称	行政代码	社会经济压力值
阿坝县	513231	0.0022	隆子县	542231	0.0067
安多县	542425	0.0007	炉霍县	513327	0.0054
巴青县	542429	0.0038	碌曲县	623026	0.0233
班戈县	542428	0.0012	玛多县	632626	0.0071
班玛县	632622	0.0053	玛沁县	632621	0.0040
比如县	542423	0.0011	玛曲县	623025	0.0084
碧土乡	540327	0.0019	芒康县	540328	0.0026
波密县	540424	0.0045	米林县	540422	0.0064
察隅县	540425	0.0023	墨脱县	540423	0.0037
称多县	632723	0.0024	那曲县	542421	0.0029
错那县	542232	0.0031	囊谦县	632725	0.0035
达日县	632624	0.0043	尼玛县	542430	0.0007
德格县	513330	0.0024	聂拉木县	540235	0.0049
定结县	540231	0.0064	曲麻莱县	632726	0.0042
定日县	540223	0.0036	壤塘县	513230	0.0036
改则县	542526	0.0016	若尔盖县	513232	0.0039
甘德县	632623	0.0049	色达县	513333	0.0023
甘孜县	513328	0.0029	申扎县	542426	0.0033
格尔木市	632801	0.0034	石渠县	513332	0.0010
吉隆县	540234	0.0048	索县	542427	0.0037
加查县	542229	0.0038	盐井纳西民族乡	540328	0.1972
江达县	540321	0.0037	玉树市	632701	0.0039
久治县	632625	0.0030	杂多县	632722	0.0005
朗县	540426	0.0114	治多县	632724	0.0014
巴宜区	540402	0.0139			

3）北方生态区

北方生态区各县（市）社会经济压力评价结果如表 6-28 所示。

表 6-28　北方生态区各县（市）社会经济压力评价结果

县（市）名称	行政代码	社会经济压力值	县（市）名称	行政代码	社会经济压力值
安塞县	610624	0.0234	崇信县	620823	0.0553
安图县	222426	0.0181	磁县	130427	0.1288
敖汉旗	150430	0.0165	大宁县	141030	0.0463
白城市	220800	0.0937	大洼县	211121	0.0897
白山市	220600	0.0094	定边县	610825	0.0219
陈巴尔虎旗	150725	0.0335	定西市	621100	0.0765
承德市	130800	0.0208	东宁县	231024	0.0225
承德县	130821	0.0202	敦化市	222403	0.0162
赤峰市	150400	0.0147	额尔古纳市	150784	0.0473
崇礼县	130733	0.0260	鄂伦春自治旗	150723	0.0221

县（市）名称	行政代码	社会经济压力值	县（市）名称	行政代码	社会经济压力值
鄂温克族自治旗	150724	0.0107	涞源县	130630	0.0358
丰宁满族自治县	130826	0.0136	林口县	231025	0.0209
抚松县	220621	0.0173	临城县	130522	0.0610
抚远县	230833	0.0493	临县	141124	0.0253
府谷县	610822	0.0494	灵寿县	130126	0.0859
阜平县	130624	0.0263	灵台县	620822	0.0242
富锦市	230882	0.0331	凌海市	210781	0.0610
甘谷县	620523	0.0539	柳林县	141125	0.1202
甘泉县	610627	0.0340	龙井市	222405	0.0355
根河市	150785	0.0080	隆化县	130825	0.0177
固原市	640400	0.0310	陇西县	621122	0.0335
海拉尔区	150702	0.1648	滦平县	130824	0.0276
海林市	231083	0.0220	萝北县	230421	0.0801
海原县	640522	0.0299	满城区	130607	0.1132
行唐县	130125	0.0888	米脂县	610827	0.0523
和龙市	222406	0.0198	密山市	230382	0.0242
鹤岗市	230400	0.0240	密云县	110228	0.2338
黑河市	231100	0.0194	漠河县	232723	0.0285
横山县	610823	0.0184	牡丹江市	231000	0.0176
呼玛县	232721	0.1745	穆棱市	231085	0.0260
虎林市	230381	0.0311	奈曼旗	150525	0.0207
华池县	621023	0.0204	讷河市	230281	0.0287
桦川县	230826	0.0495	内丘县	130523	0.0864
怀安县	130728	0.0481	嫩江县	231121	0.0233
环县	621022	0.0099	宁安市	231084	0.0232
珲春市	222404	0.0204	宁城县	150429	0.0247
会宁县	620422	0.0182	盘锦市	211100	0.0561
吉县	141028	0.0310	平泉县	130823	0.0261
集贤县	230521	0.0534	平山县	130131	0.0787
佳县	610828	0.0215	齐齐哈尔市	230200	0.0920
嘉荫县	230722	0.0363	迁西县	130227	0.1428
泾川县	620821	0.0417	秦安县	620522	0.0460
井陉县	130121	0.0820	清涧县	610830	0.0200
靖边县	610824	0.0286	清水县	620521	0.0256
靖宇县	220622	0.0279	庆城县	621021	0.0145
靖远县	620421	0.0182	曲阳县	130634	0.0893
静宁县	620826	0.0299	饶河县	230524	0.0263
喀喇沁旗	150428	0.0264	沙河市	130582	0.1287
开鲁县	150523	0.0322	尚志市	230183	0.0229
库伦旗	150524	0.0260	涉县	130426	0.0927
宽城满族自治县	130827	0.0605	神木县	610821	0.0307
涞水县	130623	0.0506	石楼县	141126	0.0228

县（市）名称	行政代码	社会经济压力值	县（市）名称	行政代码	社会经济压力值
顺平县	130636	0.0802	宣化县	130721	0.0292
绥滨县	230422	0.0480	逊克县	231123	0.0257
绥德县	610826	0.0316	牙克石市	150782	0.0145
孙吴县	231124	0.0386	延安市	610600	0.0145
塔河县	232722	0.0352	延川县	610622	0.0359
泰来县	230224	0.0373	延吉市	222401	0.0650
汤原县	230828	0.0426	延长县	610621	0.0262
唐县	130627	0.0527	伊春市	230700	0.0125
天镇县	140222	0.0296	易县	130633	0.0545
通辽市	150500	0.0235	营口市	210800	0.0633
通渭县	621121	0.0223	永和县	141032	0.0431
同江市	230881	0.0370	榆林市	610800	0.0361
图们市	222402	0.0709	榆中县	620123	0.0405
万全县	130729	0.0493	元氏县	130132	0.1372
汪清县	222424	0.0142	赞皇县	130129	0.0760
围场满族蒙古族自治县	130828	0.0155	张家川回族自治县	620525	0.0488
翁牛特旗	150426	0.0151	张家口市	130700	0.3193
吴堡县	610829	0.0841	漳县	621125	0.0198
吴起县	610626	0.0214	长白朝鲜族自治县	220623	0.0375
五常市	230184	0.0299	镇赉县	220821	0.0328
武安市	130481	0.1398	镇原县	621027	0.0197
武山县	620524	0.0339	志丹县	610625	0.0271
西峰区	621002	0.0967	庄浪县	620825	0.0331
西吉县	640422	0.0405	涿鹿县	130731	0.0275
隰县	141031	0.0450	子长县	610623	0.0356
邢台县	130521	0.0884	子洲县	610831	0.0177
兴隆县	130822	0.0298	遵化市	130281	0.1966
兴县	141123	0.0251			

4）西南生态区

西南生态区各县（市）社会经济压力评价结果如表 6-29 所示。

表 6-29　西南生态区各县（市）社会经济压力评价结果

县（市）名称	行政代码	社会经济压力值	县（市）名称	行政代码	社会经济压力值
安康市	610900	0.0118	宝兴县	511827	0.0236
安龙县	522328	0.0293	北川羌族自治县	510726	0.0217
安顺市	520400	0.0347	毕节市	520500	0.0481
巴东市	422823	0.0158	宾川县	532924	0.0522
巴南区	500113	0.0627	布拖县	513429	0.0166
巴塘县	513335	0.0031	成县	621221	0.0466
白河县	610929	0.0204	城固县	610722	0.0351
宝鸡市	610300	0.0222	城口县	500229	0.0153

县（市）名称	行政代码	社会经济压力值	县（市）名称	行政代码	社会经济压力值
大方县	520521	0.0336	华坪县	530723	0.0235
大关县	530624	0.0224	黄平县	522622	0.0323
大理白族自治州	532900	0.3748	徽县	621227	0.2416
大姚县	532326	0.0136	会东县	513426	0.0216
丹巴县	513323	0.0044	会理县	513425	0.0247
丹凤县	611022	0.0308	会泽县	530326	0.0232
丹寨县	522636	0.0329	惠水县	522731	0.0272
宕昌县	621223	0.0257	剑川县	532931	0.0414
道孚县	513326	0.0043	金川县	620302	0.0048
稻城县	513337	0.0047	金口河区	511113	0.0798
得荣县	513338	0.0110	金平苗族瑶族傣族自治县	532530	0.0141
德钦县	533422	0.0066	金沙县	520523	0.0427
迭部县	623024	0.0062	金阳县	513430	0.0192
东川区	530113	0.0423	景洪市	532801	0.0407
都匀市	522701	0.0591	靖西县	451081	0.0284
独山县	522726	0.0253	九龙县	513324	0.0024
峨边彝族自治县	511132	0.0201	筠连县	511527	0.0523
峨眉山市	511181	0.2093	开县	500234	0.0420
洱源县	532930	0.0462	开阳县	520121	0.0483
万秀区	450403	0.0364	凯里市	522601	0.1072
丰都县	500230	0.0461	康定市	513301	0.0102
凤冈县	520327	0.0310	康县	621224	0.0111
凤县	610330	0.0280	兰坪白族普米族自治县	533325	0.0119
奉节县	500236	0.0464	岚皋县	610925	0.0213
佛坪县	610730	0.0266	蓝田县	610122	0.0374
涪陵区	500102	0.0703	澜沧拉祜族自治县	530828	0.0086
福贡县	533323	0.0123	雷波县	513437	0.0145
福泉县	522702	0.0512	礼县	621226	0.0357
贡山独龙族怒族自治县	533324	0.0116	理塘县	513334	0.0060
古蔺县	510525	0.0289	理县	513222	0.0018
关岭布依族苗族自治县	520424	0.0358	丽江市	530700	0.0397
贵定县	522723	0.0384	荔波县	522722	0.0288
贵阳市	520100	0.1363	两当县	621228	0.0269
汉阴县	610921	0.0285	留坝县	610729	0.0177
汉中市	610700	0.0138	六盘水市	520200	0.0550
河池市	451200	0.0121	六枝特区	520203	0.0612
河口瑶族自治县	532532	0.0507	龙里县	522730	0.0385
赫章县	520527	0.0240	龙州县	451423	0.0322
鹤庆县	532932	0.0467	泸定县	513322	0.0149
黑水县	513228	0.0070	泸水县	533321	0.0277
红原县	513233	0.0009	泸西县	532527	0.0462
华宁县	530424	0.0503	鲁甸县	530621	0.0403

县（市）名称	行政代码	社会经济压力值	县（市）名称	行政代码	社会经济压力值
陆良县	530322	0.0514	黔西县	520522	0.0446
禄劝彝族苗族自治县	530128	0.0320	巧家县	530622	0.0163
罗甸县	522728	0.0256	青川县	510822	0.0291
洛南县	611021	0.0301	清镇市	520181	0.0842
绿春县	532531	0.0109	晴隆县	522324	0.0328
略阳县	610727	0.0212	曲靖市	530300	0.0257
麻江县	522635	0.0300	仁怀市	520382	0.1066
麻栗坡县	532624	0.0216	山阳县	611024	0.0218
马边彝族自治县	511133	0.0184	商南县	611023	0.0318
马尔康县	513229	0.0034	商州区	611002	0.0323
马关县	532625	0.0220	上思县	450621	0.0285
茂县	513223	0.0083	施秉县	522623	0.0287
湄潭县	520328	0.0422	石林彝族自治县	530126	0.1077
蒙自市	532503	0.0765	石泉县	610922	0.0270
勐海县	532822	0.0248	水城县	520221	0.0302
勐腊县	532823	0.0169	思茅区	530802	0.0289
孟连傣族拉祜族佤族自治县	530827	0.0235	松潘县	513224	0.0092
弥勒市	532504	0.0330	绥阳县	520323	0.0317
勉县	610725	0.0298	太白县	610331	0.0233
冕宁县	513433	0.0186	腾冲市	530581	0.0539
岷县	621126	0.0324	天峨县	451222	0.0142
木里藏族自治县	513422	0.0034	天全县	511825	0.0140
那坡县	451026	0.0154	天水市	620500	0.0276
纳雍县	520525	0.0422	通江县	511921	0.0282
南丹县	451221	0.0191	万州区	500101	0.0594
南江县	511922	0.0212	万源市	511781	0.0156
九寨沟县	513225	0.0260	望谟县	522326	0.0135
南郑县	610721	0.0274	威宁彝族回族苗族自治县	520526	0.0210
内乡县	411325	0.0361	威信县	530629	0.0321
宁明县	451422	0.0198	维西傈僳族自治县	533423	0.0100
宁南县	513427	0.0235	文山壮族苗族自治州	532600	0.1170
宁强县	610726	0.0131	文县	621222	0.0096
宁陕县	610923	0.0123	汶川县	513221	0.0107
攀枝花市	510400	0.0456	瓮安县	522725	0.0397
盘县	520222	0.0624	巫山县	500237	0.0362
平坝区	520403	0.0808	巫溪县	500238	0.0292
平利县	610926	0.0154	武定县	532329	0.0274
平塘县	522727	0.0164	武都区	621202	0.0165
平武县	510727	0.0098	西畴县	532623	0.0232
凭祥市	451481	0.0861	西和县	621225	0.0254
普安县	522323	0.0345	西盟佤族自治县	530829	0.0272
普定县	520422	0.0519	西峡县	411323	0.0260

县（市）名称	行政代码	社会经济压力值	县（市）名称	行政代码	社会经济压力值
西乡县	610724	0.0192	云阳县	500235	0.0349
息烽县	520122	0.0704	郧西县	420322	0.0167
淅川县	411326	0.0347	郧阳区	420304	0.0220
乡城县	513336	0.0026	柞水县	611026	0.0234
小金县	513227	0.0063	长顺县	522729	0.0300
兴仁县	522322	0.0433	贞丰县	522325	0.0417
兴山县	420526	0.0227	镇安县	611025	0.0169
兴义市	522301	0.0630	镇巴县	610728	0.0112
修文县	520123	0.0689	镇宁布依族苗族自治县	520423	0.0329
宣威市	530381	0.0258	镇坪县	610927	0.0176
旬阳县	610928	0.0146	镇雄县	530627	0.0306
寻甸回族彝族自治县	530129	0.0340	织金县	520524	0.0395
雅江县	513325	0.0019	香格里拉市	533401	0.0145
盐津县	530623	0.0254	忠县	500233	0.0462
盐源县	513423	0.0137	舟曲县	623023	0.0163
洋县	610723	0.0251	周至县	610124	0.0420
漾濞彝族自治县	532922	0.0192	卓尼县	623022	0.0078
盈江县	533123	0.0186	秭归县	420527	0.0237
永仁县	532327	0.0239	紫阳县	610924	0.0183
永胜县	530722	0.0155	紫云苗族布依族自治县	520425	0.0184
余庆县	520329	0.0362	遵义市	520300	0.0510
元谋县	532328	0.0327	遵义县	520321	0.0317
云龙县	532929	0.0239			

5）东南生态区

东南生态区各县（市）社会经济压力评价结果如表6-30所示。

表 6-30　东南生态区各县（市）社会经济压力评价结果

县（市）名称	行政代码	社会经济压力值	县（市）名称	行政代码	社会经济压力值
安庆市	340800	0.0499	枞阳县	340823	0.0650
安乡县	430721	0.1108	大悟县	420922	0.0564
安义县	360123	0.1361	大冶市	420281	0.1080
安远县	360726	0.0346	张家界市	430800	0.0799
白沙黎族自治县	469025	0.0408	大余县	360723	0.0739
保亭黎族苗族自治县	469029	0.0984	道县	431124	0.0457
鄱阳县	361128	0.0338	德安县	360426	0.0859
昌江黎族自治县	469026	0.0694	定南县	360728	0.0405
常山县	330822	0.0573	东安县	431122	0.0529
城步苗族自治县	430529	0.0235	东方市	469007	0.0653
池州市	341700	0.0302	东至县	341721	0.0283
崇义县	360725	0.0279	都昌县	360428	0.0466

县（市）名称	行政代码	社会经济压力值	县（市）名称	行政代码	社会经济压力值
鄂州市	420700	0.1485	龙川县	441622	0.0507
富川瑶族自治县	451123	0.0477	龙南县	360727	0.0457
公安县	421022	0.0659	龙泉市	331181	0.0242
恭城瑶族自治县	450332	0.0355	龙胜各族自治县	450328	0.0359
灌阳县	450327	0.0317	罗山县	411521	0.0496
光山县	411522	0.0597	罗田县	421123	0.0475
广水市	421381	0.0616	麻城市	421181	0.0499
含山县	340522	0.0841	梅州市	441400	0.0406
汉寿县	430722	0.0690	沁阳市	410882	0.0381
和平县	441624	0.0598	明光市	341182	0.0786
和县	340523	0.0749	南昌市	360100	0.1169
贺州市	451100	0.0289	南昌县	360121	0.1238
横峰县	361125	0.0687	南县	430921	0.0765
红安县	421122	0.0629	南雄市	440282	0.0439
洪湖市	421083	0.0660	宁远县	431126	0.0627
洪泽县	320829	0.0906	彭泽县	360430	0.0438
湖口县	360429	0.1118	平远县	441426	0.0878
华容县	430623	0.0674	蕲春县	421126	0.0516
淮安市	320800	0.0964	铅山县	361124	0.0335
淮阴区	320804	0.1609	庆元县	331126	0.0305
黄梅县	421127	0.1143	琼中黎族苗族自治县	469030	0.0395
霍邱县	341522	0.0451	曲江区	440205	0.0878
霍山县	341525	0.1385	全南县	360729	0.0401
嘉鱼县	421221	0.0979	全州县	450324	0.0341
江华瑶族自治县	431129	0.0316	确山县	411725	0.0494
江山市	330881	0.0556	仁化县	440224	0.0624
江永县	431125	0.0231	融水苗族自治县	450225	0.0195
蕉岭县	441427	0.1791	乳源瑶族自治县	440232	0.0447
金寨县	341524	0.0230	三江侗族自治县	450226	0.0288
进贤县	360124	0.0709	三亚市	460200	0.2852
景宁畲族自治县	331127	0.0371	桑植县	430822	0.0219
九江市	360400	0.0346	商城县	411524	0.0412
九江县	360421	0.0837	上犹县	360724	0.0405
开化县	330824	0.0300	韶关市	440200	0.0291
蓝山县	431127	0.0575	石门县	430726	0.0264
乐昌市	440281	0.0479	石首市	421081	0.0851
乐东黎族自治县	469027	0.0404	始兴县	440222	0.0291
连平县	441623	0.0612	寿县	341521	0.0562
连山壮族瑶族自治县	441825	0.0482	双牌县	431123	0.0193
临武县	431025	0.0803	泗洪县	321324	0.0756
临湘市	430682	0.0830	泗阳县	321323	0.1546
灵川县	450323	0.0430	松阳县	331124	0.0295

县（市）名称	行政代码	社会经济压力值	县（市）名称	行政代码	社会经济压力值
绥宁县	430527	0.0229	兴安县	450325	0.0529
随州市	421300	0.0370	兴宁市	441481	0.0811
遂昌县	331123	0.0389	宿松县	340826	0.0478
太湖县	340825	0.0408	寻乌县	360734	0.0211
桐柏县	411330	0.0486	宜章县	431022	0.0583
屯昌县	469022	0.0673	弋阳县	361126	0.0538
望江县	340827	0.0598	英山县	421124	0.0629
无为县	340225	0.0801	颍上县	341226	0.0990
五河县	340322	0.0657	永修县	360425	0.0561
武汉市	420100	0.0886	永州市	431100	0.0303
武穴市	421182	0.0997	余干县	361127	0.0439
武夷山市	350782	0.0301	沅江市	430981	0.0497
新建区	360112	0.0810	岳西县	340828	0.0301
新宁县	430528	0.0365	岳阳县	430621	0.0513
新县	411523	0.0576	云和县	331125	0.0428
信阳市	411500	0.0441	长丰县	340121	0.0714
星子县	360427	0.1249	资源县	450329	0.0271

6.3.2.4 社会经济压力评价分析

1. 社会经济压力区域差异性分析

本节主要研究 2010 年中国重要生态功能区社会经济压力现状。由熵权法得出社会经济压力值在区间 [0，1]，无量纲，并通过聚类分析将相似性最大的数据分在同一级，差异性最大的数据分在不同级的自然间断点分级法，将全国重要生态功能区社会经济压力分为5 个等级，如图 6-38（彩图附后）所示：红色区域的社会经济压力最大，深绿色区域的社会经济压力最小。同时根据社会经济压力评价模型计算得到全国重要生态功能区各县（市）的社会经济压力评价结果，并综合得出全国重要生态功能区社会经济压力 SEPI 的空间分布图。压力的空间分布呈现东南部高和西北部低的趋势。这与我国自然条件、历史经济发展过程和政策措施等因素所造成东西部社会经济发展的明显差异现象相符合，说明本研究的重要生态功能区社会经济压力评价体系具有现实可行意义。

另外，五大重要生态功能区的各县（市）分别按照所在区域求平均值，可估算出 23 个生态型地区的社会经济压力值，如图 6-39 所示，通过五大重要生态功能区社会经济压力指数排序发现，全国的社会经济压力均线标准值为 0.028。东南生态区社会经济压力最大，达到 0.028~0.062；青藏高原生态区社会经济压力最小，为 0.001~0.010。

1）西北生态区

对区域资源能源消耗指数及环境污染排放指数赋予等权重（均为 0.5）计算得到区域社会经济压力指数评价结果，其中，轮台县和武威市等地区的社会经济压力指数较大，通过分析可以看出这些县（市）社会经济发展水平较高、人口密集，其资源能源消耗指数和环境污染排放水平均较高；而若羌县、阿克塞哈萨克族自治县和新巴尔虎右旗等广大区域的

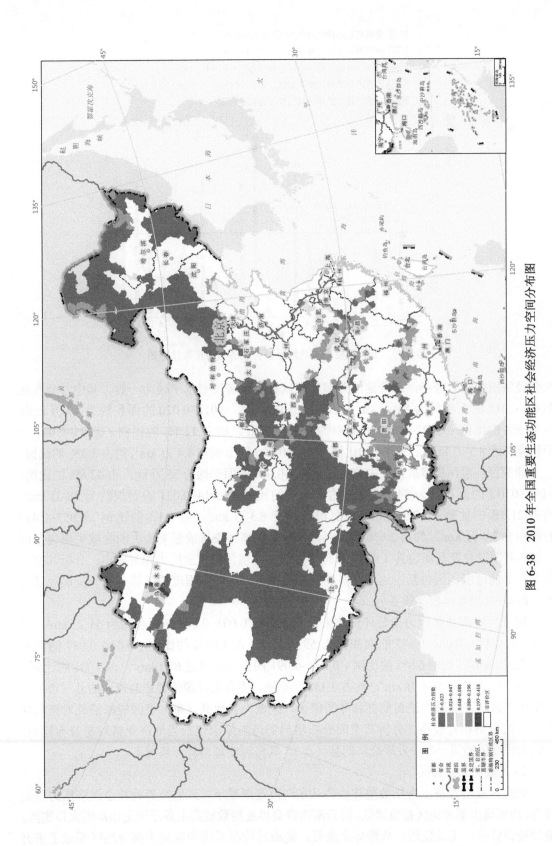

图 6-38 2010 年全国重要生态功能区社会经济压力空间分布图

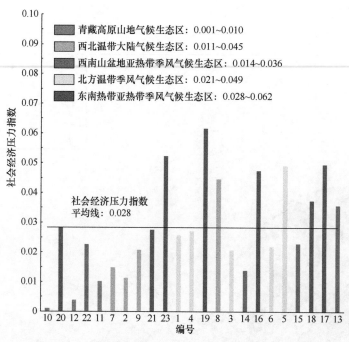

图 6-39　五大重要生态功能区社会经济压力指数排序图

社会经济压力指数较小，这些地区普遍为区域社会经济发展水平较为一般。其中，分布在 0.001~0.011 的面积约为 81 万 km²，占 62.9% 的比例；0.012~0.020 的面积约为 19 万 km²，占 14.8% 的比例；0.021~0.030 的面积约为 16 万 km²，约占 12.4% 的比例；0.031~0.041 的面积有将近 8.3 万 km²，占 6.4% 的比例；0.042~0.096 的面积有 4.4 万 km²，约占 3.5% 的比例。

研究区环境污染排放指数中分布在 0.002~0.007 的面积约为 55 万 km²，占 42.8% 的比例；0.008~0.013 的面积约为 34 万 km²，占 26.4% 的比例；0.014~0.021 的面积约为 28 万 km²，约占 21.8% 的比例；0.022~0.056 的面积有将近 8.3 万 km²，占 6.4% 的比例；0.057~0.419 的面积有 3.4 万 km²，约占 2.6% 的比例。各县受环境污染排放影响较大的区域主要包括西北部的呼图壁县及其周边县（市），其他县（市）环境污染排放压力相对较小。分析其空间分布格局的可能原因包括当地产业格局与分布特点，如较大程度依赖第一产业发展经济的县（市），其污染排放一般要小。

研究区资源消耗压力指数评价结果表明分布在 0.001~0.006 的面积约为 51 万 km²，占 39.6% 的比例；0.007~0.017 的面积约为 59 万 km²，占 45.8% 的比例；0.018~0.037 的面积约为 8.7 万 km²，约占 6.8% 的比例；0.038~0.091 的面积有将近 6 万 km²，占 4.7% 的比例；0.092~0.805 的面积有 4 万 km²，约占 3.1% 的比例。受资源能源消耗影响较大的县（市）主要集中在区域西北部的纳瓦斯县和呼图壁县，区域内其他县（市）资源能源消耗对资源环境压力的影响相对较小。分析其空间分布格局的可能原因包括当地产业格局与分布特点，如较大程度依赖第一产业发展经济的县（市），其资源能源消耗一般较小。

2）青藏高原生态区

研究区社会经济压力指数整体趋势从东向西逐渐减小，三省交界处社会经济压力指数较高，而西藏大部分地区指数较低，而云南西藏交界处指数较高主要原因是该地区人口密集，资源能源较多，工业发达。从整体上来看，造成此情况是因为西藏大部分地区都处于未开发区域，加之人口稀少，对环境的破坏力度较小，因此该地区社会经济压力指数普遍较低，而三省交界处人口密集，对资源利用需求迫切，因此该地区指数较高。

研究区环境污染排放指数整体趋势从西向东逐渐增加，西藏地区环境污染排放指数较低，而青海省与四川省交界地区环境污染排放指数较高，造成此情况的原因是西藏地区发展较慢，大部分区域未被开发，工业设施较少，且人口稀少，所以该地区环境污染排放指数较低，而四川省与青海省交界处社会经济发展较快，工业设施较多，藏东南地区处于江河发源地，相对发展也较快，因此该地区指数较高。

研究区资源能源消耗指数整体趋势是从东向西逐渐降低，特别是在西藏大部分地区资源能源消耗指数比较低，而在青海省、四川省和西藏自治区交界处指数较高，藏东南地区指数也相对较高。造成此情况的原因是西藏大部分地区人口稀少，工业设施也较少，导致能源消耗较小，而在藏东南地区人口相对密集，资源消耗也比其他西藏地区多，特别是在三省交界处，资源较丰富，人口密集，工业较发达，因此该地区资源能源消耗指数较高。

3）北方生态区

从评价结果可得出，研究区社会经济压力指数整体趋势为两头大中间小，三江平原地区由于人口多，经济发展规模较大，因此社会经济压力指数较大，而长白山地区及华北平原水源涵养的内蒙古县（市）由于人口稀少，社会经济发展落后，因此社会经济压力较小，太行山及辽河三角洲地区，由于地处京津冀周围，经济发展较为迅速，特别是辽河三角洲便利的交通使得社会经济发展更为迅速。因此，研究区内的社会经济压力指数空间分布趋势为南北较大中间较小。

研究区环境污染排放指数整体趋势变化明显，黄土高原地区、太行山地区、京津冀周围个别县域及黑龙江三江平原地区相比于其他区域环境污染排放指数较大，研究区其余地区相对较小。密云县、遵化县、迁西县、宽城满族自治县、张家口市、磁县、元氏县、武安市等生活污水排放量大，工业较发达的地区其环境污染排放指数较大。而长白山地区以及内蒙古地区人口稀少，工业发展较为落后，因此环境污染排放指数较小。

研究区资源能源消耗压力变化趋势明显，太行山地区、京津冀周围个别县域及辽河三角洲相比于其他区域资源能源消耗压力要大。由于密云县、遵化县、迁西县、宽城满族自治县、张家口市、磁县、元氏县、武安市工业较发达地区资源能源消耗压力较大。而大小兴安岭地区、长白山地区、黄土高原地区及内蒙古地区人口稀少，工业发展较为落后，因此资源能源消耗压力较小。

4）西南生态区

对区域资源能源消耗指数及环境污染排放指数赋予等权重（均为0.5）计算得到区域社会经济压力指数评价结果。0.0009~0.0201及0.0202~0.0365的社会经济压力指数分别占区域面积的42.4%和39.1%，是该区主要的社会经济压力值，说明该区的社会经济压力值大部分是小于区域平均值的；而0.0386~0.0704的社会经济压力指数占区域面积的15.6%，剩下的>0.0705的社会经济压力指数则占区域面积的2.8%左右。由评价结果可知，区域社会经济压力指数较大的县（市）主要包括区域中部的峨眉山市、西部大理白族自治州和北部的徽县周围，其中西部大理白族自治州的社会经济压力指数最大，达到0.375。通过分析可以看出这些县（市）社会经济发展水平较高、人口密集，其资源能源消耗指数和环境污染排放水平均较高；其他县（市）社会经济压力相对较小，该区域的西北大部分地区情况较为理想。以雅江县、理县和红原县等为代表的区域的社会经济压力指数较小，这些地区普遍为区域社会经济发展水平较为一般。

西南生态区的环境污染物的排放对资源环境的压力主要体现在对生态系统的破坏，包括农田生态系统、河湖生态系统和森林生态系统等，甚至有些破坏不可逆。环境污染物排放的评价标准包括农药化肥量、生活污水排放量和工业"三废"排放量。其中受环境污染排放影响较大的县（市）主要包括区域中部的峨眉山市、西部大理白族自治州和北部的徽县周围，特别是西部大理白族自治州的环境污染排放最为严重。其他县（市）环境污染排放压力相对较小，该区域的西北大部分地区情况良好。分析其空间分布格局的可能原因包括当地产业格局与分布特点，如较大程度依赖第一产业发展经济的县（市），其污染排放一般要小。

资源能源的消耗对资源环境的压力主要表现在对生态支撑力系统的削弱，如砍伐森林资源，过度放牧消耗草皮，过度开发矿产致使资源环境压力的增大。西南生态区受资源能源消耗影响较大的县（市）主要集中在区域中东部地区，范围大，覆盖的县（市）在绥阳县、仁怀县、凯里市、纳雍县、湄潭县和黔西县等周围，资源能源消耗最大的县是东北角的西峡县，达到0.105，也加大了其周围地区的资源环境压力。区域内其他县（市）资源能源消耗对资源环境压力的影响相对较小，尤其是该区域的西部大部分地区，资源能源消耗很小，资源环境压力不大。分析其空间分布格局的可能原因包括当地产业格局与分布特点，如较大程度依赖第一产业发展经济的县（市），其资源能源消耗一般较小。另外，区域中东部的人口密度和单位面积农药化肥施用量远远高于其他区域，这也是导致资源能源消耗大的重要原因。

5）东南生态区

由研究区社会经济压力指数评价结果可知，淮河中下游地区、大别山区及长江中下游等部分县（市）由于地势平坦、人口密度大、需水量大，经济发展较为迅速，因此社会经济压力较大；而武陵山区、武夷山区及南岭地区大部分县（市）由于处于山区、土地贫瘠、人口较为稀少、经济落后，因此社会经济压力较小。可见研究区社会经济压力与各县（市）的经济发展水平息息相关。

资源能源消耗指数整体趋势变化明显，大别山地区、淮河中下游地区、南岭地区部分县（市）资源能源消耗指数较大，其他地区如武陵山区、海南中部山地及武夷山区等资源能源消耗指数较小。分析其原因，资源能源消耗大的地区均为社会经济较为发达、人口密度相对较大、城市化指数较大，旅游压力及能耗指数等指标相较于其他地区也较大，特别是淮河中下游地区尤为严重。而资源能源消耗较小的地区均为工业发展较为落后，能耗、水耗等较小的地区。

研究区环境污染排放指数分布趋势与资源能源消耗指数分布较为一致，即淮河中下游地区、大别山地区及南岭地区部分县（市）的环境污染排放指数较大，其他地区较小。分析其原因，环境污染排放较高的地区，其人均耕地面积也较大，由于单位耕地面积农药化肥量与区域耕地面积呈正相关，即耕地面积较大的地区，其农药化肥施用量较大；此外，这些地区人口密集、需水量较大，其生活污水排放量较大，另外，由于这些地区近年来经济发展迅速，其工业"三废"排放量也较大；而环境污染排放较低的地区，其耕地面积均较少，且经济水平落后。

2. 社会经济压力主控因子分析

1) 全国重要生态功能区主控因子分析

运用SPSS18.0，在全国范围内对评价体系中各指标和区域社会经济压力指数（SEPI）进行相关性分析（表6-31），结果发现与区域社会经济压力指数（SEPI）相关性最高的是单位面积生活污水排放量，由于区域内不同地区的工业发展水平差别较大，因此，单位面积生活污水排放量在很大程度上影响着区域社会经济压力指数（SEPI）的大小。此外，人口密度、能耗指数、水耗指数及旅游压力指数与工业"三废"排放量指数对社会经济压力的影响都比较大，这充分说明社会经济压力是与人口对资源的占用及污染排放密切相关的。

表 6-31   全国重要生态功能区社会经济压力主控因子分析结果

社会经济压力指标	相关系数
人口密度	0.59
能耗指数	0.54
水耗指数	0.53
城市化指数	0.49
旅游压力指数	0.51
人均耕地面积	0.10
单位耕地面积农药化肥量	0.28
单位面积生活污水排放量	0.60
单位面积工业"三废"排放量	0.54

2) 五大区社会经济压力主控因子分析

（1）西北生态区。

从表6-32可以看出，与该大区社会经济压力相关性较高的社会经济压力单因子指标是能耗指数，拟合优度接近0.87，其次是水耗指数和单位面积生活污水排放量的拟合优度，也达到了0.76和0.82，几乎所有负向指标均与社会经济压力呈现出一定的负相关性，而单位耕地面积农药化肥量与社会经济压力呈现弱的正相关性，表明这两个指标在该区内对社会经济压力的负向影响力较小。

表 6-32   西北生态区社会经济压力主控因子分析结果

社会经济压力指标	相关系数
人口密度	−0.74
能耗指数	−0.87
水耗指数	−0.76
人均耕地面积	−0.09
城市化指数	−0.61
旅游压力指数	−0.43
单位耕地面积农药化肥量	0.04
单位面积生活污水排放量	−0.82
单位面积工业"三废"排放量	−0.04

（2）青藏高原生态区。

从表 6-33 中可以看出，与区域社会经济压力指数相关性最高的是人口密度、水耗指数、单位面积生活污水排放量，由于区域内不同地区的工业发展水平差别较大，人口密度差异较大，因此，人口密度、水耗指数、单位面积生活污水排放量在很大程度上影响着区域社会经济压力指数。

表 6-33 青藏高原生态区社会经济压力主控因子分析结果

社会经济压力指标	相关系数
人口密度	0.94
能耗指数	0.09
水耗指数	0.83
城市化指数	0.03
旅游压力指数	−0.07
人均耕地面积	−0.02
单位耕地面积农药化肥量	−0.14
单位面积生活污水排放量	0.66
单位面积工业"三废"排放量	0.42

（3）北方生态区。

从表 6-34 中可以看出，与区域社会经济压力指数相关性最高的是人口密度、能耗指数、单位面积生活污水排放量及单位面积工业"三废"排放量，由于区域内不同地区的工业发展水平差别较大，人口密度差异较大，因此，人口密度、能耗指数、单位面积生活污水排放量及单位面积工业"三废"排放量在很大程度上影响着区域社会经济压力指数。

表 6-34 北方生态区社会经济压力主控因子分析结果

社会经济压力指标	相关系数
人口密度	0.78
能耗指数	0.83
水耗指数	0.48
城市化指数	0.62
旅游压力指数	0.66
人均耕地面积	−0.29
单位耕地面积农药化肥量	0.39
单位面积生活污水排放量	0.80
单位面积工业"三废"排放量	0.69

（4）西南生态区。

从评价结果表 6-35 可得出，与该大区社会经济压力相关性较高的社会经济压力单因子指标是水耗指数，拟合度接近 0.61，其次是旅游压力指数和能耗指数，分别为 0.55 和 0.28。而其他的指标与社会经济压力之间的相关性均较弱，因此资源消耗是该区主要控制经济压力的影响因子。

表 6-35　西南生态区社会经济压力主控因子评价结果

社会经济压力指标	相关系数
人口密度	0.21
能耗指数	0.28
水耗指数	0.61
人均耕地面积	0.09
城市化指数	0.01
旅游压力指数	0.55
单位耕地面积农药化肥量	0.04
单位面积生活污水排放量	0.12
单位面积工业"三废"排放量	0.24

（5）东南生态区。

由评价结果表 6-36 可得与区域社会经济压力指数相关性最高的是水耗指数、旅游压力指数及单位面积生活污水排放量。

表 6-36　东南生态区社会经济压力主控因子评价结果

社会经济压力指标	相关系数
人口密度	0.54
能耗指数	0.55
水耗指数	0.75
城市化指数	0.59
人均耕地面积	0.01
旅游压力指数	0.69
单位耕地面积农药化肥量	−0.08
单位面积生活污水排放量	0.62
单位面积工业"三废"排放量	0.22

3）全国 23 个重要生态功能区社会经济压力主控因子分析。

研究表明，中国重要生态功能区社会经济压力同样存在尺度效应。由此可见，县域主控因子往往是限制因子，对策建议依据这些限制因子制定，显得更为科学与客观，如表 6-37 所示。

表 6-37　全国重要生态功能区的社会经济压力主控因子分析表

区号	类型	基于社会经济压力主控因子的对策建议	
		主控因子	对策建议
1	资源能源消耗型	单位面积工业"三废"排放量	由于研究区主要属于资源型地区，耕地资源和矿产资源的有限性是其主要的限制因素，因此控制资源能源的消耗对于减小该地区社会经济压力具有重要的意义
2	环境污染排放型	单位面积工业"三废"排放量	实施主导产业选择发展的调整战略；采用循环经济的思想及途径；解决轻重工业比例失调和第三产业的问题
3	资源能源消耗型	单位面积工业"三废"排放量	针对治理资源能源消耗型的县（市）要降低它们的资源能源消耗，从粗放型经济向集约型经济转型。而治理环境污染排放类型的县（市），要做到控污减排即可

区号	类型	基于社会经济压力主控因子的对策建议	
		主控因子	对策建议
4	资源能源消耗 环境污染排放	人口密度	加大对华北沿边地区与腹地之间的基础设施建设的投资和政策倾斜力度；充分发挥沿边地区内引外联功能，发展区域外向型经济
5	资源能源消耗型	能耗指数	研究区总体上的压力指数处于一个较高的程度，其中控制资源能源消耗、减少生活污水排放和工业"三废"的排放量是迫在眉睫的行动
6	环境污染排放型	单位面积生活污水排放量	为了遏制严重的水土流失，黄土高原地区以调整土地利用结构、恢复植被等为主要措施的水土流失综合治理，使生态系统的结构不断优化、功能不断完善
7	资源能源消耗 环境污染排放	人口密度	加快产业结构的改革，节能减排，运用新的技术植树造林；绿洲-荒漠过渡带在邻近绿洲饲草料的支持下可以发展为新草地畜牧业基地，并可作为育肥带，实现山地-荒漠-绿洲农业生态系统耦合可以大大提高单方水的产值
8	资源能源消耗 环境污染排放	能耗指数	能源消耗比较严重，因此需要改善产业结构；草场承包责任制的发展，对定居、种草、冬舍饲的要求越来越迫切、普遍，草地牧业生产形势正在发生新的重要变化。社会主义市场经济的逐步建立，也正在推动从产品生产向商品生产转变，推动新的生产力发展
9	资源能源消耗 环境污染排放	能耗指数	以流域为单位，加强水资源统筹利用规划与管理；按区域进行综合防治；根据生态原则，合理开发利用土地资源；实施水源林保护工程，加大造林和退耕还林还草力度
10	资源能源消耗型	人口密度	保护和管理野生动物多样性；保护森林生态系统与生物多样性；管理草地与畜牧系统多样性
11	资源能源消耗型	单位面积生活污水排放量	发展旅游业，打造生态旅游品牌，发展民族文化产业
12	资源能源消耗 环境污染排放	能耗指数	加快实施生态生产，增强可持续发展能力；开发优势资源，调整优化畜群结构，发展民族特色产业；发展生态旅游和民族文化旅游，创建三江源旅游品牌
13	环境污染排放型	单位面积工业"三废"排放量	石漠化治理；退耕还林，恢复植被；改变生产方式，改善生活水平；建立强有力的组织机构，形成制度性的区域开发；建立完善的生态环境补偿机制；生物多样性保护
14	环境污染排放型	单位耕地面积农药化肥施用量	加强地域合作，协调区域发展；优化产业结构协调发展经济
15	资源能源消耗 环境污染排放	单位面积生活污水排放量	严格控制人口增长，提高人口素质，增强环保意识；进一步落实退耕还林政策；加快农村城镇化的进程，组织生态移民，加大扶贫力度；改善能源消费结构和调整产业结构，实现开发与保护并重；解决交通、信息闭塞的问题；合理开发和利用秦巴地区水资源
16	环境污染排放型	能耗指数	优化地区产业结构，增强县域经济实力；增强县市经济联系，培育区域市场体系；推进山区特色农业进程，加强农产品品牌培育；因地制宜发展民营经济；开发红色旅游资源
17	资源能源消耗型	单位面积工业"三废"排放量	需要从源头控制污染源，严格监控环境污染排放现象，积极治理和防控环境污染问题，经济保持适度发展的模式
18	资源能源消耗型	单位面积生活污水排放量	整个南岭地区要各县域统一协调，调整产业结构，在保护环境优先前提下，合理选择经济发展方向，调整工业产业结构，确保环境与生态平衡，做好生态功能区划，利用不同地区特色功能，形成各具特色的社会经济发展格局，有效地降低社会经济压力
19	资源能源消耗 环境污染排放	单位面积工业"三废"排放量	优化产业结构，提升产业发展规模；大力发展现代农业，提高农业产业化水平；推进区域经济合作，提高对外贸易水平；发展生态旅游，保护生态环境；推进资源节约管理，加强资源综合利用；积极发展生态经济，持续改善生态环境
20	环境污染排放型	单位面积工业"三废"排放量	加强自然保护区建设和管理；着重保护生物多样性

区号	类型	基于社会经济压力主控因子的对策建议	
		主控因子	对策建议
21	资源能源消耗型	人口密度	建立区域生物信息库、环境信息库及重点区域监测网；进一步完善现有管理体系；以生态环境保护为导向合理化产业布局，认真编制旅游规划
22	资源能源消耗环境污染排放	单位面积生活污水排放量和人口密度	改善开发生产技术，提高资源能源利用率；发展旅游经济，降低污染排放和资源消耗
23	资源能源消耗型	水耗指数	耗能量大的行业需要禁止生产，采用循环经济和清洁生产模式；采用集约型工业生产模式，大力发展绿色环保行业；需要从源头控制污染源，严格监控环境污染排放现象，积极治理和防控环境污染问题

6.3.3 全国重要生态功能区资源环境承载力评价分析

根据前文提出的"在某一特定时段内，遵循可持续发展前提下，不同向量成本型指标（负向指标，数值越小越好的指标）或效益型指标（正向指标，数值越大越好的指标）分别取该区域资源环境本底值或最大容量值的70%或者30%，以保障生态环境不会发生恶化"的原则，对全国重要生态功能区的资源环境承载力进行评价。由式（3-2）可知，资源环境承载力指数RECSI接近1时，处于均衡状态。因为资源环境承载力是相对值，不存在生态系统绝对稳定的状态，而是围绕中心位置有自然波动的趋势，所以资源环境承载力均衡是一个围绕1波动的区间。在此基础上，根据自然间断法可将资源环境承载力分为5个级别。由表3-9可知，5个级别分别为超高负荷盈余（≤0.55）、高负荷盈余（0.56~0.90）、较高负荷盈余（0.91~1.05）、均衡（1.06~1.60）和超载（≥1.61）。由图6-40可知，超负荷盈余指的是资源环境承载力盈余程度最高的区域，全国重要生态功能区占地面积可达16.51%；高负荷盈余指的是资源环境承载力盈余程度高的区域，全国重要生态功能区占地面积可达35.77%；较高负荷盈余区指的是接近均衡的区域，全国重要生态功能区占地面积可达12.17%；均衡指的是资源环境承载力接近饱和程度的区域，全国重要生态功能区占地面积可达15.71%；超载指的是超过该区域的资源环境承载力承受范围，全国重要生态功能区占地面积可达19.84%。

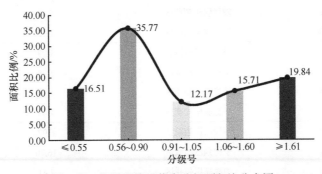

图 6-40 资源环境承载力分级面积比分布图

由此可见，我国重要生态功能区资源环境承载力大致上呈现东南部高于西北部的趋势，说明我国东南资源环境承载力优越于西北部。另外，我国占地面积52.28%的重要生态功能区为盈余地区，27.88%占地面积的重要生态功能区为均衡地区。这说明我国80.16%的重要生态功能区资源环境承载力尚在饱和负荷以内，还有19.84%的重要生态功能区超出资源环境承载力负荷而需要限制社会经济发展。

将全国重要生态功能区资源环境承载力评价图与生态支撑力空间分布图和社会经济压力分布图进行叠加分析。其中，生态支撑力可反映生态系统的稳定性，社会经济压力可以反映对生态系统的压力，资源环境承载力可综合反映生态系统的承载能力。如表3-7和表3-8所示，将原先生态支撑力5个等级依次定位为极不稳定、不稳定、较稳定、中稳定和极稳定；社会经济压力5个等级依次定位为弱压、低压、高压、强压和极强压。以单个重要生态功能区为研究单位，将5个生态支撑力等级和社会经济压力等级分别与资源环境承载力5个等级依次定位。并分别按照实际评价情况进行分级分析，结果如表6-38所示。其中分级排序依照先比较资源环境承载力等级再分析生态支撑力等级最后权衡社会经济压力等级的原则。因为资源环境承载力是总目标层，综合反映中国重要生态功能区发展状况。其他则是分目标层，对资源环境承载力承载状态的补充说明。之所以再从生态支撑力这层次入手，主要因为生态支撑力反映生态系统内在性，是人类一切活动的载体与对象。最后权衡社会经济压力等级，是因为体现生态系统的外在性，即可通过调节社会经济压力强度来改变资源环境承载力状况。

表6-38　2010年中国重要生态功能区资源环境承载力分级分析表

五大区	生态区区号	分级区名	资源环境承载力平均值	排序
I区	5	不稳强压均衡区	1.51	16
	6	不稳高压均衡区	1.15	15
	1	较稳低压均衡区	1.36	11
	4	不稳低压高负荷盈余区	0.73	5
	3	较稳高压超载区	2.12	21
II区	9	极不稳低压均衡区	3.01	17
	7	极不稳弱压超载区	12.34	23
	8	不稳高压高负荷盈余区	0.71	6
	2	不稳弱压高负荷盈余区	0.72	4
III区	12	不稳弱压均衡区	1.11	14
	11	较稳弱压超载区	5.42	20
	10	较稳弱压均衡区	1.15	10
IV区	13	较稳超强压均衡区	1.27	12
	15	中稳强压均衡区	1.28	9
	14	较稳高压均衡区	1.39	13
	22	中稳弱压均衡区	1.44	8
V区	19	不稳高压超载区	6.97	22
	17	中稳强压超载区	16.70	19
	16	中稳高压超载区	2.41	18
	18	极稳强压较高负荷盈余区	0.92	7
	23	极稳低压高负荷盈余区	0.74	3
	21	极稳低压高负荷盈余区	0.75	2
	20	极稳弱压高负荷盈余区	0.72	1

6.3.3.1　北方生态区

研究区资源环境承载力评价空间区域等级图如图 6-41（彩图附后）所示。研究区承载力状况较好的区域大多集中在长白山地区及燕山山脉地区，这些区域承载力小于 0.55，说明这些区域社会经济发展与生态自然环境之间协调发展，而黄土高原、太行山、大小兴安岭大部分县（市）的资源环境承载力状况较差，说明在该区域内，大部分的县（市）社会经济发展与生态自然环境之间无法协调发展。需要及时调整发展战略，改善区域承载力现状，谋求可持续发展。经过统计，资源环境承载力 ≤ 0.55 的面积为 10 142km²，占研究区面积的 31.4%；资源环境承载力处于 0.55~0.9 的面积为 14 599km²，占研究区面积的 45.2%；资源环境承载力处于 0.9~1.05 的面积为 30 878km²，占研究区面积的 9.56%；资源环境承载力处于 1.05~1.6 的面积为 22 287km²，占研究区面积的 6.9%；资源环境承载力 ≥ 1.6 的面积为 22 416km²，占研究区面积的 6.94%。

6.3.3.2　西北生态区

研究区资源环境承载力评价空间区域等级图如图 6-41 所示。结合区域社会经济压力指数和生态支撑力指数评价区域资源环境承载力，其中，≥ 1.06 的区域面积占区域总面积的 2.11%，约 2.72 万 km²；小于 0.55 的面积占 0.90%，约 115.83 万 km²；介于两者之间的占 96.99% 左右，有将近 10.15 万 km² 的面积。其空间分布格局如图 6-41 所示，西部的一些省份的承载力状态较差，已经集中体现了超载的情况，此外阿克塞哈萨克族自治县和乌审旗的承载力极高，都大于 40，表明该区域资源环境压力最大，需要及时调整发展战略，改善区域承载力现状，谋求可持续发展。阿鲁科尔沁旗、巴林右旗、鄂托克前旗、科尔沁右翼前旗、科尔沁右翼中旗、科尔沁左翼后旗、克什克腾旗、尼勒克县和祁连县等地区资源环境承载力较低，均小于 0.55，东北部地区资源环境承载力呈现高值集中的特点，这些地区集中分布在研究区域东部林地保护生态区，这也从侧面反映这些区域的经济发展和环境协调性相对较好。

6.3.3.3　青藏高原生态区

研究区资源环境承载力评价空间区域等级图如图 6-41 所示。研究区资源环境承载力整体上普遍处于轻微高负载，在藏东、青海个别县资源环境承载力处于低负载，只有极少藏南县处于严重高负载。经过统计，资源环境承载力 ≤ 0.55 的面积为 140 307km²，占研究区面积的 12.17%；资源环境承载力处于 0.55~0.9 的面积为 234 480km²，占研究区面积的 20.34%；资源环境承载力处于 0.9~1.05 的面积为 186 563km²，占研究区面积的 16.18%；资源环境承载力处于 1.05~1.6 的面积为 348 822km²，占研究区面积的 30.26%；资源环境承载力 ≥ 1.6 的面积为 242 610km²，占研究区面积的 21.05%。造成此情况的原因是研究区域地处经济不发达地区，人口相对稀少，经济发展水平落后，虽然生态环境比较脆弱，但由于人类活动的微弱干扰对当地资源环境的影响并没有达到严重水平，特别是在藏东地区，水源丰富，人口稀少，对资源环境压力较小，而在藏南地区，人口密集，资源相对较少，因此该地区资源环境承载力压力较为严重，该区域不具备大规模高强度社会经济发展，必须把增强生态产品生产能力作为首要任务，转变经济发展方式和转移产业结构，从而限制大

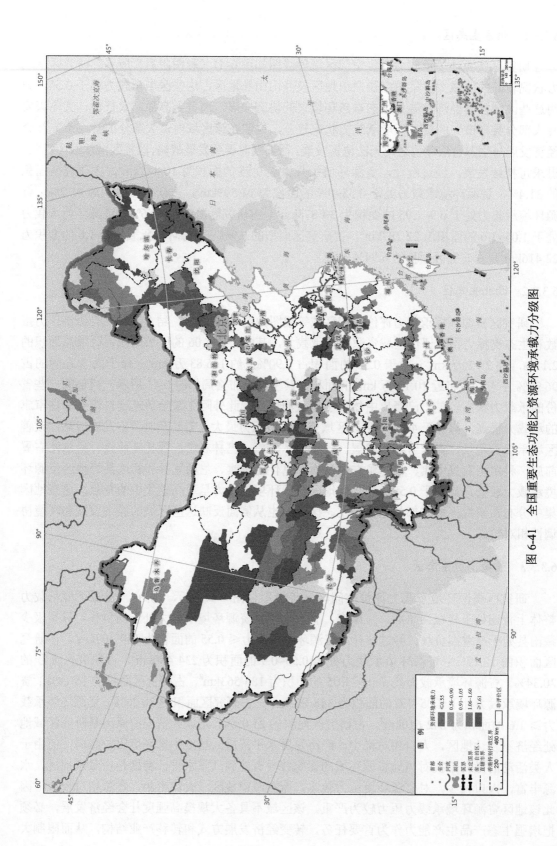

图 6-41 全国重要生态功能区资源环境承载力分级图

248

规模高强度的社会经济发展。

6.3.3.4 西南生态区

结合区域社会经济压力指数和生态支撑力指数评价区域资源环境承载力，研究区资源环境承载力评价空间区域等级图如图 6-41 所示。其中，≥ 1.06 的区域面积占区域总面积的 22.8%，小于 0.55 的占 10.6%，而资源环境承载力在 0.55~0.90 的占 42.8%，是区域资源环境承载力的主要分布区间；而 0.90~1.05 的区域面积占 23.6%，1.05~1.06 的区域面积仅占 0.2%。其空间分布格局如图 6-41 所示，北部与甘肃交界的省份承载力状态较差，已经集中体现了超载的情况，包括卓尼县，岷县，宕昌县，徽县，太白县，宝鸡市，等等。与重庆市接壤的巴南区、洛林市、云阳县等以及沿海的防城港市和上思县都出现了超载的现象。此外巴塘县和六盘水市的承载力极高，都大于 20，表明该区域受资源环境压力最大，需要及时调整发展战略，改善区域承载力现状，谋求可持续发展。腾冲县、勐腊县和盈江县及丽江市等地区资源环境承载力较低，均小于 0.55，西北部地区资源环境承载力没有呈现高值集中的特点（除理县），这些地区集中分布在研究区域西部生物多样性保护生态区，这也从侧面反映这些区域的经济发展和环境协调性相对较好。

6.3.3.5 东南生态区

研究区资源环境承载力评价空间区域等级图如图 6-41 所示。结合区域社会经济压力指数和生态支撑力指数评价区域资源环境承载力，经过统计，资源环境承载力 ≤ 0.55 的面积为 3478km^2，占研究区面积的 1.16%；资源环境承载力处于 0.55~0.9 的面积为 188 891km^2，占研究区面积的 63.20%；资源环境承载力处于 0.9~1.05 的面积为 10 637km^2，占研究区面积的 3.56%；资源环境承载力处于 1.05~1.6 的面积为 20 607km^2，占研究区面积的 6.89%；资源环境承载力 ≥ 1.6 的面积为 75 256km^2，占研究区面积的 25.18%。可见，研究区各县（市）资源环境承载力分布情况不均衡，高承载区主要分布于淮河中下游、长江中下游及大别山区等人口密集、经济较为发展的地区，其中洪湖市、公安县及武汉市等县（市）资源环境承载力最大，最大超过了 100，分析其原因，由于这些地区的生态支撑力较小，而社会经济压力指数较大，说明这些地区的社会经济发展与生态自然环境之间无法协调发展，需要及时调整发展战略，改善区域承载力现状，谋求可持续发展。而承载力较低的区域主要分布于山区，这些地区生态支撑力较高，且社会经济压力相对较小，如武夷山区、武陵山区、海南中部山区及南岭地区部分县（市），其中曲江县、贺州市、琼中黎族苗族自治县等县（市）承载力最低。

6.4 基于资源环境承载力的全国重要生态功能区区划分析

6.4.1 基于资源环境承载力的全国重要生态功能区区划

基于资源环境承载力的全国重要生态功能区区划图如图 6-42（彩图附后）所示，发展区占地面积为 52.28%，优化区占地面积 27.88%，限制区占地面积 19.84%。其中，重要保护区占地面积 26.7%。

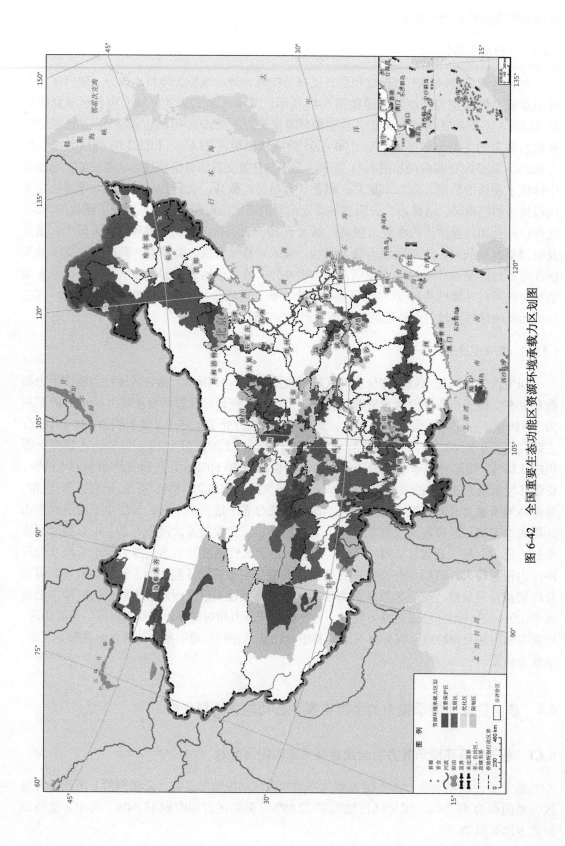

图 6-42 全国重要生态功能区资源环境承载力区划图

发展区主要集中在中国东部地区，优化区和限制区主要集中在中国西北部。资源环境承载力区划分布如表 6-39 所示。生态区所属资源环境承载力区划类型是按照平均水平进行评估，生态区的局部区域可能出现其他类型。

表 6-39　资源环境承载力区划表

五大区	生态区区号	分级区名	资源环境承载力区划	排序
I 区	5	不稳强压均衡区	重点生态功能优化区	16
	6	不稳高压均衡区	重点生态功能优化区	15
	1	较稳低压均衡区	重点生态功能优化区	11
	4	不稳低压高负荷盈余区	重点生态功能发展区	5
	3	较稳高压超载区	重点生态功能限制区	21
II 区	9	极不稳低压均衡区	重点生态功能优化区	17
	7	极不稳弱压超载区	重点生态功能限制区	23
	8	不稳高压高负荷盈余区	重点生态功能发展区	6
	2	不稳弱压高负荷盈余区	重点生态功能发展区	4
III区	12	不稳弱压均衡区	重点生态功能优化区	14
	11	较稳弱压超载区	重点生态功能限制区	20
	10	较稳弱压均衡区	重点生态功能优化区	10
IV区	13	较稳超强压均衡区	重点生态功能优化区	12
	15	中稳强压均衡区	生态经济优化区	9
	14	较稳高压均衡区	重点生态功能优化区	13
	22	中稳弱压均衡区	生态经济优化区	8
V区	19	不稳高压超载区	重点生态功能限制区	22
	17	中稳强压超载区	生态经济限制区	19
	16	中稳高压超载区	生态经济限制区	18
	18	极稳强压较高负荷盈余区	生态经济发展区	7
	23	极稳低压高负荷盈余区	生态经济发展区	3
	21	极稳低压高负荷盈余区	生态经济发展区	2
	20	极稳弱压高负荷盈余区	生态经济发展区	1

6.4.2　区划发展主控因子的识别

本研究采用典型相关分析法、相关分析法和方差分析法的综合分析方法。首先采用典型相关分析法从生态支撑力指标集和社会经济压力指标集中挖掘出典型成分和降低指标维度。然后在降低指标维度后的典型成分集基础上，用相关分析法确定两组指标集指标之间的相关程度，从而进一步确定出限制单因子。为了寻找出社会经济压力指标交互影响对生态支撑力指标的相互关系，用方差分析法分析限制单因子之间的关系。从而最终确定出资源环境承载力的限制因子，反映出生态系统和社会体系两者之间的要素关联程度。

6.4.2.1　北方生态区

根据共线性分析，筛选出的指标有平均海拔、NPP、水源涵养量、植被覆盖率、土壤侵蚀度、景观破碎度、叶面积指数、能耗指数、水耗指数、城市化指数、人均耕地面积、旅游压力指数及单位耕地面积农药化肥量等。分析结果如表 6-40 所示。

表 6-40　北方生态区典型相关分析

指标	典型荷载（一）	典型荷载（二）	典型荷载（三）	典型荷载（四）
年均降雨量	0.650	−0.665	−0.039	−0.241
年均温	−0.837	−0.487	0.084	0.041
水源涵养量	−0.867	−0.397	0.006	−0.149
叶面积指数	0.689	−0.598	0.162	−0.146
能耗指数	−0.691	0.353	−0.175	−0.369
城市化指数	−0.332	0.004	0.772	0.118
人均耕地面积	−0.085	0.740	0.105	−0.436
单位耕地面积农药化肥量	−0.826	−0.228	−0.068	0.008
显著性水平 Sig.	0.000	0.000	0.000	0.158
典型相关系数	1.000	1.000	0.731	0.559

由于典型相关法采用 Sig. 指数小于 0.01 的单元组作为相关性分析的变量组，而对于本研究区来说，满足条件的相关性分析组有两组，即典型荷载（一）组和典型荷载（二）组。如表 6-40 所示，统计学意义上一般采用相关系数大于某一值作为判断阈值，结合本研究区特点，采用 0.6 作为变量相关性较大的判断阈值。因此，对该区域生态承载力影响最大的主控因子是年均温、叶面积指数、能耗指数、人均耕地面积和单位耕地面积农药化肥量。

研究区为北方温带季风气候生态区，全年四季分明，天气多变，降水的多少与生物的生存和繁殖息息相关，所以在自然因素中年均降雨量主导植被覆盖情况及研究区的整个自然生态系统；叶面积指数主要从层次上反映植被情况，北方生态区拥有大面积的山地森林地带，因此，叶面积指数也是该研究区资源环境承载力的主控因子，同时研究区还包括华北平原的水源涵养重要区，因而水源涵养量也是主控因子。研究区内也有号称"北大仓"的三江平原地区及农耕区为主的太行山地区，因此，单位耕地面积农药化肥量能在一定程度上说明资源环境承载力情况。能耗指数涵盖煤矿和电能等能量。人类活动离不开能量消耗，所以能耗指数也是关键因素。

6.4.2.2　西北生态区

由于典型相关法采用 Sig. 指数小于 0.01 的单元组作为相关性分析的变量组，而对本研究区来说，满足条件的相关性分析组有一组，如表 6-41 所示，统计学意义上一般采用相关系数大于某一值作为判断阈值，结合本研究区特点，采用大于 0.7 作为变量相关性较大的判断阈值，由表 6-41 可知，对该区域承载力影响最大的主控因子是植被覆盖率、能耗指数和水耗指数，除植被覆盖率对区域的资源环境承载力的生态支撑力部分呈明显的正相关外，另外两个指标均对承载力呈较高的负相关。说明该区域的承载力主要受到两方面的影响，分别是生态支撑力变量组的植被覆盖率及社会经济压力变量组的能耗指数和水耗指数，由此可以看出人类活动（砍伐森林和放牧），包括对森林和草地的过度利用，以及日常生活对能源和水资源的使用对该区域的承载力造成的影响最大。

表 6-41　西北生态区典型相关分析

指标	典型荷载（一）	典型荷载（二）	典型荷载（三）	典型荷载（四）
平均海拔	−0.056	−0.125	0.03	−0.257
年均降雨量	0.407	−0.219	−0.615	−0.365
年均温	−0.554	0.569	0.491	−0.259
固碳释氧量	0.595	0.391	0.068	0.006
植被覆盖率	0.723	−0.066	−0.219	0.456
土壤侵蚀度	−0.198	−0.491	0.651	−0.354
景观破碎度	0.687	0.035	0.105	−0.181
叶面积指数	0.516	−0.27	−0.444	−0.233
人口密度	−0.671	−0.285	−0.279	−0.528
能耗指数	−0.772	−0.169	−0.03	−0.113
水耗指数	−0.799	−0.01	−0.295	−0.231
人均耕地面积	0.425	0.206	−0.527	−0.113
城市化指数	−0.618	−0.201	−0.138	0.301
旅游压力指数	−0.442	−0.093	0.347	−0.425
单位耕地面积农药化肥量	−0.296	0.814	−0.166	0.15
单位面积工业"三废"排放量	−0.015	−0.122	−0.511	0.344
显著性水平 Sig.	0.008	0.009	0.007	0.004
典型相关系数	0.736	0.694	0.395	0.359

另外，也可以从该区域所处地理位置解释植被覆盖率对该区域的生态承载力的影响：由于该区域位于北方内陆平原区，草地资源丰富，因此植被覆盖率对生态支撑力有十分重要的影响，而总体来说能耗指数和水耗指数对资源环境承载力的影响最大，这也体现了该区域受人类活动影响的干扰大，这对区域的承载力产生了很大的影响。

6.4.2.3　青藏高原生态区

根据共线性分析，筛选的指标有平均海拔、NPP、水源涵养量、植被覆盖率、土壤侵蚀度、景观破碎度、叶面积指数、能耗指数、水耗指数、城市化指数、人均耕地面积、旅游压力指数、单位耕地面积农药化肥量、单位面积生活污水排放量及单位面积工业"三废"排放量等。

由于典型相关法采用 Sig. 指数小于 0.01 的单元组作为相关性分析的变量组，而对本研究区来说，满足条件的相关性分析组仅有一组，即典型荷载（一）组。如表 6-42 所示，统计学意义上一般采用相关系数大于某一值作为判断阈值，结合本研究区特点，采用 0.6 作为变量相关性较大的判断阈值。因此，对该区域生态承载力影响最大的主控因子是年均温、年均降雨量、人口密度、叶面积指数和单位耕地面积农药化肥量。

另外研究区处于高寒气候区，生态系统比较脆弱，对温度的依赖较大，温度较高地区生态系统较为稳定，如果年均温处于 0℃以下，生态系统基本处于崩溃状态，因而，稳定的生态系统可以使得该区域的资源环境承载力处于低承载状态，那么年均温对资源环境承载力的影响较大；另外研究区人口稀少，面对本身脆弱的生态系统，人为影响破坏效果会极大程度地显现出来，造成自然生态系统与经济社会系统失调进而造成资源环境承载力处于高承载状态，对于社会经济发展不是很迅速、基本不存在工业的研究区来说，人口的密度就成为衡量一个区域社会经济压力的唯一指标，因此人口密度为影响承载力状况的主控因子，研究区属于农业区，因此表征农业污染排放的单位耕地面积农药化肥量也是影响研究区资源环境承载力的主要因子。

表 6-42　青藏高原生态区典型相关分析

指标	典型荷载（一）	典型荷载（二）	典型荷载（三）	典型荷载（四）	典型荷载（五）
年均降雨量	0.601	0.330	0.215	−0.055	0.164
年均温	0.819	0.259	0.102	0.008	0.019
水源涵养量	0.597	−0.087	−0.445	0.276	0.073
植被覆盖率	0.533	0.608	0.286	−0.290	0.146
景观破碎度	0.060	0.133	−0.233	−0.229	0.146
生物丰度指数	0.405	0.159	−0.013	0.369	0.321
叶面积指数	−0.602	0.186	0.007	−0.237	−0.144
人口密度	−0.788	0.547	0.228	−0.262	−0.293
水耗指数	−0.032	0.032	−0.600	0.113	−0.184
城市化指数	−0.375	0.767	−0.441	−0.305	−0.226
人均耕地面积	−0.432	0.121	−0.196	0.796	−0.097
单位耕地面积农药化肥量	−0.662	0.217	0.418	−0.273	−0.372
显著性水平 Sig.	0.008	0.152	0.405	0.698	0.928
典型相关系数	1.000	0.945	0.585	0.119	0.007

6.4.2.4　西南生态区

根据共线性分析，筛选的指标有平均海拔、年均温、NPP、固碳释氧量、植被覆盖率、土壤侵蚀度、景观破碎度、叶面积指数、能耗指数、水耗指数、城市化指数、旅游压力指数、人均耕地面积、单位耕地面积农药化肥量、单位面积生活污水排放量及单位面积工业"三废"排放量等。分析结果如表 6-43 所示。

由于典型相关法采用 Sig. 指数小于 0.01 的单元组作为相关性分析的变量组，而对川贵滇水土保持重要区来说，满足条件的典型变量包括 3 组，即典型荷载（一）组、典型荷载（二）组、典型荷载（三）组。如表 6-43 所示，统计学意义上一般采用相关系数大于某一值作为判断阈值，结合本研究区特点，采用 0.6 作为变量相关性较大的判断阈值。因此，对该区域生态承载力影响最大的主控因子包括固氮释氧量、植被覆盖率、叶面积指数、城市化指数、农用化肥施用量及单位面积生活污水排放量等。

由于该地区地处山区，植被覆盖率较高（包括森林、灌木和草地等植被），而叶面积指数主要从层次上反映植被情况，因此固碳释氧量、植被覆盖率及叶面积指数对该区的资源环境承载力影响较大。固碳释氧量的典型荷载为 0.746，植被覆盖率的典型荷载为 −0.604，叶面积指数的典型荷载为 −0.780。因此，叶面积指数在很大程度上决定着该地区的资源环境承载力状况。在社会经济指标中，城市化指数、单位耕地面积农药化肥量及单位面积生活污水排放量等指标对研究区资源环境承载力影响较大。

表 6-43　西南生态区典型相关分析

指标	典型荷载（一）	典型荷载（二）	典型荷载（三）	典型荷载（四）	典型荷载（五）	典型荷载（六）	典型荷载（七）	典型荷载（八）
平均海拔	0.117	0.588	−0.110	−0.244	0.367	−0.434	−0.455	−0.196
平均气温	−0.091	−0.357	−0.478	−0.257	0.238	0.518	−0.149	−0.471
NPP	−0.328	−0.221	−0.553	0.066	0.702	0.069	−0.026	0.187
固氮释氧量	0.284	−0.248	−0.174	0.746	0.173	−0.131	0.266	−0.391
植被覆盖率	−0.318	−0.604	0.235	0.059	0.079	−0.565	−0.361	0.138
土壤侵蚀度	0.425	−0.261	−0.579	0.010	−0.537	0.024	0.332	0.130
景观破碎度	−0.287	0.407	0.099	0.408	−0.246	0.322	−0.564	0.306
叶面积指数	−0.780	−0.321	0.191	0.011	0.199	−0.393	−0.201	−0.134
能耗指数	0.262	−0.562	0.250	−0.474	0.124	0.369	−0.036	0.419
水耗指数	0.434	−0.426	0.111	−0.317	0.655	−0.174	−0.225	0.094
人均耕地面积	0.475	0.526	−0.348	0.114	−0.026	0.180	0.574	−0.029
城市化指数	−0.135	−0.470	0.656	0.089	0.071	−0.183	0.488	0.213
旅游压力指数	−0.051	−0.411	−0.242	0.171	0.514	0.524	−0.111	−0.435
单位耕地面积农药化肥量	0.786	0.019	0.306	0.189	−0.049	0.186	−0.464	−0.026
单位面积生活污水排放量	0.581	−0.773	−0.100	−0.202	0.105	−0.045	−0.036	−0.014
单位面积工业"三废"排放量	0.327	−0.483	0.007	0.075	−0.238	0.436	−0.055	0.636
显著性水平 Sig.	0.000	0.000	0.000	0.003	0.111	0.463	0.503	0.829
典型相关系数	0.670	0.576	0.377	0.335	0.252	0.156	0.122	0.015

6.4.2.5　东南生态区

根据共线性分析，筛选出的指标有平均海拔、NPP、水源涵养量、植被覆盖率、土壤侵蚀度、景观破碎度、叶面积指数、能耗指数、水耗指数、城市化指数、人均耕地面积、旅游压力指数、单位耕地面积农药化肥量、单位面积生活污水排放量及单位面积工业"三废"排放量等。分析结果如表 6-44 所示。

由于典型相关法采用 Sig. 指数小于 0.01 的单元组作为相关性分析的变量组，而对中南亚热带季风气候区来说，满足条件的典型变量包括 3 组，即典型荷载（一）组、典型荷载（二）组、典型荷载（三）组。如表 6-44 所示，统计学意义上一般采用相关系数大于某一值作为判断阈值，结合本研究区特点，采用 0.6 作为变量相关性较大的判断阈值。因此，对该区域资源环境承载力影响最大的主控因子包括年均降雨量、NPP、叶面积指数、植被覆盖率、生物丰度指数、能耗指数、城市化指数、旅游压力指数等。

由于东南生态区年均降雨量由南至北递减，因此，年均降雨量在很大程度上影响着区域资源环境承载力，另外，由于该区域处于亚热带热带地区，且横穿 30°N，因此，反映植被状况的指标，如 NPP、叶面积指数、植被覆盖率等对区域资源环境承载力影响较大，另外，该地区部分地区地处山区、湿地等生态敏感性地区，区域内分布多个自然保护区，动植物资源丰富，因此，生物丰度指数在很大程度上决定着该地区的资源环境承载力状况。

表 6-44 东南生态区典型相关分析

指标	典型荷载（一）	典型荷载（二）	典型荷载（三）	典型荷载（四）	典型荷载（五）
平均海拔	−0.549	0.489	0.544	0.245	−0.090
年均降雨量	0.579	0.651	−0.145	0.071	0.011
年均温	0.369	0.123	−0.555	−0.196	−0.588
NPP	0.606	0.549	−0.239	−0.234	−0.164
固碳释氧量	0.269	−0.117	0.457	−0.668	−0.389
水源涵养量	0.393	0.049	0.417	−0.520	−0.373
土壤侵蚀度	−0.317	0.234	−0.196	−0.170	0.164
景观破碎度	0.031	−0.414	−0.165	−0.149	−0.133
叶面积指数	0.881	0.036	0.146	0.057	−0.185
植被覆盖率	0.923	−0.199	0.026	0.055	−0.151
生物丰度指数	0.955	−0.120	0.007	0.003	−0.149
人口密度	−0.543	0.121	0.089	−0.058	0.719
能耗指数	−0.866	−0.168	−0.238	0.152	−0.107
水耗指数	−0.446	0.455	−0.331	−0.172	0.108
城市化指数	−0.163	0.409	−0.610	0.341	−0.002
旅游压力指数	0.054	−0.110	−0.666	0.331	0.404
人均耕地面积	−0.375	−0.243	0.193	0.152	−0.116
单位耕地面积农药化肥量	0.152	−0.516	−0.167	−0.391	0.171
单位面积生活污水排放量	−0.482	−0.127	−0.336	−0.291	0.592
单位面积工业"三废"排放量	0.041	0.412	−0.225	−0.148	0.492
显著性水平 Sig.	0.000	0.000	0.000	0.011	0.396
典型相关系数	0.798	0.659	0.595	0.495	0.356

随着国家能源、原材料基地建设，能矿资源开发的相关产业发展，该区域的社会经济发展得到了前所未有的机遇，但也为原本脆弱的生态环境带来了巨大的挑战甚至威胁。在社会经济指标中，能耗指数、城市化指数及旅游压力指数等指标对研究区资源环境承载力影响较大。

6.4.3 区划发展分析

对全国重要生态功能区的资源环境承载力进行分析，分析表明Ⅰ区、Ⅱ区和Ⅲ区的生态支撑力大致上处于极不稳定、不稳定或者较稳定状态（表 6-39）。说明这些地区生态系统的自我维持、自我抵抗和自我恢复能力较其他生态型大区较差。因此，这些地区很容易出现均衡和超载现象。7 区、3 区和 11 区最为明显，在 23 个重要生态功能区分别排序为 23、21 和 20。而Ⅳ区和Ⅴ区的生态支撑力大致上处于中稳和极稳状态，说明这些地区具有自然禀赋高和生态系统恢复能力强等特点。有些区域即使处于强压状态，资源环境承载力还具备高负荷承载状态，如 18 区。另外，20 区、21 区和 23 区的资源环境承载状态最好，分别排序为 1、2 和 3。这些地区处于极稳定低压高负荷盈余状态，说明社会经济发展空间很大。

根据上述分析，全国重要生态功能区可持续发展面临的主要问题如下所述。

1. 自然资源禀赋不平衡

我国重要生态功能区自然资源禀赋较高地区集中在西南生态区和东南生态区，而位于北部生态区的生态系统处于较不稳定状态，尤其是西北生态区。根据生态支撑力的主控因子分析可知，年均降雨量、NPP、叶面积指数和生物丰度指数起到主要作用。这些自然资源禀赋较低地区往往是年均降雨量低于全国平均水平及 NPP、叶面积指数和生物丰度指数低于重要生态功能区平均水平的地区。由于自身生态系统的自我维持、自我抵抗和自我恢复能力较西南和东南生态区差，也制约了北部生态区的进一步发展。

2. 资源环境发展不平衡

由于自然环境条件和历史进程的影响，我国重要生态功能区呈现出东部较西部发达的趋势。西部主要以保护生态环境为主，东部以发展经济为主。然而有些地方不根据实际情况，出现"头小身大"的局面，即生态支撑力这个"头"的营养供求能力远远小于社会经济发展这个"身体"的需求能力。导致出现"生态环境有恶化趋势，社会经济发展面临停滞"的营养不良局面。例如，6 区的生态支撑力为不稳状态，还进行高压社会经济发展，导致资源环境承载指数区域均衡状态接近饱和。

根据以上分析，提出如下建议。

1. 以自然资源禀赋定位发展方向与发展速度

虽然生态支撑力的主控因子有年均降雨量、NPP、叶面积指数和生物丰度指数。而生物的生态因子主要有水和温度等。这说明年均降雨量的分布又影响着 NPP、叶面积指数和生物丰度指数的分布。因此我国重要生态功能区各行业发展的直接因素也许会多种多样，但间接原因有相当部分是水资源分布不均。由此可见，水资源将是制约全国重要生态功能区发展的首要自然资源禀赋因素，在制定未来发展战略中，必须以自然资源禀赋定位发展方向和发展规模。

2. 改变经济与生态发展不相适应的局面，提高区域资源环境承载力

针对"头小身大"的局面，采取因地适宜发展。因为"身"大靠的是"头"小的营养供给，一旦供给能力停滞，"身体"也会出现崩溃的病状。这种模式特别出现在 Ⅰ 区、Ⅱ 区和Ⅲ区。有的地区其至社会经济压力处于最低级别弱压状态，也会出现资源环境承载力超载现象，如极不稳定生态支撑力的 7 区，说明这个地区应主要以发展生态服务产品为主，不适宜大量经济发展。

6.5 全国重要生态功能区区划发展对策

本研究重点从全国尺度与宏观发展角度探讨全国重要生态功能区的可持续发展模式，主要发展模式如表 6-45 所示。

表 6-45 资源环境承载力区划发展模式

五大区	区号	资源环境承载力区划	主控因子
	5	重点生态功能优化区	
	6	重点生态功能优化区	
I区	1	重点生态功能优化区	年均温（−）、叶面积指数（+）、能耗指数（−）、人均耕地面积（−）、单位耕地面积农药化肥量（−）
	4	重点生态功能发展区	
	3	重点生态功能限制区	
	9	重点生态功能优化区	
II区	7	重点生态功能限制区	植被覆盖率（+）、能耗指数（−）、水耗指数（−）
	8	重点生态功能发展区	
	2	重点生态功能发展区	
	12	重点生态功能优化区	
III区	11	重点生态功能限制区	年均温（+）、年降水（+）、人口密度（−）、水耗指数（−）、单位耕地面积农药化肥量（−）
	10	重点生态功能优化区	
	13	重点生态功能优化区	
IV区	15	生态经济优化区	固氮释氧量（+）、植被覆盖率（−）、叶面积指数（−）、城市化指数（−）、农用化肥施用量（+）、单位面积生活污水排放量（+）
	14	重点生态功能优化区	
	22	生态经济优化区	
	19	重点生态功能限制区	
	17	生态经济限制区	
	16	生态经济限制区	年均降雨量（+）、NPP（+）、叶面积指数（+）、植被覆盖率（+）、生物丰度指数（+）、能耗指数（−）、城市化指数（−）、旅游压力指数（+）
V区	18	生态经济发展区	
	23	生态经济发展区	
	21	生态经济发展区	
	20	生态经济发展区	

注：（+）说明为正向影响，（−）说明为负向影响

保护区又为禁止发展区域，是依法设立的各类自然文化资源保护区域，以及其他禁止进行工业化城镇化开发、需要特殊保护的生态功能区，包括世界遗产、世界地质公园和国家级自然保护区、国家级风景名胜区、国家森林公园、国家地质公园等（樊杰，2015）。划分标准是重要生态功能区处于图 6-42 中的红色区域。

重点生态功能限制区是生态系统相对不稳定的超载区，需要在开发中限制进行大规模高强度工业化城市化开发，以保持并提高生态产品的供给能力的重要生态功能区。

生态经济限制区是生态系统较为稳定的超载区，具有较强的生态恢复能力，在保护生态的前提下可适度集聚人口和发展适宜产业的地区。

重点生态功能优化区是生态系统相对不稳定的资源环境承载力指数均衡或者接近均衡区域。这些地区在保障生态安全的基础上，优化产业结构以达到最适度经济发展。

生态经济优化区是生态系统相对稳定的接近均衡或者达到均衡状态的区域，这些地区人口较密集、开发强度较高和资源环境问题较突出的重要生态功能区。因此应优化社会经济发展模式，转变经济发展方式和转移产业结构等以达到最适度社会经济发展状态。

重点生态功能发展区，这些地区的生态系统相对薄弱，但在可适度范围内，可以进行一定条件的社会经济发展。

生态经济发展区主要是处于资源环境承载力盈余的区域。该地区是具有一定经济基础、资源环境承载力较强和发展潜力较大的生态型区域。这些地区应该在资源环境承载力的可承载量范围内，重点进行工业化、城镇化等开发。

7 结 语

7.1 创新点

为保障国土生态安全,本研究以生态系统为研究对象,由生态系统重要性和脆弱性界定出重要生态功能区,并以反映生态系统健康的生态支撑力、表征人类活动"源"的资源能源消耗压力及衡量人类活动"汇"的环境污染排放压力构建资源环境承载力评价模型。

7.2 主要结论

7.2.1 关键概念的界定

重要生态功能区是指对于维护我国生态系统结构和功能起到关键作用的区域,其首要目标是保证生态系统的结构稳定和功能完善的地区。

重要生态功能区资源环境承载力是指在一定时期内,某一区域在保证生态系统结构稳定和功能完善的前提下,资源环境系统所能维持的人类社会经济发展趋势的能力。

重要生态功能区生态支撑力是指在一定的时间及空间下,生态系统演替处于相对稳定的阶段,生态系统能够承受外部扰动的能力,是人类作用与自然条件的综合表征。

重要生态功能区社会经济压力是在一定的时间及空间下,社会经济发展过程中产生的资源消耗对生态破坏的压力和污染物排放对环境污染的压力的总和。

7.2.2 重要生态功能区的识别

依据《全国生态系统与生态功能区划数据库》中重要性和脆弱性评价及《全国生态功能区划》中的生态功能重要区分布,以我国县级行政区为研究单元,采用属性综合评价系统法来识别重要生态功能区。识别依据为我国生态功能重要区水源涵养、水土保持、生物多样性保护和防风固沙生态服务功能的极重要和非常重要地区。所划分的 23 个重要生态功能区占我国国土面积的 26.7%。

7.2.3 资源环境承载力指标体系构建

以维持生态系统本身结构和功能的健康发展及保持社会经济可持续发展为评价目标,采用 E-PSR 概念模型来构建重要生态功能区资源环境承载力指标体系。将资源环境承载力评价划分为 2 个子系统,即表征生态系统的生态支撑力和反映经济社会系统的社会经济压力。生态系统内部的自然驱动、生态结构和生态功能描述生态系统的物质循环和能量流动,起到资源环境承载力的支撑作用;社会经济方面作为生态系统的外部干扰,其资源能源消耗和环境污染分别从"源"与"汇"的角度对生态系统健康产生压力，发挥资源环境承载力的压力作用。

7.2.4 重要生态功能区资源环境承载力评价

本研究以反映生态系统健康的生态支撑力、表征人类活动"源"的资源能源消耗压力及衡量人类活动"汇"的环境污染排放压力来构建可表征资源环境承载力评价的三维状态空间模型。2010年我国重要生态功能区资源环境承载力承受能力大致上呈现东南部高于西北部的趋势，说明我国东南部资源环境承载力优越于西北部。另外，我国占地面积52.28%的重要生态功能区为盈余地区，27.88%占地面积的重要生态功能区为均衡地区。这说明我国80.16%的重要生态功能区资源环境承载力尚在饱和负荷以内，还有19.84%的重要生态功能区超出资源环境承载力负荷而需要限制社会经济发展。研究结果满足"胡焕庸线"的45°生态环境界线，说明重要生态功能区资源环境承载力评价的可行性。

7.2.5 我国重要生态功能区生态环境建设对策与建议

基于资源环境承载力的全国重要生态功能区区划图可知，我国发展区主要集中在中国东部地区，优化区和限制区主要集中在中国西北部。发展区占地面积为52.57%，优化区占地面积27.87%，限制区占地面积19.83%。其中，重要保护区占地面积26.7%。与我国的"两横三纵"的城镇化战略格局相符合：优化提升东部地区城市群，培育发展中西部地区城市群。再由基于典型相关分析法的主控因子分析可知，我国重要生态功能区各行业发展的直接因素和间接原因有相当部分是水资源分布不均。因此，水资源将是制约全国重要生态功能区发展的首要因素，在制定未来发展战略中，必须以水资源定位发展方向和发展规模。另外，针对"头小身大"（生态支撑力小，社会经压力大）的局面，采取因地适宜发展。因为"身"大靠的是"头"小的营养供给，一旦供给能力停滞，"身体"也会出现崩溃的病状。这种模式特别会出现资源环境承载力超载现象，说明超载区域应主要以发展生态服务产品为主，不适宜大量经济发展。

参 考 文 献

安树伟, 王海波, 张建肖. 2008. 主体功能区建设研究——基于陕西省三大区域协调发展的考察. 学习与实践, (3): 37-43.

白艳芬, 马海州, 沙占江, 等. 2008. 基于熵权法的南水北调西线工程区生态环境综合评价. 盐湖研究, 16(1): 12-16.

包苏雅拉图. 2008. 内蒙古农业结构调整的现状与对策研究. 北京: 中国农业科学院硕士学位论文.

包玉梅. 2009. 内蒙古草原荒漠化成因与政府治理对策分析. 北京: 中央民族大学硕士学位论文.

蔡佳亮, 殷贺, 黄艺. 2010. 生态功能区划理论研究进展. 生态学报, 30(11): 3018-3027.

蔡文. 1983. 可拓集合和不相容问题. 科学探索学报, 44(7): 673-682.

陈昌笃. 1999. 论武夷山在中国生物多样性保护中的地位. 生物多样性, 7(4): 320-326.

陈海滨, 唐海萍. 2014. 盖娅假说: 在争议中发展. 生态学报, 34(19): 5380-5388.

陈海燕, 邵全琴, 安如. 2013. 1980s—2005年内蒙古地区土地利用/覆被变化分析. 地球信息科学学报, 15(2): 225-232.

陈建. 1991. 不同环境条件下芒其群落生物量动态规律的研究. 生态学杂志, 10(4): 18-22.

陈念平. 1989. 土地资源承载力若干问题浅析. 自然资源学报, 4(4): 371-380.

陈劭锋. 2003. 承载力: 从静态到动态的转变. 中国人口·资源与环境, 13(1): 13-17.

崔丽娟. 2004. 鄱阳湖湿地生态系统服务功能价值评估研究. 生态学杂志, 23(4): 47-51.

崔胜玉, 王红瑞, 鲁婷婷, 等. 2015. 生态文明视野下长江中下游湿地生态承载力评价. 人民长江, (17): 87-92.

邓德芳. 2009. 新疆北疆城镇区域人口城市化过程、机制及发展趋势. 西安: 西北大学硕士学位论文.

邓聚龙. 1987. 灰色系统基本方法. 武汉: 华中工学院出版社.

杜嘉, 张柏, 宋开山, 等. 2010. 基于MODIS产品和SEBAL模型的三江平原日蒸散量估算. 中国农业气象, 31(1): 104-110.

杜建华. 2004. 黑龙江大兴安岭森林可燃物基础信息库及偃松林火行为研究. 北京: 中国林业科学研究院硕士学位论文.

樊东亮. 2009. 呼伦贝尔资源开发研究. 北京: 中央民族大学硕士学位论文.

樊杰. 2007. 我国主体功能区划的科学基础. 地理学报, 62(4): 339-350.

樊杰. 2015. 中国主体功能区划方案. 地理学报, 70(2): 186-201.

高吉喜. 1999. 区域可持续发展的生态承载力研究. 北京: 中国科学院地理科学与资源研究所博士学位论文.

谷树忠, 胡咏君, 周洪. 2013. 生态文明建设的科学内涵与基本路径. 资源科学, 35(1): 2-13.

国家林业局. 2009. 构筑国家生态安全的"绿色长城"——三北防护林体系建设30年的回顾与展望. 求是, (3): 28-30.

海鹰, 高翔. 2008. 艾比湖湿地国家级自然保护区植物区系研究. 新疆师范大学学报: 自然科学版, 27(2): 95-99.

韩红霞. 2004. 山地景观格局分析与生态系统健康评价. 上海: 上海师范大学硕士学位论文.

韩磊. 2008. 农村河道生态环境承载力评价模型及应用研究. 南京: 河海大学硕士学位论文.

何建源, 游巍斌, 吴焰玉, 等. 2010. 武夷山区域南方铁杉种群密度效应模型. 福建林学院学报, 30(1): 24-27.

贾士靖, 刘银仓, 邢明军. 2008. 基于耦合模型的区域农业生态环境与经济协调发展研究. 农业现代化研究, 29(5): 573-575.

贾艳红, 赵军, 南忠仁, 等. 2006. 基于熵权法的草原生态安全评价——以甘肃牧区为例. 生态学杂志, 25(8):

1003-1008.

贾艳红, 赵军, 南忠仁, 等. 2007. 熵权法在草原生态安全评价研究中的应用——以甘肃牧区为例. 干旱区资源与环境, 21(1): 17-21.

贾忠华, 罗纨, 王文焰, 等. 2001. 对湿地定义和湿地水文特征的探讨. 水土保持学报, 15(6): 117-120.

姜文超. 2004. 城镇地区水资源(极限)承载力及其量化方法与应用研究. 重庆: 重庆大学博士学位论文.

蒋辉, 罗国云. 2011. 可持续发展视角下的资源环境承载力——内涵、特点与功能. 资源开发与市场, 27(3): 253-256.

蒋卫国, 潘英姿, 侯鹏, 等. 2009. 洞庭湖区湿地生态系统健康综合评价. 地理研究, 28(6): 1665-1672.

康红莉. 2003. 祁连山林区土壤水分生态研究. 兰州: 甘肃农业大学硕士学位论文.

康红梅, 徐苏宁. 2012. 城市基础设施承载力与城市规模的互馈研究. 四川建筑科学研究, 38(5): 325-328.

雷强, 郭白滢. 2013. 中国经济增长、能源消费与城市化关系的实证研究. 发展研究, (12): 18-25.

李崇贵, 蔡体久. 2006. 森林郁闭度对蓄积量估测的影响规律. 东北林业大学学报, 34(1): 15-17.

李岱青. 2000. 洱海流域生态区划研究. 北京: 中国环境科学研究院硕士学位论文.

李建华, 王献溥, 许立明, 等. 2007. 广西西部石灰岩地区生物多样性保护意义与持续利用设想. 广西植物, 27(2): 211-216.

李泉. 2009. 祁连山东段景观变化研究. 兰州: 甘肃农业大学硕士学位论文.

李新琪, 海热提·涂尔逊. 2000. 区域环境容载力理论及评价指标体系初步研究. 干旱区地理, 23(4): 364-370.

李旭光, 王长琪, 郭常来, 等. 2010. 呼伦贝尔高原地下水氟分布特征及其开发利用建议. 中国地质, 37(3): 665-671.

李泽红, 董锁成, 汤尚颖. 2008. 相对资源承载力模型的改进及其实证分析. 资源科学, 30(9): 1336-1342.

刘东霞, 张兵兵, 卢欣石. 2007. 草地生态承载力研究进展及展望. 中国草地学报, 29(1): 91-97.

刘晶. 2006. 张掖绿洲灌区土壤水分的空间变异性研究. 兰州: 甘肃农业大学硕士学位论文.

刘永平, 李广杰, 佴磊. 2007. 长白山天池观光长廊段边坡崩塌灾害——原因分析及其综合防治. 自然灾害学报, 16(3): 128-131.

刘庄. 2004. 祁连山自然保护区生态承载力评价研究. 南京: 南京师范大学博士学位论文.

鲁绍伟. 2006. 中国森林生态服务功能动态分析与仿真预测. 北京: 北京林业大学博士学位论文.

吕新龙, 李疆, 格根塔娜, 等. 2003. 加强草原生态环境保护与建设走可持续发展之路. 草业科学, 20(4): 2-4.

马艳玲, 许清海, 黄小忠, 等. 2009. 西北干旱区人工扰动植被类型花粉组合特征. 古地理学报, 11(5): 542-550.

毛汉英, 余丹林. 2001. 区域承载力定量研究方法探讨. 地球科学进展, 16(4): 549-555.

孟慧君, 程秀丽. 2010. 草原生态建设补偿机制研究: 问题、成因、对策. 内蒙古大学学报: 哲学社会科学版, 42(2): 15-20.

孟岩. 2009. 基于RS与GIS的生态环境评价及其遥感反演模型研究. 泰安: 山东农业大学硕士学位论文.

牛振国, 张海英, 王显威, 等. 2012. 1978~2008年中国湿地类型变化. 科学通报, 57(16): 1400-1411.

潘岳. 2006. 论社会主义生态文明. 绿叶, (10): 10-18.

朴世龙, 方精云. 2003. 1982—1999年我国陆地植被活动对气候变化响应的季节差异. 地理学报, 58(1): 119-125.

乔青. 2007. 川滇农牧交错带景观格局与生态脆弱性评价. 北京: 北京林业大学博士学位论文.

秦成, 王红旗, 田雅楠, 等. 2011. 资源环境承载力评价指标研究. 中国人口·资源与环境, 21(12): 335-338.

邱建军, 王道龙. 2002. 长江中下游地区水土资源可持续利用与管理研究. 中国人口·资源与环境, 12(2): 96-100.

全国主体功能区规划编写组. 2015. 全国主体功能区规划 构建高效、协调、可持续的国土空间开发格局. 北京: 人民出版社.

商晓东. 2009. 内蒙古大兴安岭湿地保护与利用问题研究. 北京: 中国农业科学院硕士学位论文.

尚玉昌. 2002. 普通生态学. 第二版. 北京: 北京大学出版社.

邵波, 陈兴鹏. 2005. 中国西北地区经济与生态环境协调发展现状研究. 干旱区地理, 28(1): 136-141.

沈国明. 2005. 21世纪生态文明 环境保护. 上海: 上海人民出版社.

宋静. 2014. 基于加速度特征的全国生态环境压力评价研究. 北京: 北京师范大学博士学位论文.

宋静, 王会肖, 刘胜娅. 2014. 基于ESI模型的经济发展对生态环境压力定量评价. 中国生态农业学报, 22(3): 368-374.

宋艳春, 余敦. 2014. 鄱阳湖生态经济区资源环境综合承载力评价. 应用生态学报, (10): 2975-2984.

宋玉祥, 崔丽娟, 张毅. 1997. 内蒙古兴安盟旅游资源评价. 地理科学, 17(2): 169-175.

孙儒泳. 2002. 基础生态学. 北京: 高等教育出版社.

唐剑武, 叶文虎. 1998. 环境承载力的本质及其定量化初步研究. 中国环境科学, 18(3): 227-230.

滕玉香. 2009. 黔江区构建渝鄂湘黔结合部经济高地的发展战略研究. 重庆: 西南大学硕士学位论文.

王斌, 张硕新, 杨校生. 2010. 秦岭火地塘林区不同林分类型生态系统服务功能评价与分析. 西北林学院学报, 25(4): 54-61.

王根绪, 程国栋, 沈永平. 2002. 近50年来河西走廊区域生态环境变化特征与综合防治对策. 自然资源学报, 17(1): 78-86.

王洪波. 2013. 基于改进型生态足迹模型的北京市生态足迹分析与评价. 北京: 首都经济贸易大学硕士学位论文.

王家骥, 姚小红, 李京荣, 等. 2000. 黑河流域生态承载力估测. 环境科学研究, 13(2): 44-48.

王俭, 李雪亮, 李法云, 等. 2009. 基于系统动力学的辽宁省水环境承载力模拟与预测. 应用生态学报, 20(9): 2233-2240.

王俭, 孙铁珩, 李培军, 等. 2005. 环境承载力研究进展. 应用生态学报, 16(4): 768-772.

王金叶, 张学龙, 张虎, 等. 2001. 祁连山水源涵养林组成结构及生长状况. 西北林学院学报, 16(增): 4-7.

王丽婧, 席春燕, 付青, 等. 2010. 基于景观格局的三峡库区生态脆弱性评价. 环境科学研究, 23(10): 1268-1273.

王艺林. 2006. 祁连山森林植被恢复的理论方法和实践. 防护林科技, (1): 44-46.

邬建国. 1991. 耗散结构、等级系统理论与生态系统. 应用生态学报, 2(2): 181-186.

肖笃宁, 陈文波, 郭福良. 2002. 论生态安全的基本概念和研究内容. 应用生态学报, 13(3): 354-358.

颉耀文, 陈怀录, 迟守乾, 等. 1999. 甘肃省土壤侵蚀现状与防治对策. 中国水土保持, (12): 39-41.

胥宝一, 李得禄. 2011. 河西走廊荒漠化及其防治对策探讨. 中国农学通报, 27(11): 266-270.

徐跃. 2014. 草海、洪河湿地生态系统服务功能价值评估及对比分析. 北京: 首都师范大学硕士学位论文.

杨志峰, 隋欣. 2005. 基于生态系统健康的生态承载力评价. 环境科学学报, 25(5): 586-594.

杨智贤, 张科平, 廖延梅. 1986. 上海城市生态系统评价和预断. 上海环境科学, (10): 19-22.

叶正伟, 朱国传, 陈良. 2005. 洪泽湖湿地生态脆弱性的理论与实践. 资源开发与市场, 21(5): 416-420.

余春祥. 2004. 可持续发展的环境容量和资源承载力分析. 中国软科学, (2): 130-133.

俞可平. 2005. 科学发展观与生态文明. 马克思主义与现实, (4): 4-5.

张宏斌. 2007. 基于多源遥感数据的草原植被状况变化研究——以内蒙古草原为例. 北京: 中国农业科学院博士学位论文.

张建肖. 2009. 陕南秦巴山区生态补偿研究. 西安: 西北大学硕士学位论文.

张璐, 苏志尧, 李镇魁, 等. 2007. 广东石坑崆森林植物生活型谱随海拔梯度的变化. 华南农业大学学报, 28(2): 78-82.

张强. 2009. 长白山区中朝边界土地利用/覆被变化及生态安全研究. 长春: 东北师范大学硕士学位论文.

张文文. 2006. 京津冀区域旅游业的系统动力学研究. 秦皇岛: 燕山大学硕士学位论文.

张英. 2008. 阿尔山地区林业产业分析. 内蒙古林业调查设计, 31(6): 98-99.

赵东升, 吴绍洪. 2013. 气候变化情景下中国自然生态系统脆弱性研究. 地理学报, 68(5): 602-610.

郑度. 2008. 中国生态地理区域系统研究. 北京: 商务印书馆.

郑度, 欧阳, 周成虎. 2008. 对自然地理区划方法的认识与思考. 地理学报, 63(6): 563-573.

郑度, 张荣祖, 杨勤业. 1979. 试论青藏高原的自然地带. 地理学报, 34(1): 1-17.

郑远昌, 高生淮. 横断山地区的旅游资源及其开发利用. 1987. 资源开发与市场, (1): 50-52.

中国科学院可持续发展研究组. 1999. 中国可持续发展战略报告. 北京: 科学出版社.

中国科学院可持续发展战略研究组. 2013. 2013年中国可持续发展战略报告. 北京: 科学出版社.

钟世坚. 2013. 区域资源环境与经济协调发展研究 ——以珠海市为例. 长春: 吉林大学博士学位论文.

周利军, 张淑花. 2008. 基于熵权法的农业可持续发展评价——以绥化市为例. 资源开发与市场, 24(11): 982-984.

周生来. 2005. 建立南岭经济区的战略构想. 热带地理, 25(3): 248-252.

周振宝. 2006. 大兴安岭主要可燃物类型生物量与碳储量的研究. 哈尔滨: 东北林业大学硕士学位论文.

周志强, 黎明, 侯建国, 等. 2011. 沙漠前沿不同植被恢复模式的生态服务功能差异. 生态学报, 31(10): 2797-2804.

朱丽, 赵明, 李广宇, 等. 2014. 祁连山水源涵养林经营现状分析及可持续发展对策. 农学学报, 4(7): 41-44.

朱琳, 赵英伟, 刘黎明. 2004. 鄱阳湖湿地生态系统功能评价及其利用保护对策. 水土保持学报, 18(2): 196-200.

Alexandrov G A, Oikawa T, Esser G. 1999. Estimating terrestrial NPP: what the data say and how they may be interpreted? Ecological Modelling, 117(2-3): 361-369.

Amitsis G. 1997. Organisation for economic co-operation and development (OECD). International Encyclopedia of Civil Society: 1112-1114.

Bartelmus P. 1999. Green accounting for a sustainable economy: policy use and analysis of environmental accounts in the Philippines. Ecological Economics, 29(1): 155-170.

Brown M T, Ulgiati S. 1997. Emergy-based indices and ratios to evaluate sustainability: monitoring economies and technology toward environmentally sound innovation. Ecological Engineering, 9(1-2): 51-69.

Cherry J A. 2012. Ecology of wetland ecosystems: water, substrate, and life. Nature Education Knowledge, 3(10): 16.

Dhondt A A. 1988. Carrying capacity: a confusing concept. Acta Oecologica, 9(4): 337-346.

Fu H, Liu Y J, Sun Y L. 2009. A study on the marine ecological carrying capacity in Qingdao based on principle component analysis and entropy. Bioinformatics and Biomedical Engineering , 2009. ICBBE 2009. 3rd International Conference on, Beijing: International Conference on Bioinformatics & Biomedical Engineering.

Geist H J, Lambin E F. 2004. Dynamic causal patterns of desertification. Bioscience, 54(9): 817-829.

Gu Q W, Wang H Q, Zheng Y N, et al. 2015. Ecological footprint analysis for urban agglomeration sustainability in the middle stream of the Yangtze River. Ecological Modelling, 318: 86-99.

Kang P, Xu L Y. 2012. Water environmental carrying capacity assessment of an industrial park. Procedia Environmental Sciences, 13(10): 879-890.

Lélé S M. 1991. Sustainable development: a critical review. World Development, 19(91): 607-621.

Lieth H. 1975. Primary Production of the Major Vegetation Units of the World. Berlin: Springer Berlin Heidelberg.

Liu L, Xu J Z, Fu Q. 2008. Analysis on carrying capacity of groundwater resources in semi-arid areas of western parts in heilongjiang province based on matter-element model. Wireless Communications, Networking and Mobile Computing, 2008. WiCOM'08. 4th International Conference on, Dalian: International Conference on Wireless Communications, Networking & Mobile Computing.

Malthus T R. 1798. An Essay on the Principle of Population. London: Pickering.

Odum E P. 1971. Fundamentals of ecology. Saunders, 45(6): 178.

Park Robert E, Burgess E W. 1921. Introduction to the Science of Sociology. Chicago: Chicago-Londres, University of Chicago Press.

Pearson K. 1901. LIII. On lines and planes of closest fit to systems of points in space. Philosophical Magazine, 2(11): 559-572.

Rogers K S. 1997. Ecological security and multinational corporations. WW Environmental Change and Security Project Report, (3): 29-36.

Senge P M, Forrester J W. 1980. Tests for building confidence in system dynamics models. System Dynamics, TIMS Studies in Management Sciences, 14: 209-228.

Su S L, Li D, Yu X, et al. 2011. Assessing land ecological security in Shanghai (China) based on catastrophe theory. Stochastic Environmental Research & Risk Assessment, 25(6): 737-746.

Sun H Y, Wang C Y, Niu Z. 1998. Analysis of the vegetation cover change and the relationship between NDVI and environmental factors by using NOAA time series data. Journal of Remote Sensing, 266(2): 153-161.

Tang B J, Hu Y J, Li H N, et al. 2014. Research on comprehensive carrying capacity of Beijing–Tianjin–Hebei region based on state-space method. Natural Hazards: 1-16.

Tseng M L. 2010. Using linguistic preferences and grey relational analysis to evaluate the environmental knowledge management capacity. Expert Systems with Applications, 37(1): 70-81.

Verhulst P F. 1838. Notice sur la loi que la population suit dans son accroissement. Correspondance Mathématique et Physique Publiée par A. Quetelet, 10(10): 113-121.

图　版

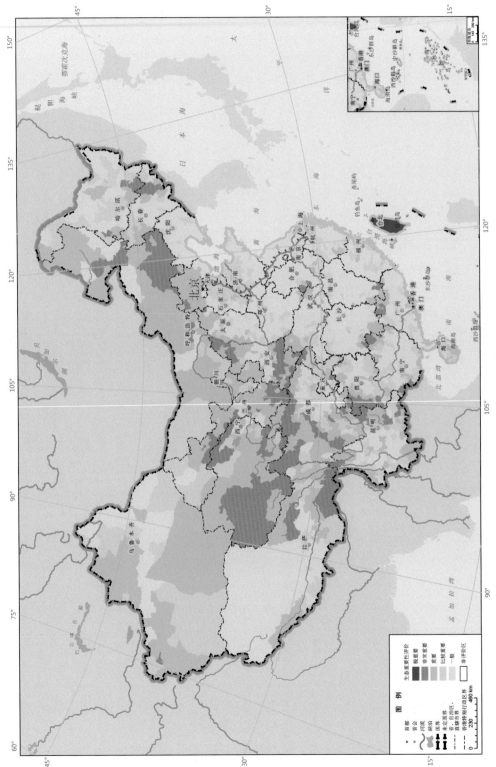

图 1-1 全国生态重要性评价图

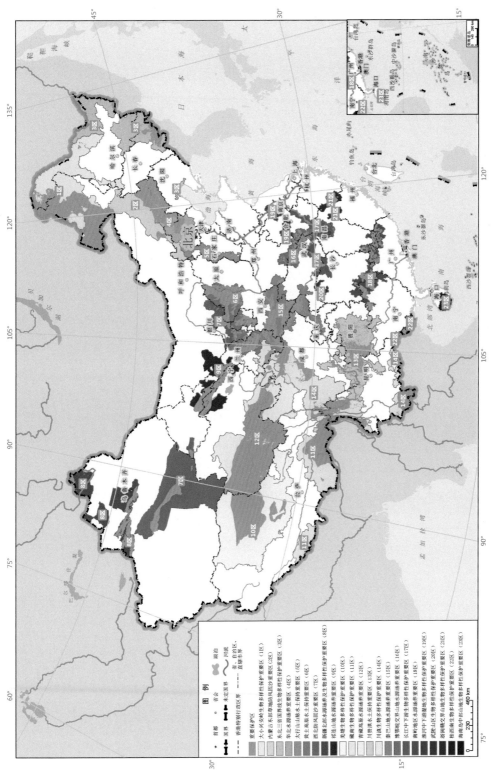

图 1-2 全国重要生态功能区分布图

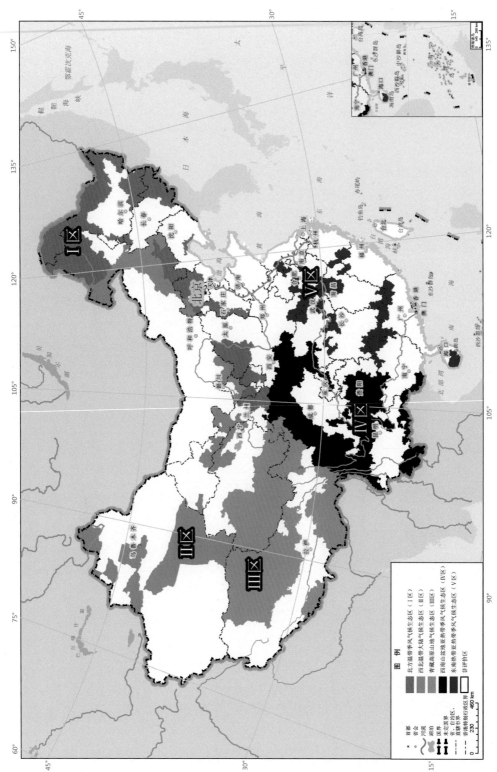

图 6-1 中国五大重要生态功能区分区概况图

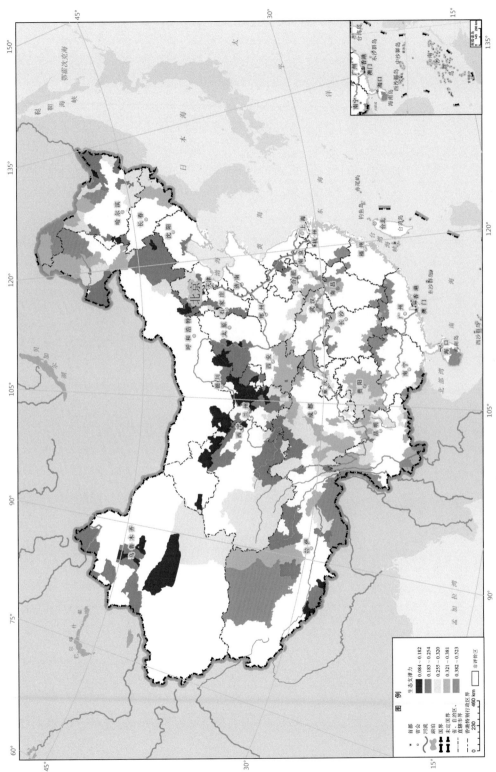

图 6-24　2010 年全国重要生态功能区生态支撑力分布图

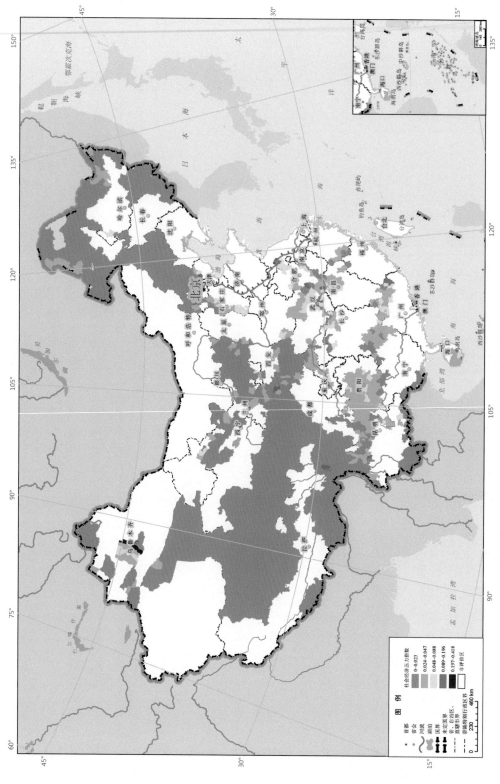

图 6-38　2010 年全国重要生态功能区社会经济压力空间分布图

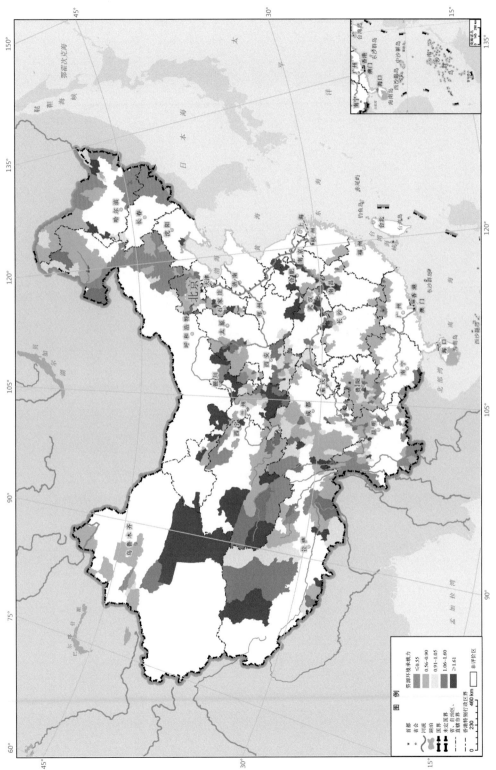

图 6-41 全国重要生态功能区资源环境承载力分级图

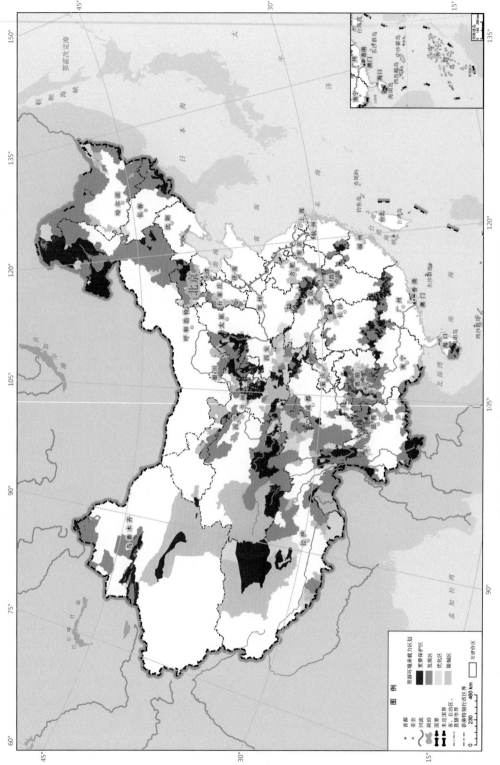

图 6-42　全国重要生态功能区资源环境承载力区划图